普通高等学校地理科学专业“十三五”规划教材

遥感基础导论

赫晓慧　郭恒亮　贺　添　田智慧　李　颖　主编

黄河水利出版社
·郑州·

内 容 提 要

本书从传感器研制、数据获取、数据处理、信息提取与应用四个方面对遥感的基本原理与最新应用进行了系统的介绍，主要内容包括绪论、遥感电磁辐射基础、遥感数据采集、摄影与扫描成像系统、微波遥感数据、热红外遥感数据、高光谱遥感、遥感图像处理、遥感影像的分类、遥感应用等。

本书可作为地理信息科学、遥感科学与技术等相关专业本科、专科教材，也可供遥感科研和生产技术人员参考。

图书在版编目(CIP)数据

遥感基础导论/赫晓慧等主编. —郑州：黄河水利出版社，2016. 5

普通高等学校地理科学专业"十三五"规划教材

ISBN 978 - 7 - 5509 - 1428 - 5

Ⅰ. ①遥…　Ⅱ. ①赫…　Ⅲ. ①遥感 - 高等学校 - 教材　Ⅳ. ①TP72

中国版本图书馆 CIP 数据核字(2016)第 109840 号

组稿编辑：李洪良　电话：0371 - 66026352　E-mail：hongliang0013@163. com

出 版 社：黄河水利出版社

地址：河南省郑州市顺河路黄委会综合楼 14 层　邮政编码：450003

发行单位：黄河水利出版社

发行部电话：0371 - 66026940、66020550、66028024、66022620(传真)

E-mail：hhslcbs@126. com

承印单位：郑州龙洋印务有限公司

开本：787 mm × 1 092 mm　1/16

印张：13. 75

字数：318 千字　印数：1—2 000

版次：2016 年 5 月第 1 版　印次：2016 年 5 月第 1 次印刷

定价：35. 00 元

前　言

遥感作为空间信息技术最重要的组成部分之一，于20世纪出现，在21世纪随着经济全球化和航天技术的迅猛发展，可快速、大范围获取地球动态观测信息和定位信息，大大改变了人类观测和认识地球的方式。

遥感从获取到应用可以被划分成四大模块：传感器研制、数据获取、数据处理、信息提取与应用。目前，遥感传感器研制和数据获取的发展已远远走在数据处理与应用之前。航空航天遥感正朝多传感器、多平台、多角度、高空间分辨率、高光谱分辨率、高时相分辨率、高辐射分辨率方向发展。对地观测系统逐步小型化，卫星组网和全天时、全天候观测成为主要发展方向。卫星遥感技术在人类社会生产、生活各领域的应用规模不断扩大，全球商业遥感卫星进入了技术全面更新和产业化发展时期。我国卫星遥感应用已初步具备了产业化潜力，形成了气象、资源、海洋、环境减灾等多个谱系，高分辨率对地观测系统重大专项也在稳步推进，随之而来的，是对遥感信息资源处理人员大量、迫切的需求。

本书是在郑州大学多年遥感课程教学的基础上编写而成的，目的是培养遥感信息处理与应用方面的人才。本书主要适用于地理信息科学、遥感科学与技术、环境、生态、规划、国土资源等相关专业的本科生、专科生。本书重点阐述了遥感的基本原理、遥感数据采集、主要遥感数据的特征、遥感数据的处理和计算机分类等基础内容，注重遥感技术发展前沿的介绍，强调遥感数据理论和实践技能的融合。

本书共分10章，由郑州大学的赫晓慧、郭恒亮、贺添、田智慧和河南省气象局的李颖编写，全书由赫晓慧统稿。研究生郑紫瑞、王宇飞、李紫薇、李妍、张保卫等做了大量的资料收集和文字整理工作，特此致谢。

本书在编写过程中，得到郑州大学地理信息工程系和郑州大学智慧城市研究院同仁的大力支持和帮助。同时，黄河水利出版社为本书出版做了大量工作，在此一并表示感谢！

由于遥感技术的快速发展，加之编者水平有限，书中难免出现错漏之处，敬请专家、读者不吝赐教。

编　者

2016年3月

目　录

第1章 绪 论

1.1 遥感概念

遥感(Remote Sensing,简称RS),即遥远的感知,从对地观测的角度,可以说是碧空慧眼。美国摄影测量与遥感协会把遥感定义为:在不直接接触研究目标或现象的情况下,利用记录装置观测或获取目标或现象的某些特征信息。国内通用的定义为:从远处采集信息,即不直接接触物体,从远处通过探测仪器接收来自目标地物的电磁波信息,经过对信息的处理,识别地物。而广义遥感是泛指一切无接触的远距离探测,包括对电磁场、力场、机械波(声波、地震波)等的探测。

通俗地理解,遥感可以视为一个照相并理解相片内容的过程,当然遥感要比普通照相更加复杂。人类通过大量的实践,发现地球上每一个物体都在不停地吸收、发射信息和能量,其中有一种人类已经认识到的形式——电磁波,并且发现不同物体的电磁波特性是不同的。遥感就是根据这个原理来探测地表物体对电磁波的反射和其发射的电磁波,从而提取这些物体的信息,完成远距离识别物体。遥感的实现还需要遥感平台,像卫星、飞机、气球等,它们的作用就是稳定地运载传感器。当在地面进行试验时,还会用到地面简单的遥感平台(如三脚架)。针对不同的应用和波段范围,人们已经研究出很多种传感器,主要探测和接收物体在可见光、红外线和微波范围内的电磁辐射。传感器会把这些电磁辐射按照一定的规律转换为原始图像。原始图像被地面站接收后,要经过一系列复杂的处理,才能提供给不同的用户使用。

应用遥感图像研究地球表面很有优势,从图像上可以研究不同地物的分布模式和不同地物之间的空间关系。这样有利于用遥感图像监视地面的变化,测量面积大小、深度和高度。概括来说,遥感图像所获得的地面信息是其他方法无法比拟的,它真实客观地记录了某一时刻一定地域范围的状况。通过遥感图像可以提取各类地面信息,但遥感图像与我们日常见到的普通相片不同,因此我们必须要学习和掌握遥感图像的特征和解译技巧(如遥感图像成像方式、比例尺和分辨率的概念,遥感探测的电磁波谱段等),才能正确应用遥感图像。

1.2 遥感的分类

遥感的分类多种多样,按照不同的分类标准可以进行不同的分类。目前,遥感主要按照以下5个方面进行分类。

1.2.1 按遥感平台分

(1)航天遥感。在航天平台上进行的遥感称为航天遥感。航天平台有探测火箭、卫星、宇宙飞船和航天飞机。

(2)航空遥感。在航空平台上进行的遥感称为航空遥感。航空平台包括飞机和气球,其中飞机是航空遥感的主要平台。航空平台一般处于海拔高度低于 12 km 的空中。

(3)地面遥感。平台处在地面或近地面的遥感。地面平台有三脚架、遥感车、遥感塔和船等,高度在 100 m 以下。地面遥感一般只作为航空遥感和航天遥感的辅助手段,为它们提供地面试验的参考数据。如图 1-1 所示,(a)是以卫星为载体的航天遥感,(b)是航空遥感,(c)为地面遥感中所使用的 4 脚架。

(a) (b) (c)

图 1-1 遥感平台

1.2.2 按遥感获取的数据形式分

(1)成像方式遥感。指能获取遥感对象的图像的遥感。分为两类:①摄影方式遥感,以照相机或摄影机进行的遥感。②扫描方式遥感,以扫描方式获取图像的遥感,如 TM、雷达等。

(2)非成像方式遥感。指不能获取遥感对象的图像的遥感。如光谱辐射计只能得到一些数据而不能成像。

1.2.3 按传感器工作方式分

(1)被动遥感。传感器只能被动地接收地物反射的太阳辐射电磁波信息进行遥感,这样的遥感即被动遥感。目前,主要的遥感方式是被动遥感。

(2)主动遥感。传感器本身发射人工辐射,再接收目标地物反射回来的辐射,这种探测地物信息的遥感即主动遥感,如雷达即属于主动遥感。

1.2.4 按遥感探测的电磁波分

按照遥感探测的电磁波波长,可以分为可见光遥感、红外遥感、微波遥感、紫外遥感等。现在常用的是前三种遥感，紫外遥感只用于某些特殊场合，如监测海面石油污染情况。按照电磁波波谱分辨率的不同，还可以分为多光谱遥感、高光谱遥感、超光谱遥感等。

1.2.5 按遥感应用分

从大的研究领域可以分为宇宙遥感和地球遥感。宇宙遥感是对宇宙中的天体和其他物质进行探测的遥感。地球遥感是对地球和地球上的事物进行探测的遥感。以地球表层环境（包括大气圈、陆海表面和陆海表面下的浅层）为对象的遥感，叫作环境遥感，它属于地球遥感。在环境遥感中，以地球表层资源为对象的遥感，叫作地球资源遥感。

从具体应用领域可以分为地质遥感、地貌遥感、农业遥感、林业遥感、草原遥感、水文遥感、测绘遥感、环保遥感、灾害遥感、城市遥感、土地利用遥感、海洋遥感、大气遥感和军事遥感等。

1.3 遥感技术系统

如图1-2所示，遥感技术系统和遥感过程主要包括目标的信息特征、信息的获取、信息的接收、信息的处理以及信息的分析与应用五个部分。

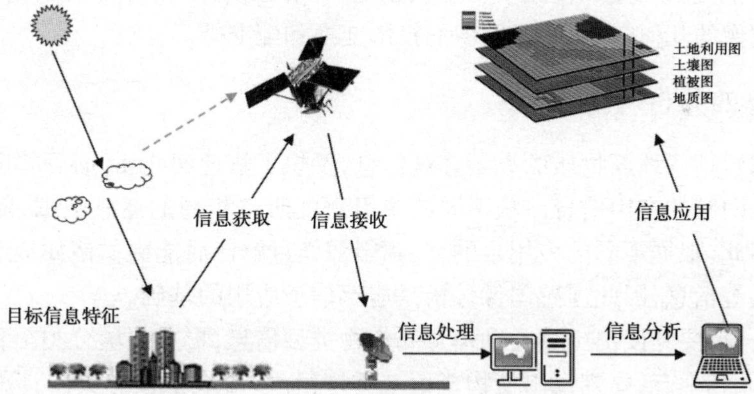

图1-2 遥感过程和技术系统示意图

1.3.1 目标的信息特征

任何目标都有发射和反射电磁波的特性，这是遥感的信息源。目标物与电磁波的相互作用构成了目标物的电磁波特性，它是遥感探测的依据。

1.3.2 信息的获取

接收、记录目标物电磁波特征的仪器，称为传感器，信息获取即是利用传感器记录地球表面物体反射和发射的电磁能量的变化。遥感中搭载传感器的运载工具称为遥感平台（Platform）。

1.3.3 信息的接收

遥感信息主要是指由航空遥感和卫星遥感所获取的胶片和数字图像。对于航空遥感信息，一般是航摄结束后待航空器返回地面时回收，又叫直接回收方式。对于卫星遥感信息（如 Landsat 卫星等），不可能用直接回收方式，而是采用视频传输方式接收遥感信息。视频传输是指传感器将接收到的地物反射或发射电磁波信息，经过光电转换，将光信号转变为电信号，以无线电传送的方式将遥感信息传送到地面接收站。根据数据是否立即传送回地面接收站，又可分为实时传输和非实时传输。实时传输是指传感器接收到信息后，立即传送回地面接收站。非实时传输是将信息暂时存储在磁盘上，待卫星通过地面接收站接收范围时，再把数据发送到地面接收站，也叫延时传输。

1.3.4 信息的处理

地面接收站接收到的遥感信息，受到多种因素的影响，如传感器性能、平台姿态、大气、地球曲率、地形起伏等，使得遥感图像上记录的地物几何特性和光谱特性发生变化，即几何畸变和光谱畸变。因此，必须经过地面接收站的一系列校正（主要是辐射校正和几何校正）后，才能提供给用户使用。辐射校正是消除图像在灰度方面的失真和干扰；几何校正是消除图像的几何畸变，进行图像的投影变换和配准等。

1.3.5 信息的分析与应用

遥感图像包括了地面物质的海量客观信息，要想了解地面物质，必须将图像数据转化为能解决实际问题的有用信息。从不同的应用角度研究相同的遥感数据，能产生不同的解译结果。因此，根据不同的应用目的，一幅影像经过解译后能提供诸如地形、土壤、土地利用或者水文等信息，因此遥感图像分析是遥感信息应用的基础。

应用于农业，要判读出土壤类别信息和作物类型信息，形成土壤分类图和作物分类图等；应用于林业和生态，要判读出植物或植被类型信息，形成植被分类图；应用于地质，要判读出岩石类型信息和地质构造信息，形成岩石类型图和地质构造图；应用于地貌，要判读出地貌类型信息，形成地貌类型图；应用于土地研究，要判读出土地利用类型信息，形成土地利用类型图等。遥感图像经过判读得到的数据可以与其他数据集成在 GIS 系统中，解决某些实际问题，如遥感数据能提供精确的土地利用信息，这些信息能与土壤、地质或交通信息和行政边界等集成在 GIS 系统中，进行垃圾掩埋场选址、土地利用规划、矿产开采或水体质量制图等。

总之，遥感技术是一个综合性的系统，在数据获取与接收过程中广泛应用到物理学、电子学、空间科学、信息科学等方面的内容，数据处理、分析过程中广泛应用到数学、计算机科学等方面的知识，数据应用则会牵涉到地球科学、生命科学、管理科学等多方面的内容。

1.4　遥感与 GIS、GPS 的综合应用

RS、GIS（地理信息系统，Geographic Information System，简称 GIS）和 GPS（全球导航定位系统，Global Positioning System，简称 GPS）合称为“3S”，作为一门综合性的新兴学科，在实际应用中的结合越来越紧密。

如图 1-3 所示，GPS 主要被用于实时、快速地提供目标，包括各类传感器和运载平台（车、船、飞机、卫星等）的空间位置；RS 技术用于实时地提供目标及其环境的信息，发现地球表面的各种变化，及时对 GIS 数据进行更新；GIS 则是对多种来源的时空数据进行综合处理、集成管理、动态存取，作为新的集成系统的基础平台，并为智能化数据采集提供地学知识。与此同时，RS 优于其他两者的特点在“3S”系统中发挥着举足轻重的作用，即 GPS 和 GIS 技术都是采用直接的途径获取数据信息，RS 则是利用飞行器等作为中介，不需要直接地接触研究对象。因此，三者既是相互独立的技术领域，又存在密切的关系，三者相互作用形成“一个大脑，两只眼睛”的框架，即 RS 和 GPS 向 GIS 提供或更新区域信息以及空间定位，GIS 进行相应的空间分析，从 RS 和 GPS 提供的大量数据中提取有用的信息，进行综合集成，使之成为决策的科学依据。

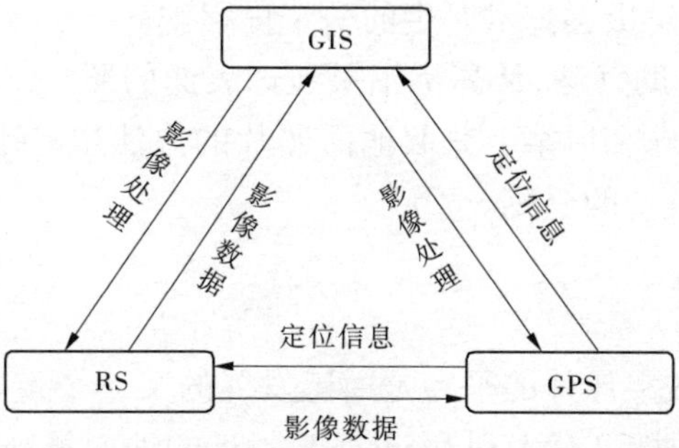

图 1-3　“3S”关系

毫不夸张地说，几乎所有行业信息都与地理空间信息有关，利用“3S”技术建立的公众地理信息平台（如百度地图、谷歌地图、高德地图等）也已经深入到生活中的方方面面。以旅游产业来说，旅游资源调查和评价需要收集大量的空间地理信息、环境信息以及社会人文信息等，传统的信息获取方式（现场调查或收集已有的纸质地图）耗费周期长，时效性也不强。而 RS 技术可以快速地为其提供各种不同分辨率的遥感影像图，尤其是在人迹罕至、难以到达区域或者面积较大的景区具有重要意义。通过 GPS 技术获取地面高程，生成数字高程模型（Digital Elevation Model，简称 DEM），将 DEM 和遥感影像数据叠加可以制作出三维景观数据，更直观、生动地体现旅游资源的特征。利用 GIS 技术可以把地形图、专业图，气象资料，水文资料，地质资料，自然资源，历史与文化、人口资料，社会经济、交通运输、环境资料等各种要素信息进行集成和可视化，形成一张“电子地图”，同时利用 GIS 系统的空间量算、分析等功能进行旅游资源的评价和规划，以定量分析和定性分

析相结合、指标数量化、评价模型化的旅游资源评价方法代替传统的主观评判和定性分析的经验方法。另外，国内外均已利用“3S”技术建立了与旅游相关的信息化管理系统，在网络上实现对旅游信息的发布及可视化管理，向公众和管理人员展示旅游地理、旅游资源、旅游路线、旅游交通等信息。如美国的夏威夷国家火山公园利用“3S”技术建立火山公园地理信息系统，对生物和环境进行监测和管理。我国著名的风景名胜九寨沟也建立了旅游地理信息系统，实现对景区内的资源环境进行可视化管理，同时为游客提供信息查询等服务。

1.5 遥感的发展历史、现状

遥感作为一种空间探测技术，至今已经经历了地面遥感、航空遥感和航天遥感三个阶段。广义地讲，遥感技术是从19世纪初期(1839年)出现摄影技术开始的。

1.5.1 遥感萌芽阶段

遥感的起源基于摄影技术的发明和发展。在19世纪早期，许多科学家进行了感光化学物质试验，首次获取了影像。1839年路易斯·戴格尔(Louis Daguerre)公开发表了对感光化学物质的试验报告，是摄影技术诞生的一个里程碑。

1858年，人类首次借助气球，从高空拍摄地球表面的照片。在接下来的数年中，随着摄影技术突飞猛进，从气球和风筝上获取地面照片的方法也有了很大的改进。这些地面的空中照片可以认为是最初的遥感。

1.5.2 航空摄影阶段

利用飞机作为获取航空像片的平台是遥感发展的又一个重要里程碑。1909年，莱特(Wright)兄弟驾驶飞机拍摄了意大利Centocelli附近的地面景观照片，被认为是从飞机上获取的最早的航空像片。飞机能很好地控制速度、高度和方位，保障了区域航空像片的一致性，奠定了航空遥感的发展基础。

第一次世界大战(1914~1918年)期间，航空像片获得了基本的发展。在战争中，人们专门设计了航空摄影的仪器，同时在影像获取、处理和解译等方面培养和训练了许多专业人才。第一次世界大战结束后，许多战争中拍摄的航空像片开始转向民用，成为航空遥感发展的重要阶段。同时，航空遥感在民用过程中又进行了很多改造。首先，人们对照相机进行了改进，专门设计了飞机上使用的航空摄像机；其次，发展了专用的航空像片分析设备(如航空摄影测量仪)，并形成了在航空像片上进行精确测量的一门科学，即航空摄影测量学。虽然摄影测量学的基本理论由来已久，但直到20世纪20年代，随着精确摄影测量仪器的使用，才开始形成现代摄影测量学。这些设备的改进和技术的进步是遥感发展的又一个里程碑。

在政府资助的国民经济开发项目中，航空摄影技术开始逐渐得到应用，最初用于编制地形图，后来又逐渐用于土地调查、地质制图、森林调查以及农业统计等。随着航空像片在资源环境调查中的不断应用，逐渐积累了航空像片的使用方法和流程等实践经验。李(Lee,1922)在他的著作《俯看地面》(The Face of the Earth as Seen from the Air)中，列举了这一时期航空像片的应用领域。

第二次世界大战(1939~1945年)在遥感发展历史上具有重要意义。在战争期间，电磁波的使用范围从可见光波段扩展到了其他波段，其中最值得注意的是扩展到了远超过人类视觉范围的红外和微波区域。这些光谱知识在战前150年就已在基础科学和应用科学中发展起来，然而，由于这场战争的迫切需要，这些波段的应用和发展才突飞猛进。不仅仅是理论知识，实践经验也得到了丰富和积累。这些对可见光及其他波段遥感的发展是非常重要的。此外，战争时期训练了大批经验丰富的航空摄影飞行员、相机操作人员和像片解译人员，成为战后重要的遥感工作人才。他们将摄影和解译的技巧与经验转到战后的民用中，从而使航空遥感的应用领域更加广泛。

因此，战争结束后一段时期(1946~1960年)，航空遥感的发展主要有两个方面:一方面是军用技术转向民用;另一方面，西方国家和苏联的冷战为进一步发展侦察技术创造了环境。当军方有了更新、更精密的照相设备时，就会将一些已淘汰的旧技术应用于国家民用领域。这期间为遥感技术在民用领域中发展作出最重要贡献的是罗伯特·科威尔(Robert Colwell)，他(1956年)运用彩红外胶片来识别农作物类型、长势及其他植物学特征。尽管他的研究中所用的许多基本原理早已经有了，但其系统的应用研究仍是遥感领域发展的里程碑。同时，罗伯特·科威尔还论述了现代遥感的发展趋势以及发展的机遇与挑战。

1.5.3 航天遥感阶段

20世纪60年代遥感有了一系列重大发展:①第一颗气象卫星在1960年4月发射升空。设计这颗卫星的目的是进行气候和气象观测，但它为日后地面观测卫星的发展打下了基础。这一时期，一些曾经用于军事侦察的遥感仪器被引入了民用。这些仪器将航空观测的光谱范围从可见光波段扩展到了红外和微波区域。②在这样的背景下，“遥感”术语第一次出现了。一位在美国海军研究办公室工作的科学家恩威利·普鲁伊特(Evelyn Pruit)提出了这个术语，他发现当时的“航空摄影术”这个术语已无法精确地描述可见光波段以外的电磁波所形成的各类影像。这一术语在1962年美国密执安大学召开的第一次国际环境遥感讨论会后被普遍采用。③遥感研究项目启动。20世纪60年代早期，美国国家航空航天局(NASA)开启了有关遥感的研究项目，旨在未来的几十年能支持美国各个研究机构对遥感的研究。与此同时，美国国家科学院将遥感研究运用于农业和林业。1970年，美国国家科学院公布了他们的研究成果，其中概要地描述了遥感信息调查的发展前景。

1972年，Landsat-1发射成功，它是第一颗用来观测地面的地球轨道卫星，成为遥感历史上一个新的里程碑。Landsat-1实现了第一次系统地、重复地观测地面区域。每幅Landsat-1影像就是不同波段的电磁波所获得的大面积地面信息，可供多方面的实际应用。Landsat-1有三点非常突出的贡献:第一，为研究提供了多光谱数据;第二，推动了遥感影像数字分析快速发展，如 Landsat－1 发射之前，影像分析通常由目视解译来完成；第三，Landsat－1 成为后续其他陆地观测卫星发展的基础和标准。

20 世纪 80 年代，传感器技术不断发展，各种陆地卫星相继发射。美国喷气动力实验室（JPL）的科研人员在 NASA 的资助下，开发了前所未有的高光谱分辨率的遥感仪器。在此之前，多光谱传感器所采集的数据来自于较宽的光谱区域，但这种新的仪器能采集 200 个或更多的非常精确的光谱区域。这些仪器开创了高光谱遥感的研究，将遥感的分析能力提高到了一个新的高度，并且为更好地开发未来遥感系统的功能提供了良好的基础。

1986 年以来，法国相继发射了 SPOT 系列卫星。SPOT－1、SPOT－2、SPOT－3 上均装有两台高分辨率可见光（HRV）相机，可获取 10 m 分辨率的全色波段遥感图像以及 20 m 分辨率的三波段遥感图像。SPOT－4 增加了新的中红外波段，还装载了一个植被仪，增强了对植物的识别能力。Landsat 和 SPOT 卫星项目为全球中等分辨率地球观测数据收集做出了贡献。

到了 20 世纪 90 年代，卫星系统已经成为采集整个地球表面信息的主要手段。尽管 Landsat 已经具备这种能力，但 1990 年以来，气象卫星的大范围成像成为全球遥感的基础。到 1999 年 12 月，NASA 发射了 Terra－1 卫星，它成为第一颗专门设计用来获取覆盖全球信息的卫星系统，用来监测自然界发生的变化以及地球生态系统的变化。这些数据开启了大尺度遥感地球的时代，从而成为又一座里程碑。

与此同时，欧洲空间局、日本相继发射了 ERS 和 JERS 系列卫星，印度、俄罗斯也相继发射了 IRS 和 RESURS 系列卫星。1995 年加拿大发射了RADARSAT－1 雷达卫星，标志着卫星微波遥感技术的重大进展，为国际遥感数据市场做出了重要贡献，它的地面分辨率、成像行宽和波束入射角都有较宽的选择范围，除用于监测陆地及海洋外，RADARSAT－1为南极大陆提供了第一个完全的高分辨率卫星覆盖，在监测全球气候变化中起到了重要作用。我国在 1998 年的长江抗洪抢险中，采用该卫星提供的图像进行了水情分析。1999 年美国航空航天局与地质调查局合作发射了 Landsat－7 号，其携带的传感器为增强型专题制图仪（ETM＋），增加了一个 15 m 分辨率的全色波段，并且热红外通道的空间分辨率也提高了 1 倍，达到 60 m。其目标是对全球变化保持长期连续的监测，建立和定期更新绝大部分无云的、太阳照射的陆地图像的全球档案，能清晰地观测人类活动的迹象。

21 世纪是遥感快速发展的阶段。一方面，高空间分辨率的卫星数据相继出现。2000 年，美国光谱成像公司（Spectral Imaging Inc）成功发射了高分辨率商用小卫星 IKONOS，星上装有柯达公司制造的数字相机，可采集 1 m 分辨率的黑白影像和 4 m 分辨率的多光谱（红、绿、蓝、近红外）影像。2001 年 10 月由美国 DigitalGlobe 公司发射的 QuickBird 卫星，提供数据的分辨率达 0.61 m。这些高分辨率的遥感数据对于军事和民用方面均有重要用途。另一方面，发展中国家也开始研制和发射系列卫星。1999 年 10 月，中国和巴西联合研制的中巴地球资源卫星即资源一号（ZY－1，国际上称为 CBERS－1）卫星发射成功，这是我国第一颗高速传输式对地资源遥感卫星，经过在轨测试阶段后已转入应用运行阶段。其地面空间分辨率分别有19.5 m、78 m、156 m和256 m，在北京、广州和乌鲁木齐3个地面接收站都可以接收该卫星的数据，推动了我国遥感事业的进一步发展。到2005年，世界各国已发射和将要发射的资源类卫星共计约35颗。

1.5.4 中国的遥感发展简况

20世纪30年代，我国曾在个别城市进行过航空摄影，这可以说是我国最早的遥感活动。到了50年代，随着我国经济建设的恢复和发展，系统地开展了以地形制图为主要目的的可见光黑白航空摄影工作，同时对航空像片进行了一些地质判读应用的试验工作。在这一时期，原地质部、铁道部及水利部等部门都建立了专门机构来从事这方面的工作，国家测绘局也是在这阶段内基本完成了全国范围的第一代航空摄影工作。

20世纪60年代初期，我国航空摄影工作已经初具规模，完成了我国大部分地区的航空摄影测量工作，应用范围不断扩展。60年代中期，铁道部设计院对23条铁道设计线路进行了航空目测，对24条设计线路运用小比例尺航空像片进行了地质信息判读。中国科学院地质研究所、地理研究所等单位运用航空像片对邢台地震地质进行了判读分析。有关院校也都开设了航空摄影学课程，培养了一批专业人才，为我国遥感事业的发展打下了基础。

从20世纪70年代开始，我国的遥感事业迅速发展，逐步由航空遥感发展到航天遥感。1973年，陈述彭等几位科学家参加了在墨西哥召开的国际学术会议，通过了解国外遥感技术的飞速发展，促进了我国遥感技术水平的提高。1975年11月，我国发射的科学试验卫星在正常运行之后按计划返回地面，获得图像质量良好。1978年发射的"尖兵一号"卫星，携带了精密的摄影机，专用于科学考察，在空间运行4 d后，带着丰富的遥感资料返回地面。1979年，中国科学院应用遥感研究所组建，并进行了腾冲资源遥感、天津城市环境遥感和四川二滩能源遥感，后来这被称为中国遥感事业起步的"三大战役"。

20世纪80年代，我国在农业、林业、海洋、地质、石油、环境监测等方面积极开展遥感试验，取得了丰硕的成果。1985年10月，我国成功发射并回收的国土资源卫星，以国土资源调查为主要目的，提供了黑白和彩色红外像片。1986年，我国建成了遥感卫星地面站，逐步具有了接收美国Landsat、法国SPOT、加拿大RADARSAT和中国－巴西CBERS等7颗遥感卫星数据的能力。

20世纪90年代，我国的遥感事业得到了长足的发展，大大缩短了与世界先进水平的差距。在这一时期，我国又先后发射了十多颗不同类型的人造地球卫星，其中包括与太阳同步的"风云1号"和与地球同步的"风云2号"。1999年10月14日，中国－巴西地球资源遥感卫星CBERS－1的成功发射，代表我国拥有了自己的资源卫星。我国的第一颗海洋卫星——"海洋一号"（HY－1）卫星于1997年6月由国防科工委批准立项研制，并于2001年4月搭载风云一号02批第二颗卫星发射。

进入21世纪，我国已经全面形成了遥感技术与应用的发展能力，在某些方面已处于世界领先水平。2012年1月9日，我国首颗国产民用光学立体测绘卫星资源三号01星成功发射，代表我国具备了1∶5万～1∶2.5万比例尺基础地理信息数据自主获取及更新的能力，打破了民用航天测绘业务长期依赖国外商业遥感卫星数据的局面。为保持测绘卫星数据源的连续、稳定，在2011年出台的《测绘部门航天发展“十二五”规划》中，提出在未来3个5年中，研制发射包括光学、雷达、激光、重力4种类型在内的多颗测绘卫星，形成种类齐全、功能完整的测绘卫星体系。该规划在2012年与国土资源卫星和海洋卫星发展规划一起，整合为陆地卫星业务发展规划，得到了国务院批复同意，整体纳入《国家空间基础设施发展规划(2011—2025)》，有望发射包含光学、雷达、重力3种类型并具有激光测绘功能的7颗测绘卫星，在未来10年内形成我国的民用测绘卫星系列。通过建设由高分辨率光学立体测图卫星、干涉雷达卫星、激光测高卫星、重力卫星等不同卫星有机组成的测绘卫星系列，我国将逐步满足全球1∶5万～1∶5 000等比例尺制图的数据获取和立体成像能力。特别是资源三号、天绘一号、高分一号、高分二号等国产中高分辨率遥感卫星相继投入使用(见表1-1)，使得卫星影像获取能力大大增强，可基本实现优于2.5 m影像国土面积年度全覆盖。

表1-1 国内部分高分辨率光学遥感卫星主要技术指标

卫星名称	发射时间	类型	通道	分辨率(m)	重访(d)	幅宽(km)
资源一号－02B	2007年	全色	1	20	26	113
		多光谱	4			
		全色	1	2.36	104	27
		多光谱	2	258	5	890
天绘一号01星、02星	2010年	全色	1	2	5	60
	2012年	全色	3	5		
		多光谱	4	10		
资源一号－02C	2011年	全色	1	2.36	3～5	54
		全色	1	5		60
		多光谱	3	10		
资源三号	2012年	全色	1	2.1	5	51
		全色	2	3.5		52
		多光谱	4	5.8		51
		多光谱		10		30
高分一号	2013年	全色	1	2	4	60
		多波段	4	8		60
		多光谱	4	16		800
高分二号	2014年	全色	1	1	5	30
		多光谱	4	4		30

整体来说,我国已经建立和完善了卫星对地观测体系,随着国家政策导向的引导,航天科学技术得到长足发展。国产民用陆地观测卫星数据由最初单一的中国－巴西地球资源卫星影像获取方式发展到现在的中国－巴西地球资源系列卫星、环境减灾卫星、测绘立体卫星等综合获取方式;传感器的研制从最初仅有的光学的多光谱、低空间分辨率发展到目前的高空间分辨率、高时间分辨率、高辐射分辨率、宽视场多角度、雷达等多种传感器共存的格局。

1.6 遥感的发展趋势

遥感技术正在进入一个能够快速准确地提供多种对地观测海量数据及应用研究的新阶段,它在近一二十年内得到了飞速发展,目前又将达到一个新的高潮。这种发展主要表现在以下 6 个方面。

1.6.1 空间发展计划蓬勃进行

以美国为首,投入也最大。如 NASA 于 2005 年宣布了耗资 1 040 亿美元空间探测计划,并在 2006 年发布了新的航天政策,以期保证其在整个 21 世纪的空间绝对优势。美国除了发展对地观测,还大力发展火星探测计划,2015 年 9 月 28 日,来自美国国家航空航天局的活性侦察轨道器(MRO)所拍摄的怪异黑色条纹被证实是由火星上的液态水形成的。除了美国,欧盟 ESA 在 2003 年正式宣布其全球环境与安全监测(GMES)计划,并在 2008 年建成一个有高、中、低分辨率的对地观测卫星,为欧盟 18 个国家的环境和安全进行实时服务,在高光谱和超光谱方面也取得了巨大的成果,如于 2001 年发射了 PROBA 和当时有效荷载最为丰富的综合卫星 ENVISAT(2012 年已与地球失去联系)。同时,欧盟各成员国之间也在发展各自的对地观测计划,走在前列的是法国、德国和意大利。法国在商业卫星上有著名的 SPOT 系列卫星 ,意大利有雷达卫星 Cosmo－Skymed,德国也有高分辨率雷达卫星 TerraSAR－X。

在亚洲,日本和印度都在极力发展自己的对地观测计划。日本拥有先进的航天技术,并力图发展军事航天和民用航天。日本宇宙航天研究开发机构 JAXA 于 2005 年公布了耗资 570 亿美元的“JAXA2005 年长期规划”,代表卫星有日本先进陆地观测 ALOS 卫星(2011 年已损坏)。印度 2003 年在航天技术的投资占 GDP 的 0.094%,2005 年投资 7.22 亿美元,预计 2020 年印度将拥有侦察卫星、通信卫星、气象卫星等,目前印度的代表卫星为 CartoSat1、CartoSat2 和 ResourceSat1。我国也非常重视对地观测计划,仅在“十一五”期间涉及对地观测数据的 18 个重大工程的总投资就达约 2 000 亿元,主要组成为资源卫星系列、环境减灾系列、海洋卫星系列、气象卫星系列、神州飞船等。

此外,我国台湾地区的福卫系列卫星五号卫星(FORMOSAT－5)是台湾自主拥有的第 4 颗人造卫星,运行方式与“福卫二号”类似,依旧采取低轨(720 km),让卫星造访台湾地区的频率提高,拍摄影像的间隔缩短,着重于卫星本体及光学遥测与科学酬载自主能力的建立。该卫星于 2015 年 10 月完成所有测试工作,2015 年年底在美国加利福尼亚州范登堡发射场发射。

1.6.2 高分辨率、微波遥感迅速发展

空间分辨率、时间分辨率及光谱分辨率普遍提高。卫星空间分辨率已逼近亚米级，极限为厘米级。重返周期达到几天甚至十几个小时，光谱分辨率达到纳米级，波段数已增加到数十甚至数百个。例如，美国的商业卫星 ORBVIEW 可获取 1 m 空间分辨率的图像，通过任意方向旋转可获得同轨和异轨的高分辨率立体图像；美国 EOS 卫星上的 MO - DIS - N 传感器具有35 个波段；美国 NOAA 的一颗卫星每天可对地面同一地区进行两次观测。光谱分辨率的提高以高光谱遥感为代表，随着波段数目的增加，本来在宽波段遥感中不可探测的物质，在高光谱遥感中能被探测，可谓是遥感技术的一场革命。但长期以来，高光谱遥感一直处在以航空为基础的研究发展阶段，且主要集中在一些技术发达国家，对其数据的研究和应用还十分有限。近十几年来情况出现了转机，1999 年末第一台中分辨率成像光谱仪（MODIS）随美国 EOAAM - 1 平台进入轨道，“新千年计划”第一星 EO - 1 携带两种高光谱仪随后进入了太空。此外，欧洲空间局的中分辨率成像光谱仪（MERIS）、日本 AEOS - 2 卫星的全球成像仪（GLI）以及美国轨道图像公司的轨道观察者 4 号（ORB - VIEW - 4）均相继升空，一个高光谱群星灿烂的局面将展现在我们面前，对它的深入研究正处在突破的前夕。

微波遥感具有穿透性强、不受天气影响以及主动探测的特性，可全天时、全天候工作，近年来发展迅速。微波遥感采用多极化、多波段及多工作模式，形成多级分辨率影像序列，以提供从粗到细的对地观测数据源。成像雷达、激光雷达等的发展，越来越引起人们的关注。例如，美国实施的航天飞机雷达地形测绘计划即采用雷达干涉测量技术，在一架航天飞机上安装了两个雷达天线，对同一地区一次获取两幅图像，然后通过影像精匹配、相位差解算、高程计算等步骤得到被观测地区的高程数据。

总之，不断提高传感器的性能指标、研制出新型传感器、开拓新的工作波段、获取更高质量和精度的遥感数据是今后遥感发展的必然趋势。

1.6.3 遥感定量化水平不断提高

遥感从定性的判读解译进行资源调查和评价逐步发展到环境的动态监测阶段。采用传统的判读方法已不能满足环境监测的要求，所以发展到计算机与地理信息系统结合阶段。计算机的应用需要定性化的数据，更需要定量化的数据以确定环境要素的定量参数和指标，这是遥感从定性到定量、从静态到动态、从目视解译到计算机分析发展的必然趋势。遥感信息的定量化有两重含义，其一是遥感信息在电磁波的不同波段内给出的地表物质的定量的物理量和准确的空间位置，例如，在可见光近红外波段内地表的反射比、热红外波段内地表的辐射温度和真实温度、在微波波段内地表物体的亮度温度和发射率及物体的后向散射系统等的定量数值。其二是从这些定量的遥感信息中，通过试验的或物理的模型将遥感信息与地学参量联系起来，定量地反演或推算某些地学或生物学的参量，例如植被的生物量、叶面积指数，农田蒸散量、森林积蓄量、土地利用面积等。不同的遥感应用领域对遥感信息定量化的要求是不同的，而对不同波段的遥感数据的定量要求精度也不尽相同，表 1-2 概括地列出了一些应用领域对遥感信息定量化的指标要求，包括辐射

校准数据和几何校准及定位数据的要求，不过这些要求只是初步的，因为在某个应用领域里的不同项目中的要求也不相同。

表 1-2 遥感应用对其信息定量化的技术校准指标要求

应用领域	辐射校准			几何校准
	可见光/近红外/短波红外反射比(%)	热红外辐射温度(K)	微波后向散射系数(dB)	定位要求(m)
农业	2～3	0.5～1.0	0.25～1.0	1～30;1 100～50 000
土地资源	2～5	0.5～1.0		1～30～80
林业	2～3	0.5～1.0	0.2～1.0	1～30
水资源	2～4	0.3～1.0	0.25～1.0	30～1 100～5 000
地质	2～5	0.3～1.0	1.0	5～50～1 100
海洋	2～4	0.3～1.0	0.5～1.0	100～1 100
海冰	2～4	0.3～1.0	0.25～1.0	100～1 100
灾害监测	2～5	0.5～1.0	0.5～1.0	1～30～1 100

遥感信息定量化研究成为遥感发展的前沿技术，具有许多生长点，可以带动许多学科和应用领域的发展，因为遥感信息定量化涉及遥感仪器的设计和制造、大气的探测和大气参量的反演、大气影响校正方法和技术、对地定位和几何校准等多个学科和领域。另外，随着遥感技术综合应用的深度和广度不断扩展，也表现为从单一信息源分析向包含非遥感数据的多源信息的复合分析方向发展；从静态研究向多时相的动态研究发展。地理信息系统为遥感提供了各种有用的辅助信息和分析手段，提高了遥感信息的识别精度。多时相遥感的动态监测，可获取我国当前城市化过程、耕地面积和生态环境变化的基本资料。与此同时，国际上相继推出了一批高水平的遥感图像处理商业软件包，用以实现遥感的综合应用。其主要功能包括影像几何校正与辐射校正、影像增强处理与分析、遥感制图、地理信息分析、可视化空间建模等。

1.6.4 影像处理技术不断创新

目前影像处理技术朝着多元化和企业级方向发展，除传统的桌面影像处理技术外，还有影像管理技术、面向服务的影像处理技术等。在影像信息智能化提取方面，除有半自动化人工提取工具外，还有多种影像自动分类方法，例如，传统的分类方法（非监督分类和监督分类）、基于专家知识的决策树分类、基于人工神经元网络以及模糊数学的方法等，充分利用了多源数据的特性。

基于模式识别技术的支持向量机分类就是一种比较新的分类方法。支持向量机（SVM）算法在模式识别、回归估计、概率密度函数估计等方面都有应用。例如，在模式识别方面，对于手写数字识别、语音识别、人脸图像识别、文章分类等问题，SVM 算法在精度上已经超越传统的学习算法或与之不相上下。在遥感分类上,SVM 的主要思想是针对两类分类问题,在高维空间中寻找一个超平面作为两类的分割,以保证最小的分类错误率。对较高分辨率的 R、G、B、Nir 四个波段的数据效果最好。

面向对象的空间特征提取技术,集合临近像元,用来识别感兴趣的光谱要素,充分利用高分辨率的全色和多光谱数据,以及空间、纹理和光谱信息对图像分割和分类的特点。

1.6.5 商业遥感时代的到来

随着卫星遥感的兴起,计算机与通信技术的进步以及各时期军事情报部门的需要,数字成像技术有了极大的提高。世界各主要航天大国相继研制出各种以对地观测为目的的遥感卫星,并逐步向商用化转移。因此,国际上商业遥感卫星系统得到了迅速发展,产业界特别是私营企业直接参与或独立进行遥感卫星的研制、发射和运行,甚至提供端对端的服务,也是目前遥感发展的一大趋势。

联合国制定的有关政策,在一定程度上鼓励了卫星公司制造商业高分辨率地球观测卫星的计划,这类卫星多为私营公司拥有,其地面分辨率为 1 ~5 m。如美国的 IKONOS 系列、QUICKBIRD 系列、ORBVIEW 系列和以色列的 EROS 系列等。商业卫星遥感系统的特点是以应用为导向,强调采用实用技术系统和市场运行机制,注重配套服务和经济效益,成为非常重要的遥感信息的补充。

此外,商用小型地球观测卫星计划正在实施之中,这种小卫星具有灵活的指向能力,可以获取高空间分辨率的图像并快速传回到地面,它投资小、研制周期短,备受重视。

1.7 大数据时代下遥感系统的机遇和挑战

自从全球知名企业麦肯锡提出大数据时代的概念以来,目前大数据已经渗透到各行各业。在大数据时代的背景下,遥感技术可以使用云存储的技术,对数据进行实时更新,包括对数据副本进行实时更新,占有极少的硬件资源。在影像数据几何倍数增加的情况下,图像质量也越来越好。但是空间分辨率的提高给信息的提取带来更多的干扰背景,影像获取时间减少也让数据更容易“过时”,影像的光谱信息越丰富,对分析模型精度的要求也越高。同时,遥感大数据的自动分析是实现遥感观察数据项知识转化的前提,也为后续的数据挖掘做铺垫。但是遥感信息语义的复杂性、数据维度语义的丰富性、传感器语义的多样性等特征使遥感大数据自动分析变得极为复杂。另外,我国遥感发展缺乏完善的监管制度,在具体运作的过程中缺乏协调和规划,相关的资讯和信息无法进行资源共享,无法对业内的资源和技术进行整合利用。

思考题

1. 所有的遥感影像都是在垂直上方观测地球的。请列出这种视角的遥感影像具有的优越性,同时列出这种视角的缺点。

2. 遥感影像显示了地面景观多种要素的综合效果,包括植被、地形、光照、土壤、河网以及其他要素等。这种综合效果的优缺点是什么？

3. 比较遥感影像和地图的不同之处，并说明它们各自的优缺点和各自所适用的领域。

4. 遥感是由许多不同学科的理论和知识交叉形成的。查阅本科教学计划，并从课程表中选出与遥感有关的课程。

5. 查阅图书馆中有关摄影测量和遥感研究领域最重要的中英文期刊，浏览各期刊的主要文章。

第 2 章　遥感电磁辐射基础

本章主要介绍遥感物理基础的电磁学部分。自然界中任何地物都具有发射、反射和吸收电磁波的性质,这是遥感的信息源。地面上的任何物体(目标物),如大气、土地、水体、植被和人工构筑物等,在温度高于 0 的条件下,都具有反射、吸收、透射及辐射电磁波的特性。

太阳是一种电磁辐射源,它所发出的光也是一种电磁波。当太阳光从宇宙空间经大气层照射到地球表面时,地面上的物体就会对太阳辐射进行反射和吸收。由于每一种物体的物理和化学特性不同,它们对不同波长的入射光的反射率也不同。遥感探测正是将遥感仪器所接收到的目标物的电磁波信息与物体的反射或发射光谱相比较,从而对地面的物体进行识别和分类。这就是遥感的基本物理原理。

2.1　电磁波谱

电磁波是振荡的电磁场在空间的传播。当电磁振荡进入空间,变化的磁场能够在它周围激发电场,变化的电场又能够激发磁场,使电磁振荡在空间传播,这就是电磁波。电磁波传播是以场的形式表现出来的,因此其在空间的传播是不需要媒介的,即使在真空中也能传播。电磁波传播的方向与电磁振荡的方向是垂直的,因此电磁波是横波(见图 2-1)。试验证明,电磁波的性质与光波的性质相同,其在真空中的传播速度就是光速($c = 3 \times 10^8$ m/s),并且等于其频率 v 与波长 λ 的乘积,即

$$c = v\lambda \tag{2-1}$$

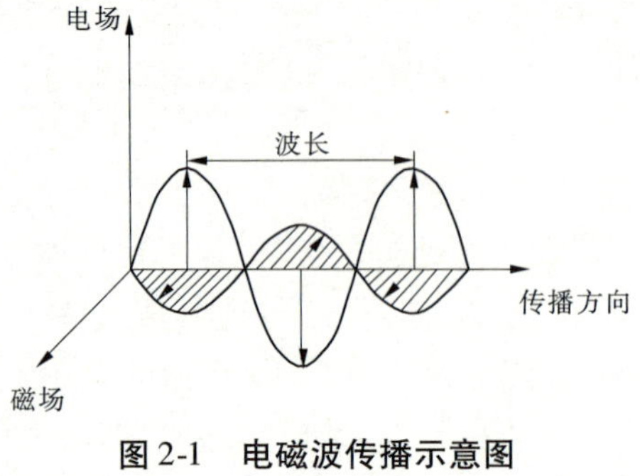

图 2-1　电磁波传播示意图

电磁波在传播过程中遇到气体、液体或固体介质时会发生反射、吸收和透射等现象,并遵循与光波相同的规律。试验证明,γ 射线、X 射线、紫外线、可见光、红外线、微波、无线电波等都是电磁波,只是波源不同,因而波长(或频率)也各不相同。这些电磁波按波长或频率的大小顺序排列起来制成的图表叫作电磁波谱。电磁波谱按照波长由短至长可依次分为:γ 射线、X 射线、紫外线、可见光、红外线、微波和无线电波。目前,遥感所能应

用的主要波段是紫外线、可见光、红外线和微波，它们的波长范围如表 2-1 所示。不同波长的电磁波与物体的相互作用有很大差异，即物体在不同波段的光谱特征差异很大。因此，人们通过研制各种不同波段的探测器，设计多种不同的波谱通道来采集地面信息。

表 2-1　遥感使用电磁波段的波长范围

波段		波长	
微波		1 ~ 1 000 mm	
红外线	超远红外	0. 76 ~ 1 000 μm	15 ~ 1 000 μm
	远红外		6. 0 ~ 15. 0 μm
	中红外		3. 0 ~ 6. 0 μm
	近红外		0. 76 ~ 3. 0 μm
可见光	红	0. 38 ~ 0. 76 μm	0. 62 ~ 0. 76 μm
	橙		0. 59 ~ 0. 62 μm
	黄		0. 56 ~ 0. 59 μm
	绿		0. 50 ~ 0. 56 μm
	青		0. 47 ~ 0. 50 μm
	蓝		0. 43 ~ 0. 47 μm
	紫		0. 38 ~ 0. 43 μm
紫外线		0. 01 ~ 0. 38 μm	
X 射线		0. 1 ~ 10 nm	
γ 射线		小于 0. 1 nm	

各电磁波段的主要特性如下：

(1) γ 射线，又称 γ 粒子流，是波长小于 0. 1 nm、比 X 射线能量还高的一种电磁辐射。但是大多数 γ 射线会被地球的大气层阻挡，观测必须在地球之外进行。γ 射线具有极强的穿透能力。

(2) X 射线，又称伦琴射线。其波长为 0. 1 ~ 10 nm。X 射线具有很高的穿透能力，能透过许多可见光穿不透的物质，如墨纸、木料等。这种肉眼看不见的射线可以使很多固体材料发生可见的荧光，使照相底片感光以及空气电离等。

(3) 紫外线是电磁波谱中波长为 0. 01 ~ 0. 38 μm 辐射的总称。太阳光谱中，只有 0. 3 ~ 0. 38 μm 波长的光到达地面。紫外遥感在遥感方面的应用比其他波段晚，且探测高度在 2 000 m 以下。目前主要用于测定碳酸盐分布，另外紫外线对水面漂浮的油膜比对周围的水反射强烈，因此常用于对油污的检测。

(4) 可见光区波长范围为 0. 38 ~ 0. 76 μm，人眼对其有敏锐的感觉。不论是航空摄影还是卫星遥感，可见光都是最常用的工作波段。由于感光胶片的感色范围正好在这个波长范围，故可得到具有很高地面分辨率、易于判读且地图制图性能较好的黑白全色或彩色航空影像。随着红外摄影和多波段遥感的相继出现，可见光遥感已把工作波段外延至近红外区(约0.9 μm)。在成像方式上也从单一的摄影成像发展为包括黑白摄影、红外摄影、彩色摄影、彩色红外摄影及多波段摄影和多波段扫描,其探测能力得到了极大提高。

(5)红外线的波长范围为0.76～1 000 μm,在光谱上位于可见光中红色光外侧。根据性质分为近红外、中红外、远红外和超远红外。近红外的波长为0.76～3.0 μm,其性质与可见光相似,所以又称光红外。在遥感技术中采用摄影方式和扫描方式,接收和记录地物对太阳辐射的光红外反射。中红外的波长是3.0～6.0 μm,远红外的波长是6.0～15.0 μm,超远红外的波长是15～1 000 μm,三者是产生热感的原因,所以又称为热红外。热红外遥感是指通过红外敏感元件,探测物体的热辐射能量,显示目标的辐射温度或热场图像的遥感技术的统称。遥感中应用的热红外主要指8～14 μm 波段范围。地物在常温(约300 K)下热辐射的绝大部分能量位于此波段,在此波段地物的热辐射能量大于太阳的反射能量。热红外遥感最大的特点是具有昼夜工作的能力。

(6)微波的波长范围为1～1 000 mm,穿透性好,不受云雾的影响,通常用于雷达、通信技术中。微波遥感是利用波长1～1 000 mm 的电磁波遥感的统称,通过接收地面物体发射的微波辐射能量,或接收遥感仪器本身发出的电磁波束的回波信号,对物体进行探测、识别和分析。微波遥感的特点是对云层、地表植被、松散沙层和干燥冰雪具有一定的穿透能力,又能夜以继日地全天候工作。

(7)无线电波即赫兹波,一般用频率代替波长,其单位为赫(Hz)。频率范围为30 kHz～30 000 MHz。其波长范围为10^{-3}～10^{4} m。目前,主要用于广播、通信等方面。

2.2 辐射基本定律

2.2.1 黑体辐射的概念

早在1860年,基尔霍夫(Kirchhoff)就提出用黑体一词来说明能够全部吸收入射辐射能量的地物。因此,黑体是一个理想的辐射体,也是一个可以与任何地物进行比较的最佳辐射体。黑体是绝对黑体的简称,指在任何温度下,对各种波长的电磁辐射的吸收系数恒等于1(100%)的物体。黑体的热辐射称为黑体辐射。

绝对黑体在自然界中并不存在,但用人工方法可以制造一个接近于黑体的模型(见图2-2),即有一个小孔的不透明空腔可以看作是黑体,因为通过小孔射入空腔的辐射在空腔内多次反射后再射出小孔的机会很小,因而射入空腔的辐射能量几乎全被吸收。试验指出,空腔壁单位面积所发射出的辐射能量和它所吸收的辐射能量相等,即辐射能量密度只跟频率和黑体的绝对温度有关,而跟空腔的形状和组成物质无关。

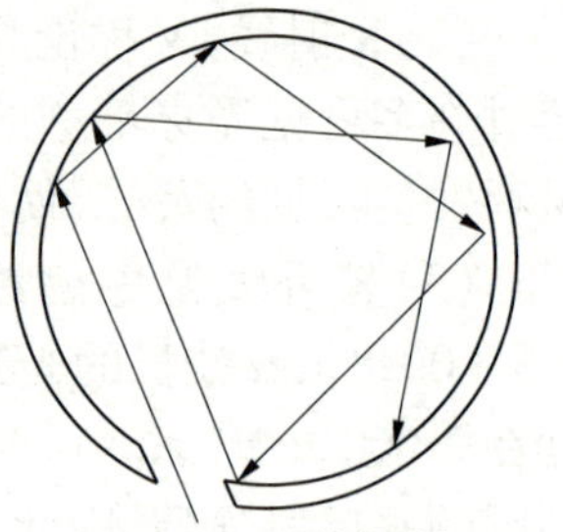

图2-2　黑体辐射

物体的电磁辐射能量遵循一定的物理定律。下面概括介绍黑体辐射规律的基本定律及其关系概略表达式。公式的推导和详细表达式不是本书的重点,这里采用简略的基本公式有助于学生理解和接受辐射的基本定律和一般规律,而这些知识也是学习热红外遥感的重要基础。

2.2.2 普朗克辐射定律

牛顿(Newton)最早认识到了光及电磁波具有波粒二象性。他认为光是直线传播的粒子束。普朗克(Planck)和爱因斯坦(Einstein)的理论证实了这一现象。普朗克发现电磁辐射能量以离散单元形式(量子或光子)进行吸收和发射,并用模型来说明光电效应,辐射能量的大小直接与电磁辐射的频率成正比。普朗克定义了一个常数(h),给出了黑体辐射的能量(Q)与频率(v)之间的关系

$$Q = hv \tag{2-2}$$

式中,h 为普朗克常量,$h = 6.626 \times 10^{-34}$ J · s。

普朗克的关系式把电磁辐射的波模式与量子模式联系起来。电磁波的关系式为 $c = v\lambda$。其中 c 为电磁波的速率,即 3×10^{8} m/s。

因此,辐射能量与它的波长成反比,即辐射的波长越长,其辐射能量越低。这对遥感具有重要意义,如地表的微波发射要比波长较短的红外辐射能量低,遥感探测系统更难感应其低能量的信号。

2.2.3 斯特藩 - 玻尔兹曼定律

1879 年奥地利物理学家斯特藩(Stefan)通过试验发现物体的辐射通量密度 M 与物体的热力学温度 T 的 4 次方成正比。1884 年玻尔兹曼(Boltzmann)应用热力学理论导出了这个关系,此关系称为斯特藩 - 玻尔兹曼定律,可表示为

$$M = \sum \varepsilon\sigma T^{4} \tag{2-3}$$

式中,σ 为斯特藩 - 玻尔兹曼常数,$\sigma = 5.670\ 32 \times 10^{-8}$ W/(m^{-2} · K^{-4})。

式(2-3)表明,随着温度的增加,辐射能的增加是很迅速的。当黑体温度增加 1 倍时,辐射能将增加到原来的 16 倍。

因此,只要测得总辐射出射度,即辐射通量密度,由斯特藩 - 玻尔兹曼定律可计算得知黑体的温度,这是用辐射法测量高温物体温度的依据。我们计算太阳表面的温度就是采用斯特藩 - 玻尔兹曼定律,得到太阳辐射相当于 5 900 K 黑体辐射,则推算出太阳表面的温度是 5 900 K。

2.2.4 基尔霍夫辐射定律

基尔霍夫在研究辐射传输过程中发现,在任一给定的温度下,地物单位面积上的辐射通量密度 M 与吸收率 α 之比,对任何地物都是常数,并等于该温度下同面积黑体辐射通量密度 $M_{黑}$。辐射通量密度是指辐射源在单位时间内,从单位面积上辐射出的辐射能量。其数学表达式为

$$M_{黑} = \sigma T^{4} \tag{2-4}$$

基尔霍夫辐射表达式,根据发射率的定义可以得出:$\alpha = M/M_{黑} = \varepsilon$,吸收率 = 发射率,即地物的吸收率越大,发射率也越大。

由斯特藩 - 玻尔兹曼定律及 $M_{黑} = \sigma T^{4}$ 得到:$M = \alpha M_{黑} = \varepsilon M_{黑} = \varepsilon\sigma T^{4}$。

对于地面热红外辐射来说,该式表明红外辐射的能量与温度的 4 次方成正比,所以地

面地物微小的温度差异，就会引起红外辐射能量显著的变化。地表的这一红外辐射特征构成了热红外遥感探测的理论基础。

2.2.5 维恩位移定律

1893 年德国物理学家维恩(Wien)指出，黑体辐射的峰值波长 λ_{max} 与热力学温度 T 的乘积是常量，即

$$\lambda_{max} T = b \tag{2-5}$$

此表达式称为维恩位移定律，式中 $b = 2.8978 \times 10^{-3}\ \text{m} \cdot \text{K}$，又称为维恩位移常数。由维恩位移定律可知，黑体温度增加时，其辐射曲线的峰值波长向短波方向移动(见图 2-3)。

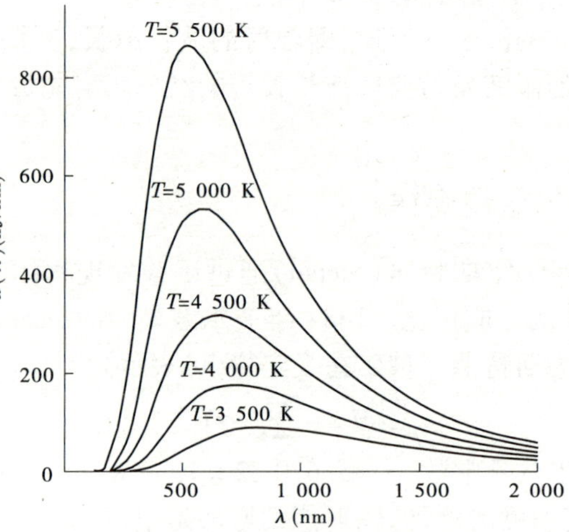

图 2-3 维恩位移定律

从维恩位移定律的表达式可以得出，只要测出 λ_{max}，就可求得黑体的温度，这成为用光谱方法测高温物体温度的另一种计算公式。

2.3 太阳辐射

自然界中的一切物体只要绝对温度在 0 以上，都以电磁波的方式向四周发射能量，称为辐射能，简称辐射。太阳是一个炽热的气体球，其表面温度约 6 000 K，内部温度更高。在大气上界测得的太阳辐射光谱曲线为平滑的连续的光谱曲线，它近似于 6 000 K 的黑体辐射曲线(见图 2-4)。在遥感的理论计算中就是利用太阳辐射的能量分布，从 X 射线到无线电波的整个电磁波谱区内，99.9% 的能量集中在 0.2 ~ 10.0 μm 波段内，最大辐射能量位于 0.47 μm 处，紫外波段(波长小于 0.38 μm)、可见光波段(波长 0.38 ~ 0.76 μm)和红外波段(波长大于 0.76 μm)的能量分别占总辐射能量的 7.29%、43.5% 和 49.21%。

太阳辐射各个波段能量所占比例如表 2-2 所示。太阳辐射从近紫外到中红外这一波段区间能量最集中，而且相对来说最稳定，辐射强度变化最小。在其他波段如 X 射线、γ

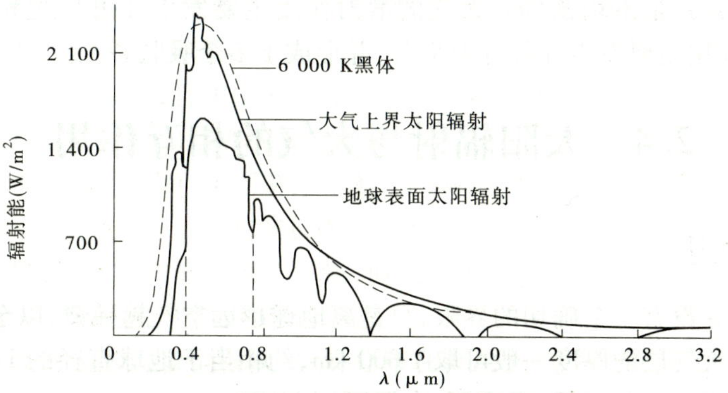

图 2-4 太阳辐射光谱曲线

射线、远紫外及微波波段，尽管它们的能量加起来不到 1%，可是变化却很大，一旦太阳活动剧烈，其强度也会有剧烈地增长，最大时可差上千倍甚至更多。因此，会影响地球磁场，中断或干扰无线电通信，也会影响宇航员或飞行员的飞行。就遥感而言，被动遥感主要利用近紫外、可见光、红外等稳定辐射，使太阳活动对遥感的影响减至最小。

表 2-2 太阳辐射各波段能量所占比例

波长(μm)	波段名称	能量比例(%)
$<10^{-3}$	X 射线、γ 射线	0.02
$10^{-3}\sim0.2$	远紫外	
0.20 ~ 0.31	中紫外	1.95
0.31 ~ 0.38	近紫外	5.32
0.38 ~ 0.76	可见光	43.50
0.76 ~ 1.5	近红外	36.80
1.5 ~ 5.6	中红外	12.00
5.6 ~ 1 000	远红外	0.41
>1 000	微波	

太阳辐射是被动遥感最主要的辐射源。太阳辐射通过地球大气照射到地面，经过地物反射到传感器，在这个过程中，要经历大气的吸收、再辐射、反射、散射等一系列过程。这时传感器接收到的辐射强度与太阳辐射到达地球大气上空时的辐射强度相比，已发生了很大的变化。从图 2-4 中可以看出：①太阳辐射相当于 6 000 K 的黑体辐射。②太阳辐射的能量主要集中在可见光，其中 0.38 ~ 0.76 μm 的可见光能量占太阳辐射总能量的 43.5%，最大辐射强度位于波长 0.47 μm 左右。③到达地面的太阳辐射主要集中在 0.3 ~ 3.0 μm 波段，包括近紫外、可见光、近红外和中红外。④经过大气层的太阳辐射有很大的衰减。到达地球大气层上界的太阳辐射，约 30% 被云层和其他大气成分反射返回太空；约有 17% 的太阳能入射辐射被大气吸收；还有 22% 的太阳能被大气散射并成为漫射辐射到达地球表面。因此，大气层上界的太阳辐射中仅有 31% 作为直射太阳辐射到达地球表

烈的向前朝向顶点的散射,伴随着小程度的反向散射(见图2-5(a))。②大气分子在形状上更加对称,优先形成向前和向后的具有特色的散射模式,但是几乎不显著朝向顶点散射(见图2-5(b))。③大的水滴引起显著的向前的朝向顶点的散射,伴随着比较小的向顶点的反向散射(见图2-5(c))。

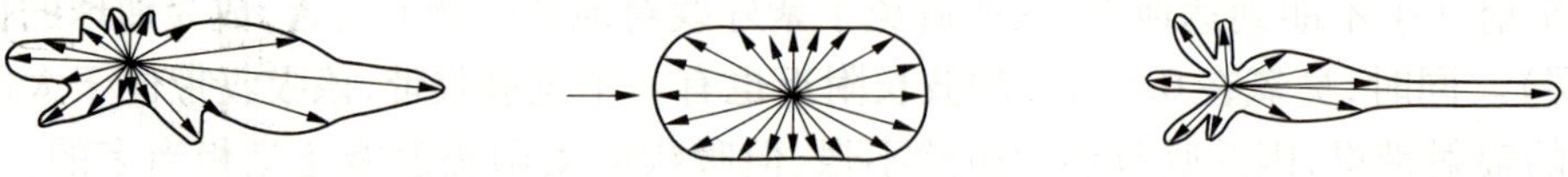

(a) (b) (c)

图2-5 大气粒子的散射

大气中各种成分对太阳辐射吸收的明显特点,是吸收带主要位于太阳辐射的紫外和红外区,而可见光区基本上是透明的。但大气中的云、雾、小水滴等微粒,遇太阳辐射会发生散射作用,散射作用主要发生在可见光区。大气散射的太阳辐射会到达地面,也会返回太空被传感器接收,成为叠加在目标地物信息上的噪声,降低了遥感数据的质量,造成影像的模糊,影响遥感资料的判读。

由于大气散射作用主要发生在太阳辐射能量较强的可见光区,因此大气的散射作用是造成太阳辐射衰减的主要原因。

根据太阳辐射的波长与发生散射作用的微粒大小之间的关系,散射作用可分为3种:瑞利散射、米氏散射和非选择性散射。

2.4.3.1 瑞利散射

在19世纪90年代英国科学家瑞利(Rayleigh)发现了一种大气散射现象,我们称之为瑞利散射。他认为完全干净的大气(只有气体成分)发生散射,其散射的量随波长的变短而增加,一般与波长的4次方成反比,如蓝光的散射是红光的4倍,紫外光的散射是红光的16倍。当大气中微粒直径相对于波长来说很小时,发生瑞利散射,如尘埃、氮或氧气分子等,它们的直径相对于可见光和近红外波长来说小很多,即 $d \ll \lambda$,所以瑞利散射也叫分子散射,是纯净大气所发生的散射。该散射主要发生在距地面9~10 km的大气,当波长大于1 μm时,瑞利散射基本上可以忽略不计。因此,红外线、微波可以不考虑瑞利散射的影响。但对可见光来说,由于波长较短,瑞利散射影响较大。如晴朗天空呈碧蓝色,就是由于大气中的气体分子把波长较短的蓝光散射到天空中的缘故。

2.4.3.2 米氏散射

当微粒的直径与太阳辐射光的波长接近,即 $d \approx \lambda$ 时,所发生的散射称为米氏散射。米氏散射是德国物理学家米(Mie)于1906年所发现的一种大气中较大微粒发生的散射现象,即大气中气溶胶所引起的散射。大气中气溶胶在我们日常生活中感觉似乎很小,但相对于瑞利散射来说要大很多倍。米氏散射影响的波长范围包括可见光和近红外,其散射量的大小与微粒的大小、形状和成分有一定的关系,但并不同于瑞利散射。米氏散射主要发生在近地面0~5 km的大气中,因为该高度的大气中富含直径较大的微粒。此外,由于大气中云、雾、水滴等悬浮微粒的大小与0.76~15 μm的红外线的波长差不多,因此云、雾对红外线的米氏散射是不可忽视的。

2.4.3.3 非选择性散射

当微粒的直径比太阳辐射的波长大得多(即 $d >> \lambda$)时所发生的散射称为非选择性

散射。该散射与波长无关，即任何波长散射强度相同。如大气中的水滴、雾、烟、尘埃等气溶胶对太阳的辐射，常常出现这种散射。常见到的云或雾都是由比较大的水滴组成的，符合 $d \gg \lambda$，云或雾之所以看起来是白色，是因为它对各种波长的可见光散射均是相同的。对近红外、中红外波段来说，由于 $d \geqslant \lambda$，所以属非选择性散射，这种散射将使传感器接收到的地面辐射严重地衰减。

综上所述，太阳辐射的衰减主要是由于散射造成的，散射衰减的类型与强弱主要与波长密切相关。在可见光和近红外波段，瑞利散射是主要的。当波长超过 1 μm 时，可忽略瑞利散射的影响。米氏散射对近紫外直到红外波段的影响都存在。因此，在短波中瑞利散射与米氏散射相当。但当波长大于 0.5 μm 时，米氏散射超过了瑞利散射的影响。

太阳光通过大气要发生散射和吸收，地物反射光在进入传感器前，还要再经过大气并被散射和吸收，这将造成遥感图像的清晰度下降，所以在选择遥感工作波段时，必须考虑到大气层的散射和吸收的影响。

2.4.4 大气窗口

太阳辐射经过大气时，要发生反射、吸收和散射，从而衰减了辐射强度。我们就把受到大气衰减作用较轻、透射率较高的波段叫作大气窗口（见图 2-6）。对遥感传感器而言，只能选择透射率高的波段，才能形成质量好的遥感观测图像。

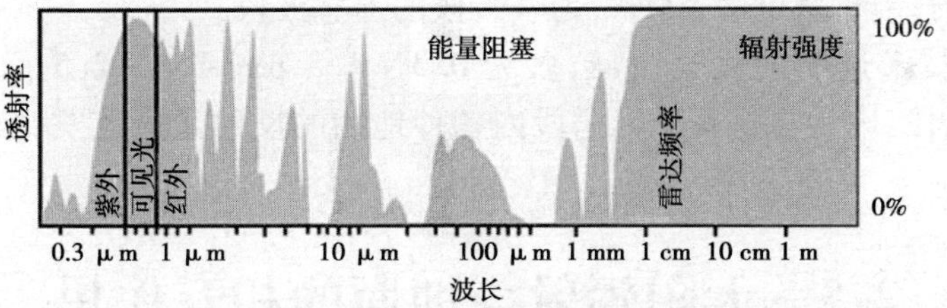

图 2-6　大气窗口

由于大气层的反射、散射和吸收作用，太阳辐射的各波段受到衰减的作用轻重不同，因而各波段的透射率也各不相同。因此，遥感传感器选择的探测波段应包含在大气窗口之内。主要大气窗口及目前使用的探测波段见表 2-4。

表 2-4　主要大气窗口与遥感应用

大气窗口	波段	透射率(%)	应用举例
紫外线、可见光、近红外	0.3～1.3 μm	>90	TM1－4/SPOT 的 HRV
近红外	1.5～1.8 μm	80	TM5
近—中红外	2.0～3.5 μm	80	TM7
中红外	3.5～5.5 μm	—	NOAA 的 AVHRR
远红外(热红外)	8～14 μm	60～70	TM6
微波	0.8～25 cm	100	Radarsat

(1)0.3～1.3 μm。这个窗口包括部分紫外(0.3～0.38 μm)、全部可见光(0.38～0.76 μm)和部分近红外波段(0.76～1.3 μm),称为地物的反射光谱。该窗口对电磁波的透射率达90%以上。在日照条件好的情况下,可以采用摄影方式成像,也可以用扫描方式成像。目前,胶卷感光条件最好的是在0.32～1.3 μm范围,超出这个范围则不能采用摄影方式的传感器。

(2)1.5～1.8 μm和2.0～3.5 μm。这两个窗口为近、中红外波段,仍属于地物反射光谱,但不能用胶片摄影,仅能用光谱仪和扫描仪来记录地物的电磁波信息。它们的透射率都接近80%。近红外窗口某些波段对区分蚀变岩石有较好的效果,因此在遥感地质应用方面很有潜力。例如,陆地卫星的专题制图仪就设置有TM5(1.55～1.75 μm)和TM7(2.0～2.35 μm)两个波段。

(3)3.5～5.5 μm。这个窗口称为中红外波段。通过这个窗口的既可以是地物反射光谱,也可以是地物发射光谱,属于混合光谱范围。中红外窗口应用很少,目前只能用扫描方式成像。

(4)8～14 μm。这个窗口称为远(热)红外波段,是热辐射光谱。该波段范围内由于臭氧、水汽及二氧化碳的影响,窗口的透射率仅为60%～70%。目前,主要是利用扫描仪和热辐射计来获得地物发射的电磁波信息。

(5)0.8～25 cm。这个窗口称为微波窗口,属于发射光谱范围。该窗口不受大气干扰,是完全透明的,透射率可达100%,为全天候的遥感波段。

目前,遥感技术选用的大气窗口,多为0.3～1.3 μm、1.3～2.5 μm、8～14 μm和0.8～25 cm光谱段,因为在这4个光谱段内各种地物的反射光谱或发射光谱可以很明显地区分开来。

2.5 太阳辐射与地面的相互作用

太阳辐射能量入射到任何地物表面上,都会发生三种过程:一部分能量被地物反射;一部分能量被地物吸收,成为地物自身的内能部分会再发射出来;一部分的入射能量被地物透射。根据能量守恒定律,到达地面的太阳辐射能量=反射能量+吸收能量+透射能量。一般而言,绝大多数物体对可见光都不具备透射能力,而有些物体如水,对一定波长的电磁波透射能力较强,特别是对0.45～0.56 μm的蓝绿光波段,水体的透射深度一般可达10～20 m,清澈水体可达100 m的深度。太阳辐射到达地表后,对于一般不能透过可见光的地面物体,主要是吸收和反射作用。地物吸收了太阳辐射能量后具有一定的温度,形成自身的辐射。但地表物体自身的辐射在可见光与近红外波段几乎等于零,因此可见光和近红外波段的遥感主要是以地面地物反射太阳辐射的形式而进行的。

2.5.1 反射作用

当太阳光线与不透明物体表面接触时会发生反射作用,反射的性质取决于表面相对于波长的粗糙与光滑程度。如果表面相对于波长是光滑的,就会发生镜面反射;如果表面相对于波长是粗糙的,就会发生漫反射(见图2-7)。

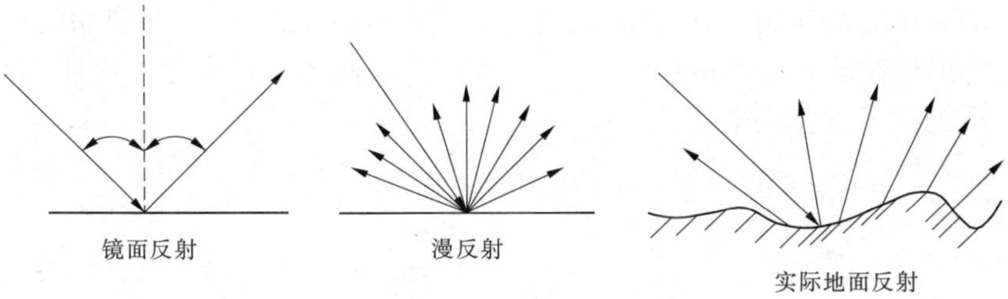

图 2-7　3 种反射示意图

2.5.1.1　镜面反射

镜面反射满足反射定律，即入射光是平行的，入射角等于反射角。如镜面、光滑的金属表面和平静的水体表面，对可见光波段都会发生镜面发射，传感器只有在反射线方向才能接收到电磁波，而其他方向就接收不到。

2.5.1.2　漫反射

漫反射概念是由朗伯（Lambert）提出的，他设计了很多试验来说明光的反射规律，认为漫反射不论入射方向如何，反射方向都是“四面八方”的，其任何方向的反射辐射亮度是相等的，这种反射面又叫朗伯面，从遥感图像上观察到的地面可以近似看作朗伯面。对于可见光辐射，很多自然表面都可能是漫反射，如均匀一致的草场表面。

2.5.1.3　实际地面反射

实际地面反射有的可近似看作朗伯面，但很多是介于镜面反射和漫反射两种理想模型之间。实际地面有平行的入射辐射时，其各个方向都有反射能量，且反射辐射亮度是与方向有关的（见图 2-7）。

2.5.2　反射率的概念

反射率（ρ）是指地物的反射能量（P_ρ）占总入射能量（P_0）的百分比，即

$$\rho = P_\rho / P_0 \times 100\% \tag{2-6}$$

根据能量守恒定律，反射率高的地物，其吸收率就低。吸收率高的地物，其反射率就低。地物的反射率是可以用光谱辐射计测量的，如美国 ASD 光谱辐射计就是目前常用的地物反射率测量仪器。吸收率一般是通过反射率推算出来的。

地物对不同波长的反射率是变化的，同一波长作用于不同地物其反射率也是不同的。反射率的大小还与地物表面的粗糙度和颜色有关，一般粗糙的表面反射率低。此外，环境因素，如温度、湿度、季节等，也会影响地物的反射率大小。如同一地区同一地物在不同季节的遥感图像上的色调差异会很大。

传感器记录的亮度值是地物反射率大小的反映。反射率大，传感器记录的亮度值就大，遥感图像上表现为色调浅；反射率低，则表现为色调深。遥感图像色调的差异是识别地物类别和目视判读的重要标志。

2.5.3　反射光谱曲线

地物反射率是随波长变化的，我们以波长作为横坐标，反射率作为纵坐标，将地物反

射率随波长的变化绘制成曲线,即地物的反射率随波长变化的曲线,叫地物的反射光谱曲线。不同地物的该曲线是不同的(见图 2-8),地物反射率随波长变化的规律,为遥感影像的判读和分析提供了重要依据。

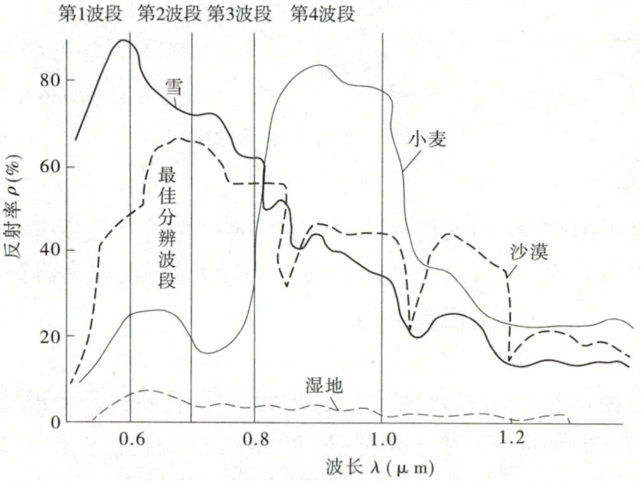

图 2-8 不同地物反射光谱曲线分析

从图 2-8 可以看到:第 1 波段雪的反射率很高,遥感图像上易于与其他地物区分;第 2 波段上雪、小麦、沙漠和湿地 4 种地物反射率差距均较大,遥感图像上 4 种地物都易区分;第 3 波段的小麦和湿地差异最大,沙漠和雪几乎没有差异,因此在该波段遥感图像上很难区分这两类地物,但这两类地物与小麦和湿地却很容易区分开来;第 4 波段的沙漠和雪的反射率的值很接近,在遥感图像上的色调差别就小,不容易区分,但它们与湿地还是很好区分的。要区分图中 4 种地物的最佳波段应该是第 2 波段(见图 2-8)。因此,地物反射光谱曲线是遥感分析的重要基础,我们必须熟悉常见地物类型的反射光谱曲线,如植被、水体、土壤和岩石,这是遥感图像判读、分析和计算机图像增强和分类等应用的基本原理和基础。

2.5.4 常见地物的光谱曲线

2.5.4.1 植被光谱曲线

所有植物的反射光谱曲线都呈明显的双峰双谷的特点(见图 2-9),即接近可见光绿波段(0.5 ~0.6 μm)有一个反射峰,而该反射峰的两侧,即蓝光波段(0.38 ~0.5 μm)和红光波段(0.6 ~0.76 μm)则有两个植物叶绿素的吸收带,形成光谱曲线的两个低反射谷,这也是我们人眼看到植物是绿色的原因。这一特征是由于植物叶绿素的影响,叶绿素对蓝光和红光吸收作用强,而对绿光反射作用强。第二个反射峰出现在近红外波段(0.76 ~1.1 μm),其中 0.7 ~0.8 μm 反射率陡峭上升,形成光谱曲线上的“陡坡”。1.3 μm 以后反射率又开始快速下降,并形成两次明显的起伏,即以 1.45 μm、1.95 μm 和 2.7μm 为中心的绿色植物含水量吸收带,形成低谷。但在中红外波段(1.3 ~2.5 μm)总的趋势是逐步下降的。

不论种类不同的植物,或是同种植物的不同生长阶段或长势状况,植物光谱曲线的基本形态特征是一致的，只是其反射峰和吸收谷的值有高低差异（见图 2-10）。

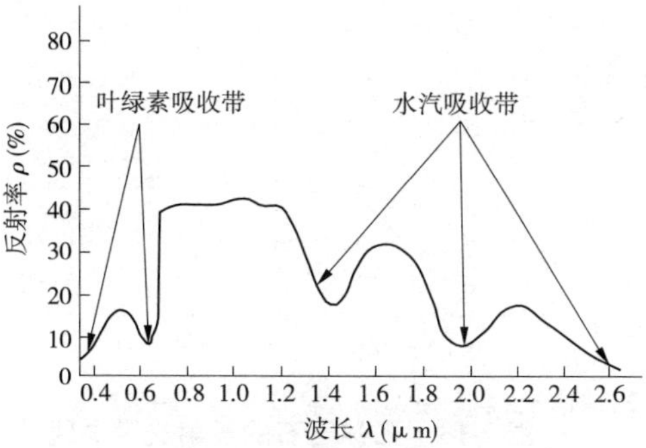

图 2-9 植物光谱曲线

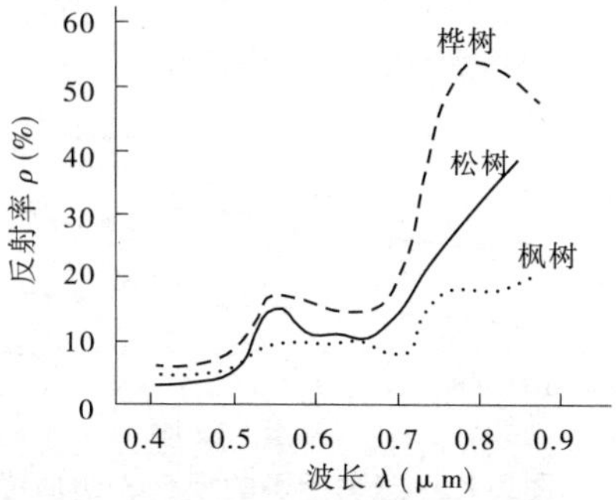

图 2-10 不同植物的光谱曲线

2.5.4.2 水体光谱曲线

水体的反射率总体很低，小于 10%，远低于其他大多数地物，如图 2-11 所示。因此，遥感图像上水体或湿地都呈现为深色调甚至黑色。清水在蓝绿光波段有较强反射，在其他可见光波段吸收都很强，在近红外波段吸收更强，使得反射率几乎是 0。当水体中含有其他物质时，水体的反射光谱曲线会发生变化，如含有泥沙时可见光波段的反射率会增加，反射峰值出现在黄红区；含有叶绿素时近红外波段反射率明显增加。这些特征是遥感影像上分析水体泥沙含量和叶绿素含量的重要依据。

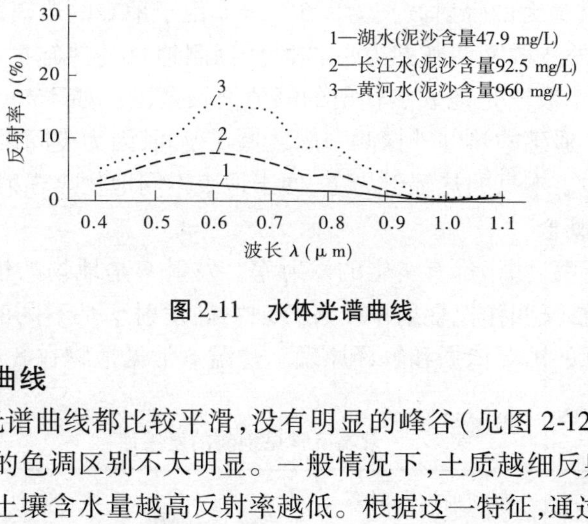

图 2-11 水体光谱曲线

2.5.4.3 土壤光谱曲线

土壤表面反射光谱曲线都比较平滑，没有明显的峰谷（见图 2-12），因此在不同波段的遥感图像上，土壤的色调区别不太明显。一般情况下，土质越细反射率越高，有机质含量越高反射率越低，土壤含水量越高反射率越低。根据这一特征，通过同种类型土壤的反射率变化，可以测定土壤含水量和有机质等。

2.5.4.4 岩石的光谱曲线

不同类型岩石的反射光谱曲线都较平缓，没有明显的波段起伏，但反射率的值相差很大（见图 2-13）。岩石表面反射率的大小因矿物成分、矿物含量、风化程度、含水状况、颗粒大小、表面光滑度、色泽度等而异。总体来说，岩石在近红外波段的区分能力较强，如 TM5（1.55 ~ 1.75 μm）和 TM7（2.08 ~ 2.35 μm）波段能较好地区分岩石性质。

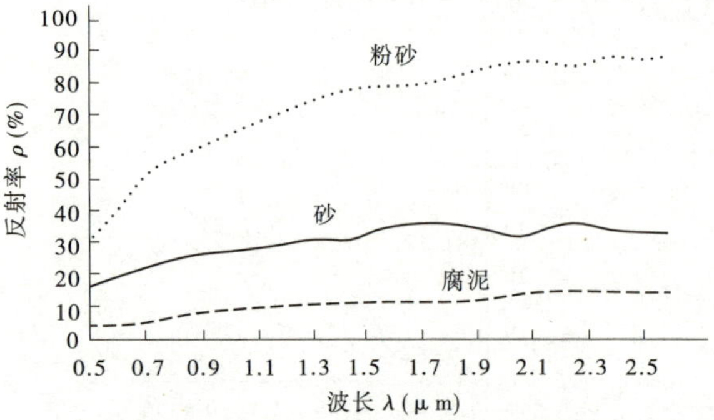

图 2-12　三种土壤的反射光谱曲线

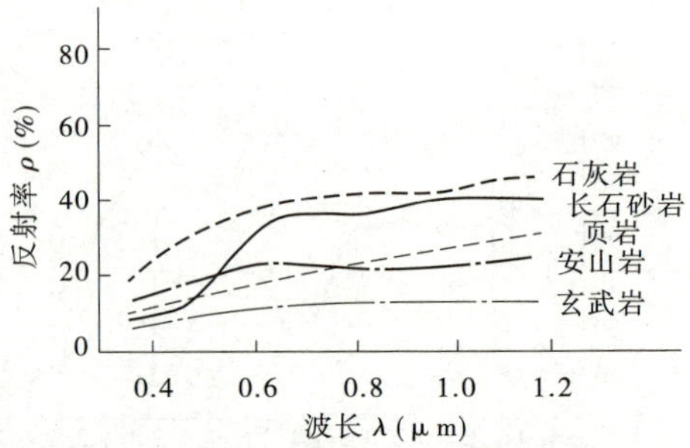

图 2-13　几种岩石的反射光谱曲线

2.5.5　吸收作用

太阳辐射到达地面，一部分能量被地物吸收并且转换成热能，使地表升温后再辐射出热能。根据辐射基本定律，自然界任何温度高于热力学温度（ – 273 ℃）的物体都不断地向外发射具有一定能量和波谱分布的电磁波。其辐射能量的强度和波谱分布是温度的函数。由于这种辐射依赖于温度，因而被称为“热辐射”。

2.5.5.1　地表的辐射

地球表面的温度一定时，其热辐射遵循基尔霍夫定律。地表的辐射接近于温度为 300 K 的黑体辐射，其最大的辐射波长为 9.66 μm。由于地表的热辐射能量主要集中在远红外波段，因此远红外波段又叫作热红外波段。探测地物的热辐射一般选择 8 ~ 14 μm 的波段范围，因为这个波段是地表热辐射的峰值波长范围。如 TM6 和 CBERS – B9 都属于热红外探测波段。遥感的热红外探测一般选择在夜间，因为夜间没有太阳辐射的影响，地面发出的能量以地表本身的热辐射为主，便于地表不同地物热辐射特征的识别和比较。

2.5.5.2　发射率的概念

每种地物在一定温度时，都有一定的发射率。发射率是地物的辐射能量与相同温度下黑体辐射能量之比，又叫作比辐射率。各种地物的发射率是不同的。这种地物发射率的差异是热红外遥感的重要依据和解译原理。常温下常见地物在 8 ~ 14 μm 波段的发射率见表 2-5。

表 2-5　常温下常见地物的发射率

物质	典型平均发射率（8 ~ 14 μm）	物质	典型平均发射率（8 ~ 14 μm）
清水	0.98 ~ 0.99	干矿物质土	0.92 ~ 0.94
湿雪	0.98 ~ 0.99	水泥混凝土	0.92 ~ 0.94
人的皮肤	0.97 ~ 0.99	油漆	0.90 ~ 0.96
粗冰	0.97 ~ 0.98	干植被	0.88 ~ 0.94
健康绿色植被	0.96 ~ 0.99	干雪	0.85 ~ 0.90

续表 2-5

物质	典型平均发射率（8 ~ 14 μm）	物质	典型平均发射率（8 ~ 14 μm）
湿土	0.95 ~ 0.98	花岗岩	0.83 ~ 0.87
沥青混凝土	0.94 ~ 0.97	玻璃	0.77 ~ 0.81
砖	0.93 ~ 0.94	粗铁片	0.63 ~ 0.70
木	0.93 ~ 0.94	光滑金属	0.16 ~ 0.21
玄武岩	0.92 ~ 0.96	铝箔	0.03 ~ 0.07
亮金	0.02 ~ 0.03		

根据辐射定律，地物的发射率与地物的吸收率成正比，吸收率高，发射率就高。发射率与地物表面的粗糙度、颜色和热惯性等有关。一般地物表面粗糙或颜色较暗，吸收率高，发射率就高；而地物表面光滑或颜色较亮，吸收率低，发射率就低。表面热惯性大的地物比热大，具有保温作用，夜间发射率就大，而白天一般发射率却比较低。反之，热惯性小的地物白天发射率高，夜间发射率就低。如水体由于比热大，白天升温慢，温度低于周围地物，发射率低；夜间，由于散热慢，温度高于周围地物，其发射率就高。因此，利用热红外遥感探测地热、水体污染和城市下垫面的热岛等是非常有效的方法。

2.5.5.3 地物发射光谱特性

温度一定时，地物的发射率随波长变化的曲线，叫地物的发射光谱曲线。发射光谱曲线形态特征，可以反映地面物体本身的特征，包括物体本身的组成、温度、表面粗糙度等物理特性。发射光谱曲线的特殊形态，可以用来识别地面物体，尤其在夜间，太阳辐射消失后，地面发出的能量以发射光谱为主，探测其红外辐射及微波辐射并与同样温度条件下的发射率曲线比较，是识别地物的重要方法之一。

2.5.5.4 亮度温度

热红外遥感传感器通常所记录的是地物的辐射出射度，如 TM6 波段的原始灰度值为 0 ~ 255，它度量了地表的辐射温度，也叫亮度温度或表征温度，是指能辐射出与观测地物相等辐射能量的黑体温度。在微波遥感中常用亮度温度表示，而在热红外遥感中较多使用辐射温度表示。辐射温度（或亮度温度）不等同于地面真实温度，要从热红外遥感数据反演地表真实温度是相当复杂的，也是热红外遥感研究的热点和难题。

2.5.6 透射作用

太阳辐射到达地面时，能穿透地面一定深度，这种现象叫透射。可见光对自然界绝大多数地物没有透射能力。红外线对具有半导体特性的地物，才有一定的透射能力。微波对地物具有明显的透射能力，其透射深度由入射微波的波长决定。

可见光波段对水体的透射能力较强，特别是 0.45 ~ 0.56 μm 的蓝绿光波段。一般水体的透射深度可达 10 ~ 20 m，清澈水体可达 100 m 的深度。

微波的透射能力较强，这部分内容将在第 5 章中详细介绍。

2.6 基于波长的三种遥感模式

依据遥感传感器所探测能量的波长和研究需要，一般可概括为三种基本的遥感模式，即可见光（近红外）遥感、热红外遥感和雷达（如微波雷达、激光雷达）遥感。

可见光（近红外）遥感是最简单的一种模式，即传感器记录地球表面反射太阳辐射的能量，此类遥感主要集中在可见光和近红外波段。这个波段与我们日常生活中用相机或摄像机拍摄风景照片有相似之处。如用航空摄像机拍摄地表一定大小的区域，摄像机胶卷所记录的是目标物体反射的太阳辐射能量，其探测的波长范围主要是在可见光和近红外波段。这类遥感模式的主要影响因素包括大气清澈度、目标物的光谱性质、太阳入射角度、太阳光的强度，以及滤光器和胶卷的选择等。

第二种遥感模式是传感器记录地表自身所发射的辐射能量，此类遥感主要集中在热红外波段，称为热红外遥感模式。地表热辐射（300 K）在远红外波段发射能量最强，因此需要设计特殊的传感器才能记录这些波长的能量，如红外辐射计或红外扫描仪。地表发射的能量主要来源于其吸收的太阳短波辐射，然后以长波的形式再发射。地表发射的能量反映了地表物质的热特性，而地物的热特性可以识别不同地物的含水量、不同植被类型、表面物质以及人为景观的差异。地表发射出的辐射能量还有其他来源，如地热、蒸汽管热、发电厂、建筑以及森林火灾。这种遥感模式也是被动遥感，因为其传感器探测和记录的是地球发射出的能量，而不是传感器自身发射出的能量。

第三种遥感模式是传感器自身发射出能量，然后探测并记录地表对该能量的反射。此类传感器属于主动传感器，即通过自己发射能量而感知，因此这种遥感模式独立于太阳辐射和地表辐射。如成像雷达和激光雷达是主动传感器最好的代表，它们从卫星或航空飞机平台向地表发射能量，然后接收反射能量而成像。这种遥感模式由于探测的是自身发射的地物反射能量，因此可以全天候运行。

思考题

1. 什么是电磁波谱？遥感中常用的电磁波段有哪些？
2. 太阳辐射穿过大气，导致其能量衰减的原因有哪些？
3. 何谓大气窗口？常用于遥感的大气窗口有哪些？
4. 电磁辐射与地表物体相互作用的原理是什么？
5. 按照发射率与波长不同的关系，可以把红外辐射源分为哪几类？具体特征是什么？
6. 比较几种地物（植被、水、沙、雪）的反射光谱特征有何不同？
7. 影响地物光谱特性的主要因素有哪些？
8. 什么是地物反射光谱曲线？它对影像分析有什么作用？

第3章　遥感数据采集

3.1　遥感平台系列

遥感中搭载传感器的工具统称为遥感平台，是用于安置各种遥感仪器，使其从一定高度或距离对地面目标进行探测，并为其提供技术保障和工作条件的运载工具。

3.1.1　遥感平台的种类

按平台距地面的高度大体上可分为三类：地面遥感平台、航空遥感平台(空中平台)、航天遥感平台(空间平台)，如图3-1所示。

图3-1　遥感平台

地面遥感平台指用于安置遥感器的三脚架、固定的遥感塔、可移动的遥感车、舰船等，高度在100 m以下，在上面放置地物波谱仪、辐射仪、分光光度计等，可以测定各类地物的波谱特性。航空遥感平台或空中平台是指高度在100 m以上，100 km以下，用于各种资源调查、空中侦探、摄影测量的应用平台。航天遥感平台或空间平台一般指高度在240 km以上的航天飞机和卫星等，其中高度最高的要数以气象卫星GMS所代表的静止卫星，它位于赤道上空36 000 km的高度，Landsat、SPOT、MOS等地球卫星高度也在700～900 km。

遥感平台还可以按其他方式分类,如航天遥感平台还可以分为载人遥感平台(宇宙飞船、空间站、航天飞机等)和非载人遥感平台(一般的卫星);按其质量来分,可分为小卫星和其他卫星。

这些具有不同技术性能、工作方式和技术经济效益的遥感平台,组成一个多层、立体的现代化遥感信息获取系统,为完成专题的或综合的、区域的或全球的、静态的或动态的各种遥感活动提供了技术保证。现可应用遥感平台见表3-1。

表3-1 可应用遥感平台

遥感平台	高度	目的与用途	其他
静止卫星	36 000 km	定点地球观测	气象卫星
圆轨道卫星 (地球观测卫星)	500～1 000 km	定期地球观测	Landsat,SPOT,MOS等
小卫星	400 km	各种调查	—
航天飞机	240～350 km	不定期地球观测 空间试验	—
天线探空仪	0.1～100 km	各种调查(气象等)	—
高高度喷气式飞机	10 000～12 000 m	侦察,大范围调查	—
中低高度飞机	500～8 000 m	各种调查, 航空摄影测量	—
飞艇	500～3 000 m	空中侦察,各种调查	—
直升机	100～2 000 m	各种调查,摄影测量	—
系留气球	800 m以下	各种调查	—
遥控飞机	500 m以下	各种调查,摄影测量	飞机,直升机
牵引飞机	50～500 m	各种调查,摄影测量	牵引滑翔机
索道	10～40 m	遗址调查	—
吊车	5～50 m	近距离摄影测量	—
地面测量车	0～30 m	地面实况调查	车载升降台

3.1.2 卫星的相关参数

3.1.2.1 卫星轨道参数

卫星轨道参数是用来描述在太空中卫星运行的位置、形状和取向的各种参数。

卫星轨道在空间的具体形状和位置,可有6个轨道参数来确定。

(1)升交点赤经Ω。如图3-2所示,升交点赤经Ω为卫星轨道的升交点与春分点之间的角距。所谓升交点,为卫星由南向北运行时,与地球赤道面的交点。反之,轨道面与赤道面的另一个交点称为降交点。春分点为黄道面与赤道面在天球上的交点。

(2)近地点角距 ω。是卫星轨道的近地点与升交点之间的角距。

(3)轨道倾角 i。是指卫星轨道面与地球赤道面之间的两面角,也即升交点一侧的轨道面至赤道面的夹角。

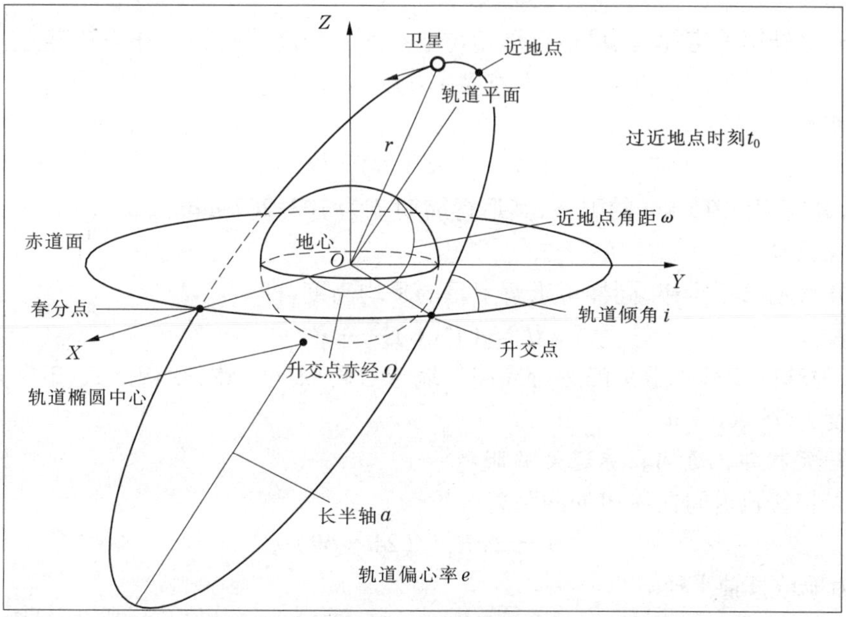

图 3-2　轨道参数

(4)卫星轨道的长半轴 a。为卫星轨道远地点到椭圆轨道中心的距离。

(5)卫星轨道的偏心率(或称扁率)e

$$e = c/a \tag{3-1}$$

式中,c 为卫星椭圆轨道的焦距。

(6)卫星过近地点时刻 t_0。

以上六个参数可以根据地面观测来确定。在六个轨道参数中,Ω、ω、i 和 T 决定了卫星轨道平面与赤道面的相对位置,而 a 和 e 则决定了卫星轨道的形状。其中,e 越大,则轨道越扁,e 越小,轨道越接近圆形。圆形轨道有利于在全球范围内获取影像时比例尺趋近一致。当 e 固定时,a 越大则轨道离地面的高度 H 越大。H 与传感器的地面分辨率和总视场宽度有密切关系。倾角 i 决定了轨道面与赤道面,或与地轴之间的关系。$i=0$ 时轨道面与赤道面重合。$i=90°$时轨道面与地轴重合。$i\approx90°$时轨道面接近地轴,这时的轨道称近极地轨道。轨道近极地有利于增大卫星对地球的观测范围。

3.1.2.2　卫星的一些常用参数

1)卫星速度

当轨道为圆形时,其平均速度为

$$v = [GM/(R+H)]^{1/2} \tag{3-2}$$

式中,G 为万有引力常数;M 为地球质量;R 为平均地球半径;H 为卫星平均离地高度。

星下点的平均速度(地速)为

$$v_N = [R/(R+H)]v \quad (3\text{-}3)$$

2）卫星运行周期

卫星运行周期是指卫星绕地一圈所需要的时间，即从升交点开始到下次过升交点时的时间间隔。

根据开普勒第三定律，卫星运行周期与卫星的平均高度有关。开普勒第三定律为

$$T^2/(R+H)^3 = C \quad (3\text{-}4)$$

则运行周期为

$$T = [C(R+H)^3]^{1/2} \quad (3\text{-}5)$$

例如，高度 $H = 915$ km 的卫星，其运行周期 T 为 103.267 min。

3）卫星高度

依据开普勒第三定律，同样可求解卫星的平均高度，即

$$H = (T^2/C)^{1/3} - R \quad (3\text{-}6)$$

例如，地球同步静止卫星的运行周期与地球自转周期一致，则带入式(3-6)解算卫星的平均高度为 35 860 km。

4）同一天相邻轨道间在赤道处的距离

同一天相邻轨道间在赤道处的距离

$$L = 2\pi R_a T/(24 \times 60) \quad (3\text{-}7)$$

式中，R_a 为地球长轴半径。

例如：Landsat－1 卫星的 $L = 2\ 873.95$ km，再减去卫星每天修正 $\Omega' = 0.986\ 3°$（进动角，为满足与太阳同步而做的修正），则 $L = 2\ 965.918$ km。

5）重复周期

卫星重复周期是指卫星从某地上空开始运行，经过若干时间的运行后，回到该地上空时所需要的天数。它与运行周期的关系为

$$D = d/(n - n_{int}) \quad (3\text{-}8)$$

其中，n_{int} = integer(n)；d 为偏移系数，某天某一轨道相对上一天同号轨道偏移的轨道数，若向西偏移为负值，向东偏移为正值，$d = \pm 1$ 时为顺序排列，$|d| > 1$ 时为交错偏移。

3.2 传感器

传感器（Sensor）是一种检测装置，能感受到被测量的信息，并能将感受到的信息按一定规律变换成为电信号或其他所需形式的信息输出，以满足信息的传输、处理、存储、显示、记录和控制等要求。

3.2.1 传感器的组成

遥感传感器是用来远距离检测地物和环境所辐射或反射的电磁波的仪器。它是获取遥感数据的关键设备，由于设计和获取数据的特点不同，所以传感器的种类也就繁多起来，就其基本结构原理来看，目前遥感中使用的传感器大体可分为如下一些类型：①摄影类型的传感器；②扫描类型的传感器；③雷达成像类型的传感器；④非图像类型的传感器。

无论是哪种类型的传感器,它们均由以下4个基本部分组成:

(1)收集器:收集地物辐射来的能量。具体的原件如透镜组、反射镜组、天线等。对于多波段遥感,收集系统还包括按波段分波束的元件,例如滤光片、棱镜、光栅等。

(2)探测器:传感器中最重要的部分就是探测器,它是真正接收地物电磁辐射的器件,将收集的辐射能量转变成化学能或者电能。具体元件如感光胶片、光电管、光敏和热敏探测元件、共振腔谐振器等。

(3)处理器:对收集的信号进行处理。如显影、定影、信号放大、变换、校正和编码等。具体的处理器类型有摄影处理装置和电子处理设备。

(4)输出器:遥感的最终目的是要把接收到的各种电磁波信息,用适当的方式输出获取的数据。输出器的类型有扫描晒像仪、阴极射线圈、电视显像管、磁带记录仪、彩色喷墨仪等。

3.2.2 传感器的分类

传感器的种类很多,分类的方式也多种多样,常见的分类方式有以下几种:

(1)按传感器工作方式的不同,分为主动式传感器和被动式传感器。主动式传感器本身向目标发射电磁波,然后收集从目标反射回来的电磁波信息,如合成孔径侧视雷达等;被动式传感器收集的是地面目标反射来自太阳光的能量或目标地物本身辐射的电磁波能量,如摄影相机和多光谱扫描仪等。

(2)按传感器记录方式的不同,分为成像方式的传感器和非成像方式的传感器。成像方式的传感器把地物反射电磁波的能力强度用图像的形式表示,如航空摄影机、扫描仪、成像光谱仪和成像雷达等;而非成像方式的传感器把所探测到的地物反射电磁波的能量强度用数字或者曲线图形来表示,如辐射计、红外辐射计、微波辐射计、微波高度计等。

(3)传感器中的成像方式,根据成像原理和所获取图像的性质不同,又可分为摄影方式的传感器、扫描方式的传感器和雷达三种。摄影方式的传感器按感光胶片的性质不同,又分为黑白、天然彩色、红外、彩红外和多波段摄影等;扫描方式的传感器按扫描成像方式又可分为光机扫描仪、推扫式扫描仪和成像光谱仪;成像雷达按其天线形式又可分为真实孔径侧视雷达和合成孔径侧视雷达。

3.3 数字影像的数据格式

3.3.1 数字图像的定义

数字图像,又称数码图像或数位图像,是二维图像用有限数值像素的表示。由数组或矩阵表示,其光照位置和强度都是离散的。

像素(或像元,Pixel)是数字图像的基本元素,像素是在模拟图像数字化时对连续空间进行离散化得到的。每个像素具有整数行(高)和列(宽)位置坐标,同时每个像素都具有整数灰度值或颜色值。通常,像素在计算机中保存为二维整数数组的光栅图像,这些值经常用压缩格式进行传输和储存。

数字图像，是一个二维的离散的光密度（或亮度）函数。它在空间坐标(x,y)和密度上都已离散化，空间坐标(x,y)仅取离散值

$$\begin{cases} x = x_0 + m\Delta x \\ y = y_0 + m\Delta y \end{cases} \tag{3-9}$$

式中，$m=0,1,2,\cdots,m-1,m$；$\Delta x,\Delta y$为离散化的坐标间隔。同时，x,y也是取离散值，一般取值区间为0,1,2,…,127或者0,1,2,…,255等。

数字图像可用一个二维矩阵表示，即矩阵中每个元素称为像元。一幅数字图像实际上是每个像元的密度值排列而成的一个数字矩阵。

3.3.2 数字图像的存储

无论是直接由遥感传感器获取，还是由扫描设备将光学影像扫描而得，遥感数字图像总是按照一定的格式存储在一定的介质上。这些介质包括磁带、磁盘和光盘，其中磁带也分很多类型。为了便于管理及使用，遥感数据是按照某些特定的格式存储的。

遥感数字图像必须以一定的格式存储，才能有效地进行分发和利用。遥感技术被应用以来，遥感数据采用过很多格式，后来地球资源卫星工作组（Landsat Technical Working Group）提出了LTWG格式，即世界标准格式。1982年以后，陆地卫星、法国SPOT卫星等卫星遥感数据都采用世界标准格式，目前世界各地遥感数据主要采用LTWG格式。

LTWG格式有BSQ（Band Sequential）格式和BIL（Band Interleaved by Line）格式两种。下面分别介绍。

（1）BSQ格式。按波段存储的数据文件，陆地卫星4、5号CCT的格式就是BSQ格式。在这种格式的CCT磁带中，每个文件记载的是某一个波段的图像数据。其第一波段数据文件之前都有一个图像属性文件，后面有一个尾部文件。

（2）BIL格式。它是一种按照波段顺序交叉排列的遥感数据格式，BIL格式与BSQ格式相似。

（3）其他格式。除遥感专用的数字图像格式外，还有其他类型的图像格式。在进行遥感图像处理时，往往需要在不同系统之间进行，所以了解其他几种图像的格式也是必需的。这里，我们主要介绍两种应用很广泛的图像格式。一种被称为TIFF格式，另一种是与Windows操作系统密切相关的格式——BMP格式。

①TIFF格式。标签化图像文件格式（TIFF），是Aldus公司与微软公司合作开发的，一个多用途、可扩展的用于存储栅格图像的文件格式。TIFF不仅能很好地处理黑白、灰度、彩色图像，而且支持对图像像素值的许多数据压缩方案。

TIFF用于标签化字段保存信息。文件以一个文件头和至少一个图像文件目录（IFD）开始。IFD中有许多12 byte的目录索引项，每条索引都是一个标签化字段中的相关信息。它带有一个标签（标签是一个整型数值），一个表示数据类型的常量，数据的长度和一个用来表示字段数据的位置和文件起始处之间的偏移量。

②BMP格式。现在很多的遥感影像处理系统是基于Windows操作系统的，而Windows把BMP作为其图像的标准格式，并且它内部含有了一套支持BMP图像处理的API函数。

3.4 遥感数据的特征

遥感数据的特征包括空间分辨率、光谱分辨率、辐射分辨率和时间分辨率四个方面。

3.4.1 空间分辨率

空间分辨率是指像素所代表的地面范围的大小,即扫描仪的瞬时视场,或地面物体能分辨的最小单元。

对遥感影像而言,空间分辨率是指影像上能够识别的两个相邻地物间的最小距离。对于摄影影像,通常用单位长度内包含可分辨的黑白“线对”数表示(线对/mm);对于扫描影像,通常用瞬时视场角(IFOV)的大小来表示(毫弧度,即 mrad),即像元,是扫描影像中能够分辨的最小面积。

空间分辨率数值在地面上的实际尺寸称为地面分辨率。对于摄影影像,用线对在地面的覆盖宽度表示(m);对于扫描影像,则是像元所对应的地面实际尺寸(m)。如 SPOT 卫星多光谱型的 HRV 的空间分辨率或地面分辨率为 20 m(像元大小 20 m×20 m)。但具有同样数值的线对宽度和像元大小,它们的地面分辨率不同。对光机扫描影像而言,约需 2.8 个像元才能代表一个摄影影像上一个线对内相同的信息。不同分辨率的影像对比见图 3-3。

空间分辨率是评价传感器性能和遥感信息的重要指标之一,也是识别地物形状大小的重要依据。

3.4.2 光谱分辨率

光谱分辨率是指探测器在波长方向上的记录宽度,又称波段宽度(Band Width)。光谱分辨率被严格定义为仪器达到光谱响应最大值的 50% 时的波长宽度。

传感器的波谱范围。一般来说识别某种波谱的范围越窄,则相应光谱分辨率越高。传感器的波段数越多波段宽度越窄,地面物体的信息越容易区分和识别,针对性越强。

光谱分辨率指成像的波段范围。光谱分得愈细,波段愈多,光谱分辨率就愈高,现在的技术可以达到 5~6 nm 量级,400 多个波段。细分光谱可以提高自动区分、识别目标性质和组成成分的能力。

如:Hyperion 较之于宽波段的 TM/ETM+,其光谱分辨率有了大幅度的提高。TM/ETM+在可见光—近红外—中红外光谱范围内只有 6 个波段,而对应的 Hyperion 的有效波段数多达 158 个。为了考察光潜分辨率的这一差异对不透水面反演的影响,以福州试验区为例,研究了不同地物的光谱反射曲线在这一光谱范围区间的变化(见图 3-4)。

图 3-4 中,TM/ETM+的光谱曲线单调,起伏变化小,高反照不透水面曲线 1 和土壤曲线 2 几乎重叠在一起,低反照不透水面曲线 3 和植被阴影曲线 4 的光谱变化趋势也很相似,使得这 2 组地物在 TM/ETM+影像中无法正确区分。而 Hyperion 中地物的光谱反射

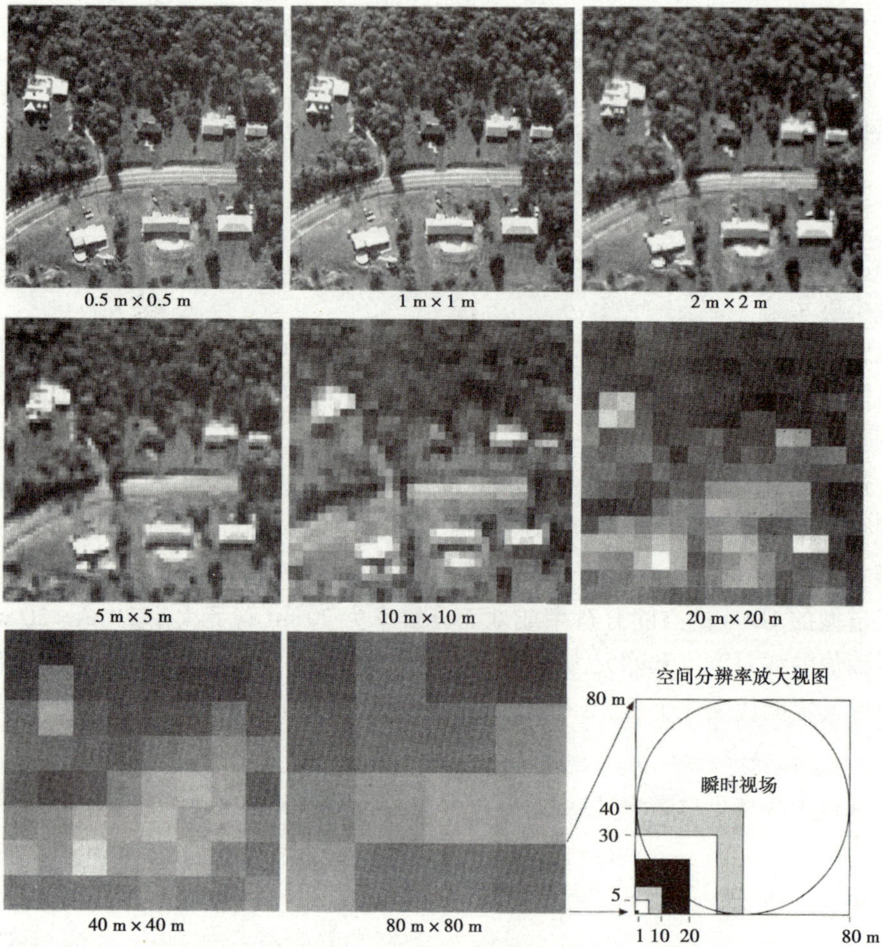

图 3-3　不同分辨率的影像对比

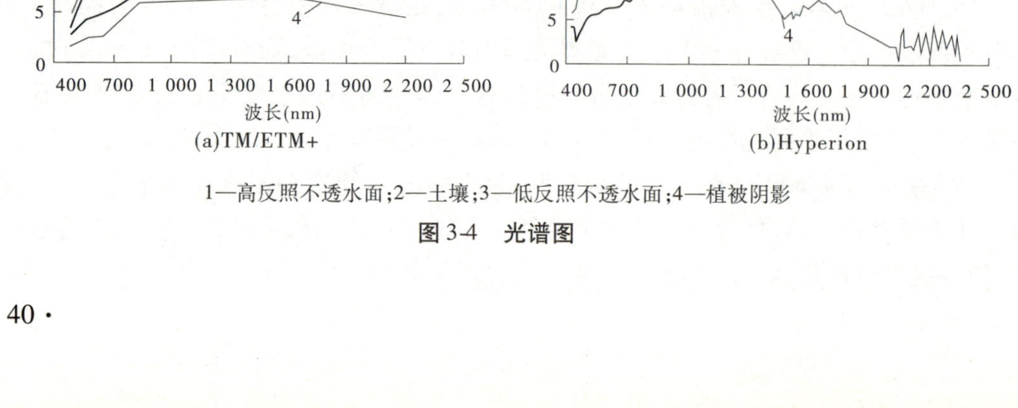

1—高反照不透水面;2—土壤;3—低反照不透水面;4—植被阴影

图 3-4　光谱图

曲线起伏变化大，高反照不透水面和土壤的重叠度明显降低，在 700 ~ 1 000 nm，高反照不透水面的反射率为指数下降，而土壤为对数上升；在 1 300 ~ 1 600 nm 处，高反照不透水面出现一个峰位，土壤反射率则平稳过渡；在 1 991 nm 处，高反照不透水面平稳上升，土壤在此处却出现低谷，这一增一减明显地表达了二者的光谱差别，而这些差别在 TM/ETM + 中则完全没有体现。同样地，对于植被阴影和低反照不透水面来说，在 TM/ETM + 中，二者在 700 ~ 1 000 nm 处只有一个峰值，1 300 ~ 1 600 nm 区间由于没有波段的设置，表现为平缓过渡。而在 Hyperion 中，植被阴影较好地保持了植被的反射特性，在 700 ~ 1 000 nm 区间先是直线上升，之后趋于平缓，在 1 300 ~ 1 600 nm 处的水汽吸收带出现低谷；低反照不透水面的反射率则在 700 ~ 1 000 nm 处近似为线性增加，在 1 000 nm 和 1 477 nm 处分别出现峰值。可见，Hyperion 影像中易混淆地物的光谱可分性大大增加了，这对于区分土壤和高反照不透水面、植被阴影和低反照不透水面有着重要作用。

3.4.3 辐射分辨率

辐射分辨率是指传感器接收光谱信号时，能分辨的最小辐射差。在遥感图像上表现为每一像元的辐射量化级（D），如 6 bit、7 bit、8 bit、11 bit 等，一个 6 bit 的传感器可以记录 26 级（64）的亮度值，一个 8 bit 的传感器可以记录 28 级（256）的亮度值，一个 12 bit 的传感器可以记录 212 级（4 096）的亮度值。如 Landsat 的 TM 影像辐射量化级为 8 bit，NOAA 的 AVHRR 影像辐射量化级为 10 bit。

辐射分辨率在可见波段、近红外波段用噪声等效反射率表示，在热红外波段用噪声等效温差、最小可探测温差和最小可分辨温差表示。辐射分辨率算法是

$$RL = (R_{max} - R_{min})/D \tag{3-10}$$

式中，R_{max} 为最大辐射量值；R_{min} 为最小辐射量值；D 为量化级。RL 越小，表明传感器越灵敏。

3.4.4 时间分辨率

时间分辨率是指在同一区域进行的相邻两次遥感观测的最小时间间隔。对轨道卫星，亦称覆盖周期。时间间隔越大，时间分辨率越低，反之时间分辨率越高。不同时间段影像见图 3-5。

时间分辨率是评价遥感系统动态监测能力和“多日摄影”系列遥感资料在多时相分析中应用能力的重要指标。根据地球资源与环境动态信息变化的快慢，可选择适当的时间分辨率范围。按研究对象的自然历史演变和社会生产过程的周期划分为 5 种类型：①超短期的。如台风、寒潮、海况、雨情、城市热岛等，需以小时计。②短期的。如洪水、冰凌、旱涝、森林火灾或虫害、作物长势、绿被指数等，要求以日数计。③中期的。如土地利用、作物估产、生物量统计等，一般需要以月或季度计。④长期的。如水土保持、自然保护、冰川进退、湖泊消长、海岸变迁、沙化与绿化等，则以年计。⑤超长期的。如新构造运动、火山喷发等地质现象，可长达数十年以上。

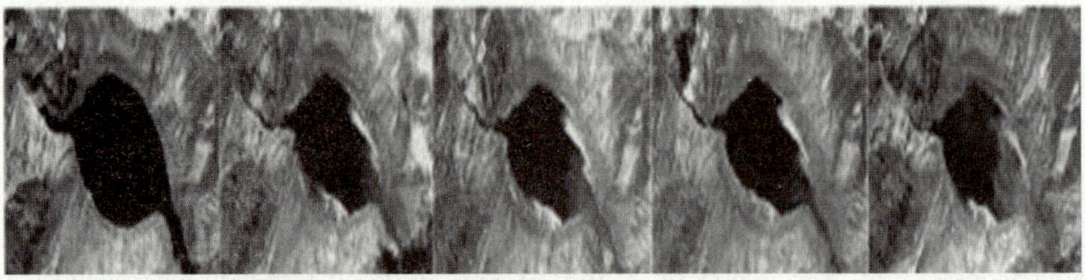

2004 年 9 月　　2005 年 7 月　　2005 年 8 月　　2006 年 6 月　　2006 年 8 月

图 3-5　不同时间段影像

3.5　常用的陆地卫星数据

3.5.1　Landsat

3.5.1.1　Landsat 概述

美国 NASA 的陆地卫星(Landsat)计划(1975 年前称“地球资源技术卫星——ERTS”),从 1972 年 7 月 23 日以来,已发射 7 颗(第 6 颗发射失败)。目前,Landsat 1 ~ Landsat 4 均已相继失效,Landsat 5 仍在超期运行(1984 年 3 月 1 日发射至今)。Landsat 7 于 1999 年 4 月 15 日发射升空(见表 3-2)

表 3-2　陆地卫星 Landsat 系列一览表

编号	运行日期(年-月-日)	周期/轨道	遥感器	数据传输与接收
1	1972-07-23 ~ 1978-01-06	18 d/918 km	RBV,3 波段(VIS - NIR) MSS*1,4 波段(VIS - NIR)	星上磁带记录仪存储数据,当卫星运行到地面站接收范围时,再回放磁带数据,由地面站接收。LandSat 3 运行了中继卫星以提高数据传输速率
2	1975-01-22 ~ 1982-02-25			
3	1978-03-05 ~ 1983-03-31			
4	1982-07-16 ~ 1992*2	16 d/705 km	MSS(同上) TM,7 波段(VIS - TIR)	利用有几个跟踪与数据中继卫星组成的实时传输系统(TDRSS)近实时地采集数据
5	1984-03-01 ~ 至今			
6	1993-10-05*3	16 d/705 km	MSS(同上) ETM, 8 波段(VIS - TIR)	星上设有 3 台磁带记录仪,记录和回放数据
7	1999-04-15	16 d/705 km	ETM + ,8 波段	三种数据传输方式:TDRSS 实时传输系统、磁带记录回放、GPS 接收器

注:*1 Landsat 3/MSS 的热红外波段因记录仪故障,发射不久失效。

*2 Landsat 4 于 1984 年 3 月因能源出故障,曾中断,修复后运行,现搁置备用。

*3 Landsat 6 发射失败。

3.5.1.2 Landsat 参数

陆地卫星的轨道设计为与太阳同步的近极地圆形轨道，以确保北半球中纬度地区获得中等太阳高度角（25°~30°）的上午成像，而且卫星以同一个地方时、同一方向通过同一地点，保证遥感观测条件的基本一致，利于图像的对比。如 Landsat 4、Landsat 5 轨道高度 705 km，轨道倾角 98.2°，卫星由北向南运行，地球自西向东旋转，卫星每天绕地球 14.5 圈，每天在赤道西移 2 752 km，每 16 d 重复覆盖一次，穿过赤道的地方时为 9 点 45 分，覆盖地球范围 N81°~S81.5°。

Landsat 6/ETM，在原 TM 7 个波段的基础上，除加了一个全色波段 0.5~0.9 μm、空间分辨率 15 m 外，还改善了探测器设计，使所有波段数据自动配准，并有一个 9 bit 的 A/D 转换器提供高、低增益。高增益用于低反射区如水，低增益用于高反射区如沙漠。遗憾的是 Landsat 6 因技术问题发射失败。

Landsat 7/ETM +，在原 ETM 的基础上，设置了太阳定标器和内部灯定标，以改善辐射定标，且热红外谱段空间分辨率提高到 60 m。同时，采用三种数据传输方式：TDRSS 实时传输系统、磁带记录仪回放以及 GPS 接收器。

3.5.1.3 Landsat 数据的特点及应用

1）MSS、TM 和 ETM 数据及其比较

MSS（Multi Spectral Scanner）为 4 波段光－机扫描仪。TM（Thematic Mapper）为专题制图仪，一种改进型的多光谱扫描仪，其空间、光谱、辐射性能均比 MSS 有明显提高，因而数据质量提高、数据量增加。以下的讨论以 TM 图像数据为主，对两者进行比较分析。

陆地卫星的 MSS、TM 在波段选择上，均考虑到在各自的条件下最大限度地区分和检测不同类型的地球资源。MSS 选用可见光—近红外（0.5~1.1 μm）谱段，共分 4 个波段。TM 选用可见光—热红外（0.45~12.5 μm）谱段，共分 7 个较窄、更适宜的波段。

（1）TM1：0.45~0.52 μm。为新增加的蓝波段，主要增加水下信息。该波段位于水体衰减系数最小、散射最弱的部位（0.45~0.55 μm），对水体的穿透力最大（对清水可达到 30 m），可获得更多水下细节，用于判别水深、浅海水下地形、水体浑浊度、沿岸水、地表水等，进行水系及浅海水域制图。同时，它位于绿色植物叶绿素的吸收区（0.45~0.50 μm），对叶绿素与叶绿素浓度反映敏感。用于海水叶绿素含量监测，特别是用于常绿与落叶植被的识别、森林类型制图以及土壤与植被的区分，也有助于植物胁迫（Stress）的识别。

（2）TM2：0.52~0.60 μm，绿波段，与 MSS4（0.5~0.6 μm）相关性大。该波段位于健康绿色植物的绿色反射率（0.54~0.55 μm）附近，对植物的绿反射敏感，可用于识别植物类型和评价植物生产力。对水体有一定的穿透力（一般为 10~20 m），可反映水下特征、水体浑浊度、沿岸泥沙流、水下地形、沙洲、沿岸沙地等，并对水体污染特别是金属和化学污染的研究效果好。

（3）TM3：0.63~0.69 μm，红波段，与 MSS 5（0.6~0.7 μm）相关性大。该波段位于叶绿素的主要吸收带（吸收谷在 0.67~0.69 μm），可根据对不同植物叶绿素的吸收来区分植物类型、覆盖度，判断植物生长状况、健康状况等。位于含沙浓度不同的水体辐射峰

值(0.58～0.68 μm)附近,对水中悬浮泥沙反映敏感,用于研究泥沙流范围及迁移规律。对水体的穿透能力约为2 m。此外,该波段对裸露地表、植被、土壤、岩性、地层、构造、地貌、人文特征等可提供丰富的信息,为可见光最佳波段。

TM2、TM3较MSS4、MSS5波段为窄,更集中地反映出叶绿素的绿光次反射和红光吸收,以提高对植物光谱检测的灵敏度。

(4)TM4:0.76～0.90 μm,近红外波段,与MSS6(0.7～0.8 μm)及MSS7(0.8～1.1 μm)相关性大。该波段位于植物的高反射区,光谱特征受植物细胞结构控制,能反映大量植物信息,故对植物的类别、密度、生长力、病虫害等的变化最敏感。用于植物识别分类、生物量调查及作物长势测定,为植物通用波段。同时,处于水体强吸收区,水体轮廓清晰,用于勾绘水体,区分土壤湿度及寻找地下水,识别与水有关的地质构造、地貌(潮间带、潮水沟、古河道、边滩等)、土壤岩石类型等。

(5)TM5:1.55～1.75 μm,短波红外波段。该波段位于水的吸收带1.4 μm、1.9 μm之间,受两个吸收带的控制。反映植物和土壤水分含量敏感,利于植物水分状况研究和作物长势分析等,从而提高了区分不同作物的能力。对岩性及土壤类型的判定也有一定作用。此外,该波段雪比云反射率低,色调暗而形成较大反差,易于区分雪和云,特别是可见光、近红外、热红外波段均难以区分的小而薄的云。一般来说,TM5信息量大,利用率高。

(6)TM7:2.08～2.35 μm短波红外。该波段位于水的吸收带(1.9 μm和2.7 μm)之间,受两个吸收带的控制,对植物水分敏感。包含了黏土化蚀变矿物吸收谷(2.2 μm附近)及碳酸盐化蚀变矿物吸收谷(2.35 μm附近),对岩石、特定矿物反映敏感,用于区分主要岩石类型、岩石的水热蚀变、探测与交代岩石有关的黏土矿物等,为地质学家追加的波段,以增加在地质探矿方面的应用。

TM5、TM7均受水吸收带的影响,对植物叶子的含水量及由于水分量引起的病变反映敏感,并可增强土壤与绿色植物之间的反差,提高对植物的识别能力。

(7)TM6:10.4～12.5 μm,热红外波段。探测常温的热辐射差异。根据辐射响应的差异,可进行植物胁迫分析,土壤湿度研究,农业与森林区分,水体、岩石等地表特征识别以及检测与人类活动有关的热特征,进行热测定与热制图。

整体而言,TM较MSS频道增多,波带变窄,针对性更强,并增加了蓝波段和短波红外波段,大大扩大了它在生物学、地质学、水文学等方面的应用。同时,更有利于根据不同应用目的,选择多种数据组合,有效地提取不同的专题信息。

ETM(改进型专题仪,即Enhanced Thematic Mapper),除TM7个波段外,又加了一个全色波段(pan),0.5～0.9 μm。

Landsat 1～Landsat 3/MSS的空间分辨率为80 m。TM的扫描角为15.4°,TM的可见光—短波红外(TM1～TM5、TM7)波段的空间分辨率为30 m;TM6热红外波段的空间分辨率为120 m。ETM的全色波段(pan)空间分辨率为15 m,ETM+的热红外波段空间分辨率提高到60 m。

一幅陆地卫星图像的地面覆盖(扫描总宽度)为185 km×185 km。如MSS每波段6

个探测器，一次扫描 6 条，扫描宽度 79 m×6 = 474 m。每幅图像约扫 25 s，390 次，则轨道方向扫描宽带为 474 m/次×390 次约为 185 km。扫描仪本身扫描宽度为 185 km。相邻图像的前向（南北向）重叠约 10%。旁向（东西向）重叠由赤道向两极逐渐增大，赤道处为 14%（Landsat 4、Landsat 5 为 7%），纬度 40°处为 34%，纬度 60°处为 57%，纬度 81°处为 85%（Landsat 4、Landsat 5 为 84%）。

时间分辨率：重复覆盖周期 Landsat 1 ~ Landsat 3 为 18 d，Landsat 4、Landsat 5、Landsat 7 为 16 d。

辐射分辨率：MSS7 为 64 量级，MSS4 ~ MSS6 为 128 量级。TM 的扫描镜可以在往返两个方向上进行扫描与获取数据（MSS 只能单方向扫描），可以降低扫描速率，缩短停顿时间，改善信噪比，提高辐射精度，所以 TM 的辐射分辨率提高到 256 量级。

一景 MSS 图像数据的总数据量为 30 兆字节。一景 TM 图像的总数据量增至 230 兆字节，即每个反射波段 16 个探测器，6 个反射波段共 96 个探测器，再加上热辐射波段 4 个探测器，则任一瞬间有 100 个探测器感应地表的辐射亮度。6 400 像元/行×5 984 行×6 + 1 600 像元/行×1 496 行×1 = 230 兆字节。ETM + 的全色波段有 32 个探测器。该波段数据为 1 200 行×14 000 像元/行，其数据量是 TM 其他波段（除 TM6 外）的 4 倍，故一景 ETM 的总数据量达 398 兆字节。

TM 与 MSS 相比，改进了姿态控制系统，使平台稳定性改善，同时因扫描方式变换，扫描镜摆动速度变化降低，以及探测器直接处于焦平面上，系统的光学效率得以改善等，因而 TM 信息平面位置几何精度提高，更利于图像配准和制图，可用于编制 1∶10 万，甚至 1∶5万的专题图。

2）TM 数据分析

通过对 TM 7 个波段数据的分析，可获得 5 个具有明确物理意义的特征变量：

（1）亮度（Brightness）。构成亮度的主要成分是可见光波段。TM1 ~ TM3 的灰度值各代表可见光中蓝、绿、红光的亮度。TM4、TM5 对亮度也有贡献。亮度主要反映地物的辐射水平，用以监测地物的反射强度。它可以是几个波段之和、平均值或$(TM1^2 + TM2^2 + TM3^2)^{1/2}/3$ 等。

（2）绿度（Greenness）。对绿度贡献最大的是对植物高反射的 TM4，而 TM3 与之呈负相关。它们的组合反映红外与红光辐射强弱的对比关系，提供更多植被信息，TM5、TM7 对绿度也有一定作用。最常用的绿度值为标准植被指数 $NDVI = (TM4 - TM3)/(TM4 + TM3)$，还有比值、差值等组合。

（3）湿度（Wetness）。构成湿度的主要是 TM5、TM7。它们均处于两个水的强吸收带之间，受到水吸收带的控制，对湿度反映最灵敏。它可以是 TM5、TM7 独立构成，也可以是两波段的比值、差值、标准差等。

（4）透射度（深度）（Degree of Transmission）。透射度主要对透射可见光的水体而言，由 TM1、TM2 构成，对研究水深、水下地形、水体浑浊度等有用。

（5）热度（Thermoness），构成热度的主要是热红外波段的 TM6。热度主要反映物体常温下的热辐射差异,也可反映高温的“热度”,它与湿度也有一定相关性。

对于不同的应用目的、不同的研究对象,其最有意义的特征变量是不同的。如土地资源调查中,最有用的是亮度、绿度、湿度;而对于地质体研究,则亮度、湿度、热度意义更大。另外,由于生存地域差异,可根据不同的区域特征和不同的目标,进行不同波段数据的各种变换处理,获得新的特征空间数据集。

陆地卫星图像常以彩色方式表现。最常用的标准假彩色合成图像是由 MSS4、MSS5、MSS7 波段分别赋予蓝(B)、绿(G)、红(R)色匹配复合而成。这种图像与前述的彩色红外图像具有相似的光谱彩色特征。它突出了植被的红色系列,岩石、土壤多以浅色系列为主,水体多呈蓝色为主的系列,因而地表最基本的几种覆盖类型得以明显区分,视觉效果好,被人们普遍选用,尤其是目视解译。对应于 TM,这种标准假彩色合成则为 TM2、TM3、TM4 波段(B、G、R)。但是,因 TM 波段多,可选择波段的余地大,TM2、TM3、TM4 组合并非最佳。在具体遥感应用分析中,需根据不同地区、不同应用目的,针对不同的图像数据,运用多种方法来选择最合适的波段组合。

3.5.2 SPOT

3.5.2.1 SPOT 概述

“SPOT”是法文 Systeme Probatoire d'Observation dela Tarre 的缩写,意思是地球观测卫星系统,是由瑞士、比利时等国家参加,由法国国家空间研究中心(CNES)设计制造的。1986 年发射第一颗卫星,到 2014 年已经发射了 7 颗(见表 3-3、表 3-4)。SPOT 的轨道是太阳同步圆形近极地轨道,轨道高度 830 km 左右,卫星的覆盖周期是 26 d,重复感测能力一般 3 ~5 d,部分地区达到 1 d。较之陆地卫星,其最大优势是最高空间分辨率达 1.5 m,并且 SPOT 卫星的传感器带有可定向发射镜,使仪器具有偏离天底点(倾斜)观察能力,可获得垂直和倾斜的图像。因而其重复观察能力由 26 d 提高到 1 ~5 d,并在不同轨道扫描重叠产生立体像对,可以提供立体观测地面、描绘等高线、进行立体测图和立体显示等。

表 3-3 SPOT 卫星

名称	发射时间(年-月)	分辨率(m)	状态
SPOT1	1986-02	10	现已停止运行
SPOT2	1990-01	10	现已停止运行
SPOT3	1993-09	10	运行 4 年后,1997 年 11 月由于事故停止运行
SPOT4	1998-03	10	现已停止运行
SPOT5	2002-05	5	运行中
SPOT6	2012-09	1.5	运行中
SPOT7	2014-06	1.5	运行中

表 3-4　SPOT 卫星数据特点

卫星	SPOT 1 ~ SPOT 3	SPOT 4	SPOT 5	SPOT 6/7
波段及分辨率	1 个全色波段(10 m) 3 个多光谱波段(20 m)	1 个全色波段(10 m) 3 个多光谱波段(20 m) 1 个短波红外波段(20 m)	2 景全色波段(5 m),可生成一景 2.5 m影像 3 个多光谱波段(10 m) 1 个短波红外波段(20 m)	1 个全色波段(1.5 m) 3 个多光谱波段(6 m) 1 个短波红外波段
波谱范围(μm)	B1:0.50 ~ 0.59 B2:0.61 ~ 0.68 B3:0.78 ~ 0.89 p:0.50 ~ 0.73	B1:0.50 ~ 0.59 B2:0.61 ~ 0.68 B3:0.78 ~ 0.89 B4:1.58 ~ 1.75 p:0.50 ~ 0.73	B1:0.50 ~ 0.59 B2:0.61 ~ 0.68 B3:0.78 ~ 0.89 p:0.50 ~ 0.73	B1:0.45 ~ 0.52 B2:0.53 ~ 0.59 B3:0.62 ~ 0.69 B4:0.76 ~ 0.89 p:0.45 ~ 0.74
装置	2 个高分辨率可见光成像装置(HRVs)	2 个高分辨率可见光及短波红外成像装置(HRVIRs)	2 个高分辨率几何装置(HRGs),一个高分辨率立体成像装置(HRS)	—
扫描宽度(km)	60	60	60	60

SPOT6 是新一代 SPOT 卫星,由印度火箭 PSLV – C21 搭载成功发射。2012 年 9 月 22 日,SPOT6 顺利进入 695 km 高的轨道,与 2011 年发射的 Pleiades 1A 卫星在同一轨道平面上。SPOT6 保留了 60 km 大幅宽,卫星星座每日接收 6×10^6 km^2,影像覆盖 60 km × 600 km 的范围,正南北定向影像,易于处理灵活的编程接收,集成自动天气预报,提高接收成功率(如图 3-6 是北京南站分辨率为 1.5 m 的 SPOT6 卫星影像)。作为 SPOT6 的双子卫星,2014 年 6 月发射的 SPOT7 卫星将与其处于同一轨道高度,彼此相隔 180°。SPOT7 的成功发射,标志着空中客车防务与空间公司此前规划的由 SPOT 6/7 与 Pleiades 1A/1B 组成 4 颗卫星星座的计划终于得以完成,由这 4 颗卫星组成的星座将开启光学遥感影像产品应用的全新时代(如图 3-7 所示是斐济群岛 SPOT7 影像)。

十几年来,SPOT 每隔几年便发射一颗卫星来确保服务的连续性。1986 年以来,SPOT 已经接收、存档超过 700 万幅全球卫星数据,提供了准确、丰富、可靠、动态的地理信息源,满足了制图、农业、林业、土地利用、水利、国防、环境、地质勘探等多个应用领域不断变化的需要。

3.5.2.2　SPOT 卫星参数

SPOT 卫星轨道的主要特点是中等高度圆形近极地太阳同步轨道。白天卫星自北向南(略偏西)飞行,夜晚自南向北(略偏西)飞行。SPOT 卫星的主要轨道参数见表 3-5。

图 3-6　SPOT6 北京南站卫星影像

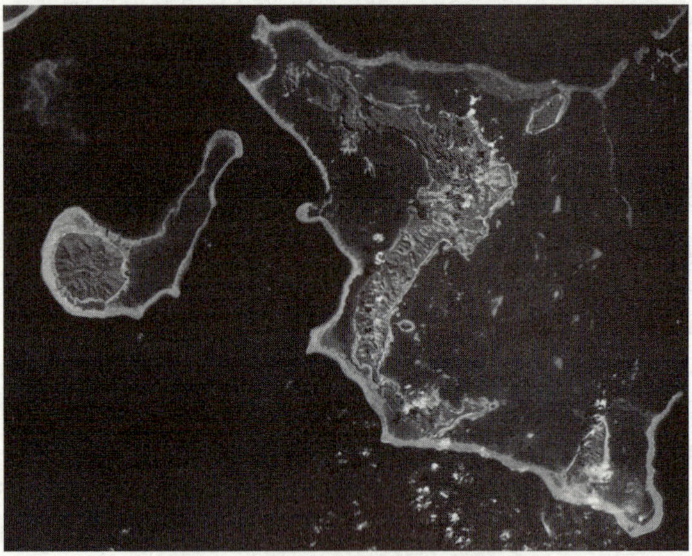

图 3-7　SPOT7 斐济群岛卫星影像

表 3-5　SPOT 卫星轨道参数

轨道高度	832 km
轨道倾角	98.7°
运行一圈的周期	101.46 min
日绕总圈数	14.19 圈
重复周期	26 d
降交点地方太阳时	10:30(±15 min)
HRV 地面扫描宽度	60 km
舷向每行像元数	3 000/6 000 个(多波段/全色波段)

SPOT 卫星的轨道特点：

(1)近极地轨道。SPOT 是近极地卫星，轨道近极地有利于增大卫星对地面的观测范围。考虑到地球绕极轴的自转和卫星 98°的轨道倾斜面，SPOT 卫星能在其 26 d 的运行周期内飞过地球上任何一点的上空。

(2)近圆形轨道。轨道高度 832 km，轨道倾角 98°，绕地球一圈运行周期 101 min，重复周期 26 d，一个重复周期内卫星绕地球 369 圈，相继轨迹间地面偏移距离向西 2 823 km。

(3)与太阳同步轨道。卫星轨道这样的设计，能保证各地的成像时间基本一致。这就要求卫星保持与太阳同步，即卫星轨道平面与太阳方向之间的夹角是大于 90°的恒值。这样对于不同日期获取的影像比较时，影像都是处于相同的太阳照度之下，保证了比较的效果。

(4)可重复轨道。SPOT 卫星每隔 26 d 飞过地面上的同一地点。为了保证卫星在一个周期内将全球完整覆盖一次，SPOT 采用了"双垂直"的视场配置模式，两个高分辨率成像装置沿地面轨迹获取两条数据带，这个宽度大于相邻两地面轨迹间的距离。

3.5.2.3 SPOT 卫星的数据及产品

1)SPOT 卫星的数据

SPOT 卫星的传感器(见图 3-8)叫高分辨率可见光扫描仪(HRV)，HRV 属于 CCD 推扫式扫描仪，在焦平面上每条扫描线由 6 000 个 CCD 探测元件线性排列组成。来自于地面的辐射能量被反射到可以来回摆动的平面反射镜上，地面控制系统能控制平面反射镜的方向，使得卫星能以多光谱和全色两种模式进行工作。HRV 不是光学－机械扫描仪，因此避免了光学－机械扫描仪固有的边缘几何畸变，节省了反射镜摆动的能耗，而且每个地面单元的光投射到检测器光敏元件上的曝光时间也大大增加了，这样光灵敏度也大大提高了。

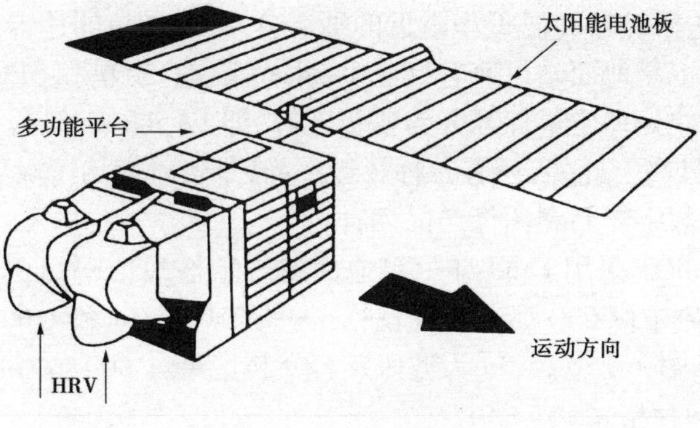

图 3-8　SPOT 传感器外形

HRV 有两种光谱记录模式，即多波段模式和全色模式。在多波段模式中，有绿、红、近红外 3 个波段：

波段 1：0.50 ~0.59 μm（绿波段）。

波段 2：0.61 ~0.68 μm（红波段）。

波段 3：0.79 ~0.89 μm(近红外波段)。

各波段所对应的一根 CCD 线列探测杆包含 3 000 个 CCD,每个 CCD 对应的瞬时视场角为 2.4×10^{-5} rad(1.375×10^{-3}°),相应的星下地面单元(空间分辨率)为 20 m×20 m,每根 CCD 线列探测杆对应地面扫描宽度为 60 km,即图像的扫描宽度为 60 km。3 个波段的图像可以像 TM、MSS 图像一样,在计算机图像处理软件中合成假彩色图像。

在全色模式中,只有一个波段,包括从绿到红(0.51~0.73 μm)的各种色光,其 CCD 线列探测杆包含 6 000 个 CCD,每个 CCD 的瞬时视场角为 1.2×10^{-5} rad,对应的星下地面单元(空间分辨率)为 10 m×10 m。每根 CCD 线列杆在舷向的总瞬时视场角为 4.13°,对应于地面 60 km 长度。全色波段可以与多波段图像进行融合,以提高多波段图像的空间分辨率。

SPOT 数据各波段的主要用途见表 3-6。

表 3-6　SPOT 数据各波段的主要用途

波段	用途
B1:0.50~0.59 μm(绿色)	区分植物类型和评估作物长势,对水体也有一定的穿透深度,区分人造地物类型
B2:0.61~0.68 μm(红色)	辨识农作物类型,地质解译,识别石油带、岩石与矿物
B3:0.78~0.89 μm(近红外)	区分植物类型、水体边界,探测土壤含水量
B4:1.58~1.75 μm(短波红外)	探测植物含水量及土壤湿度,区分云与雪
p:0.50~0.73 μm(全色波段)	调查城市土地利用现状,区分主要干道、大型建筑物,了解城市发展状况

2)*SPOT 数据的产品*

SPOT 的地面接收站主要有两个:法国南部的图卢兹站和瑞典的基律纳站。此外,还有加拿大的艾伯特王子城站和温哥华附近的纳奈莫站,孟加拉的达卡站,印度的海德拉巴站,我国北京的遥感卫星地面站可兼容接收 Landsat(陆地)卫星和 SPOT 卫星的数据。

SPOT 图像数据按处理质量标准分为四级五等,即 1A、1B、2、3、4。其中,1A 处理精度最低,4 级处理精度最高。此外,还有一种 S 级产品,是各时期均可以重叠处理的图像。

SPOT 产品包括数字产品和图像产品两种:

(1)数字产品:SPOT 采用 Landsat 卫星地面站规定格式。1A、1B、2 级、S 级的全色磁带(CCTs)和多波段磁带(CCT)都有两种规格——6 250 位/in 和 1 600 位/in(1 in = 2.54 cm)。在多波段记录中,6 250 位/in 为波段逐行交替记录,1 600 位/in 有波段顺行记录和波段逐行交替记录两种格式。

(2)图像产品:有胶片和像片两种,多波段胶片有黑白和彩色两种。

要了解该卫星数据更详细的内容可参考下列网站:

http://www.spotimage.fr (SPOT 卫星网站);

http://www.rsgs.ac.cn (中国卫星遥感地面站);

http://www.spotimage.com.cn(SPOT 卫星数据的中国代理:北京视宝卫星图像有限公司);

http://www.godeyes.cn/satellite.html(上帝之眼)。

3.5.3 中巴资源卫星(CBERS)

3.5.3.1 CBERS 概述

CBERS 是由中国和巴西共同研制发射的卫星,也是我国第一代传输型地球资源卫星,包含中巴地球资源卫星 01 星、02 星、02B 星(均已退役)、02C 星和 04 星 5 颗卫星(见表 3-7),它的成功发射与运行开创了中国与巴西两国合作研制遥感卫星、应用资源卫星数据的广阔领域,结束了中巴两国长期单纯依赖国外对地观测卫星数据的历史,被誉为“南南高科技合作的典范”。中国资源卫星应用中心负责资源卫星数据的接收、处理、归档、查询、分发和应用等业务。

表 3-7 中巴地球资源卫星系列在轨运行情况

卫星	发射日期(年-月-日)	寿命终止日期(年-月-日)
01 星	1999-10-14	2003-08-13
02 星	2003-10-21	2009-01-15
02B 星	2007-09-19	2010-04-17
02C 星	2011-12-22	在役
04 星	2014-12-07	在役

3.5.3.2 CBERS 参数

CBERS 所包含的一项又一项航天领域的核心技术和关键技术凝聚着中巴两国航天科技人员十几年的心血,中巴地球资源卫星系列的主要技术指标见表 3-8。

表 3-8 中巴地球资源卫星系列的主要技术指标

参数	01 星、02 星	02B 星	02C 星、04 星
轨道		高度 778 km 太阳同步轨道	
分辨率(m)	多光谱相机:20 红外相机:80/160 宽视场相机:258	高分辨率相机:2.36 多光谱相机:20 宽视场相机:258	全色相机:5/10 红外相机:40/80 多光谱相机:20 宽视场相机:73
幅宽(km)	多光谱相机:120 红外相机:120 宽视场相机:890	高分辨率相机:27 多光谱相机:120 宽视场相机:890	全色相机:60 红外相机:120 多光谱相机:120 宽视场相机:866
质量(kg)	<1 600	<1 500	<2 000
姿态控制	指向精度:0.3° 指向稳定度:0.001°/s 测量精度:0.15°	指向精度:0.3° 指向稳定度:0.001°/s 测量精度:0.15°	指向精度:0.1° 指向稳定度:0.001°/s 测量精度:0.03°
数据传输(Mbit/s)	110(总码速率)	166(总码速率)	304(总码速率)
数据存储(Gbit)	47.7(磁带机)	102(固态存储器)	274(固态存储器)

中巴地球资源卫星的主要特点是用一颗星上的 CCD 相机和红外相机分别覆盖了 SPOT 卫星上 HRV(高分辨率可见光传感器)和 Landsat 卫星上 TM 的主要波段,满足用户对不同分辨率及光谱波段遥感数据的要求。CBERS 卫星的传感器数据特征如表 3-9 所示。中巴地球资源卫星的 02 星相机拍摄的全国影像镶嵌图见图 3-9。

表 3-9 CBERS 的传感器数据特征

传感器名称	CCD 相机	宽视场成像仪(WFI)	红外多光谱扫描仪(IRMSS)
传感器类型	推扫式	推扫式(分立相机)	振荡扫描式(前向和反向)
可见(近红外)波段(μm)	1:0.45~0.52 2:0.52~0.59 3:0.63~0.69 4:0.77~0.89 5:0.51~0.73	10:0.63~0.69 11:0.77~0.89	6:0.50~0.90
短波红外波段	无	无	7:1.55~1.75 μm 8:2.08~2.35 μm
热红外波段	无	无	9:10.4~12.5 μm
辐射量化(bit)	8	8	8
扫描带宽(km)	113	890	119.5
每波段像元数	5 812 像元	3 456 像元	波段 6、7、8:1 536 像元 波段 9:768 像元
空间分辨率(星下点)(m)	19.5	258	波段 6、7、8:78 波段 9:156
侧视功能	有(-32°~+32°)	无	无
视场角	8.32°	59.6°	8.80°

3.5.3.3 CBERS 卫星的数据应用

1)国土资源

中国土地勘测规划院以 02B 星 CCD 数据作为土地利用遥感调查信息源,开展应用研究。结果表明,其 CCD 相机图像能够满足 1∶50 000 和 1∶100 000 基本比例尺的制图要求,分类结果精度达到 83.8%。卫星数据在用于土地调查及土地管理方面发挥出重要作用并具有广阔的应用前景。

2)农业

山西省利用卫星数据进行冬小麦面积、长势、墒情、估产等方面的应用,每年可节省调查经费 100 万元;在雁门关生态畜牧经济区建设中,利用卫星数据比常规调查方法节约 500 万元。中国资源卫星应用中心与江苏省遥感中心合作开展农作物长势监测研究,分

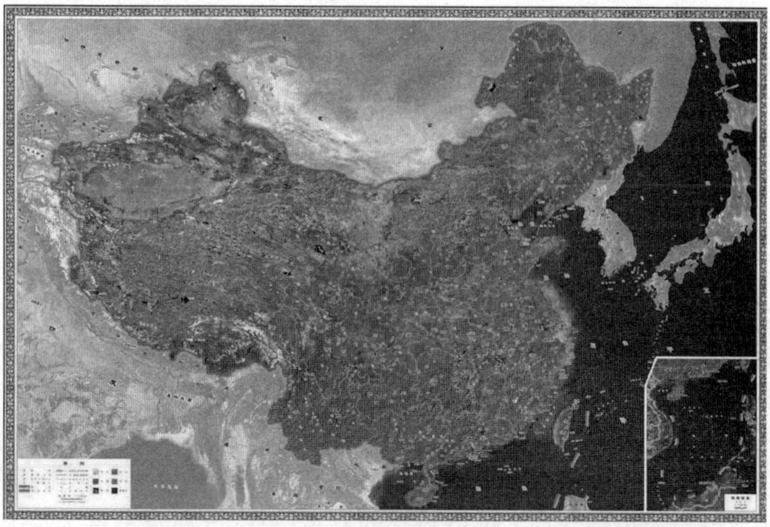

图 3-9　中巴地球资源卫星的 02 星相机拍摄的全国影像镶嵌图

别应用 2004 年 2 ~4 月星载宽视场成像仪图像数据，编制扬州市小麦绿度指数图。

3）林业

北京市多年使用中巴地球资源卫星图像数据分析北京城区绿地覆盖面积的变化情况，并在 2008 年为“绿色奥运”的建设提供决策支持。贵州林业调查规划院和贵州师范大学合作，以 02B 卫星数据为主要信息源，采用“3S”技术，首次完成了有“森林之城”誉称的贵阳市 1∶100 000 森林资源调查。

4）绘图

在绘图领域，中巴地球资源卫星可用于 1∶5 000 比例尺地形图的修测。

5）环境保护

环境保护领域，一方面是对突发环境事件的实时监测，如对太湖水华事件的检测；另一方面是利用长期的观测数据对地面目标进行持续的跟踪，如对毛乌素沙漠地区长期的地表变化情况的监测。在巴西，对亚马孙热带雨林的监测和森林砍伐的控制方面发挥了重要作用。

6）防灾减灾

在重大自然灾害的监测方面，中巴地球资源卫星始终发挥着重要的作用。利用 02B 星 CCD 和高分辨率相机的融合影像，通过分析四川汶川地震区植被的变化、三维地形和堰塞湖的分布，确定地震灾区滑坡体的影像特征和光谱特性。采用区域增长分析方法，解释北川县全区滑坡、堰塞湖的空间分布位置状况和走向。同样使用中巴地球资源卫星数据，对云南安宁森林火灾进行了监测。

7）城市管理和规划

在城市管理和规划领域重点利用 02B 星全色、多光谱的数据融合，以提高城市遥感信息的准确度。通过对天津市城区同一区域的高分辨率相机影像和 CCD 多光谱影像的融合，全色的高分辨率相机遥感影像变成了信息量丰富的假彩色影像，提高了影像的解译精度，可制作细节信息准确的专题图。02B 星 CCD 与高分辨率的融合影像，对于居民地、道路、森林、山地、河流、独立方位物等地物地貌的识别和判读比较准确,可监测城区的扩展,为城市建设和规划提供决策依据,可对精准农业提供决策支持,制作细节信息准确的专题图(如土地利用动态变化图),进行大比例尺地形图的更新。

3.5.4 IKONOS

3.5.4.1 IKONOS 概述

IKONOS(伊科诺斯)是美国空间成像公司于 1999 年 9 月 24 日发射升空的世界第一颗高分辨率商用卫星,是由美国洛克希德马丁公司设计制造的。IKONOS 卫星不仅能够提供高清晰度分辨率达 1 m 的卫星影像,而且开拓了一个新的更快捷、更经济获得最新地球影像信息的途径。

3.5.4.2 IKONOS 参数

IKONOS 卫星是一颗可采集 1 m 分辨率全色和 4 m 分辨率多光谱影像的商业卫星,同时全色和多光谱影像可融合成 1 m 分辨率的彩色影像,其轨道高度为 681 km,IKONOS 的重访周期为 3 d,并且可从卫星直接向全球 12 个地面站传输数据。IKONOS 相关参数见表 3-10。

表 3-10 IKONOS 相关参数

发射日期	1999 年 9 月 24 日
发射平台	雅典娜Ⅱ
发射地点	美国加利福尼亚范登堡空军基地
卫星制造商	洛克希德马丁(LOCKHEED MARTIN)公司
传输及数据处理系统制造商	雷神(RAYTHEON)公司
光学系统制造商	柯达(KODAK)公司
轨道高度(HIGH)	681 km
轨道倾角	98.1°
轨道运行速度	6.5~11.2 km/s
影像采集时间	每日上午 10:00~11:00
重访频率	获取 1 m 分辨率数据时:2.9 d 获取 1.5 m 分辨率数据时:1.5 d
轨道周期	98 min
轨道类型	太阳同步
质量	817 kg(1 600 磅)

3.5.4.3 IKONOS 数据特点及应用

基于 IKONOS 卫星大范围图像采集的高分辨特性、同轨立体影像采集特性,以及大量合格存档数据等技术优势,IKONOS 卫星自 2000 年进入中国市场以来,应用日趋广泛,深度也不断加强,现已为农业、环保、资源管理、城市规划、运输、保险、电信、灾害评估、应急指挥等众多行业和领域提供了数据保障。

IKONOS 的许多影像被广泛用于国防、地图更新、国土资源勘察、农作物估产与监测、环境监测与保护、城市规划、防灾减灾、科研教育等领域,且在国民经济建设中有着广泛的应用前景,IKONOS 卫星数据的推广应用将有力地推动全球遥感应用的发展。

3.6 常用的气象卫星数据

3.6.1 NOAA

3.6.1.1 NOAA 卫星概述

NOAA 是美国国家海洋大气局的第三代实用气象观测卫星,第一代称为泰罗斯(TIROS)系列(1960 ~ 1965 年),第二代称为艾托斯(ITOS)/NOAA 系列(1970 ~ 1976 年),其后运行的第三代称为 TIROS - N/NOAA 系列,从 1978 年 10 月发射了第一颗 TIROS - N,近 40 年连续发射了 18 颗。

NOAA 卫星的轨道是接近正圆的太阳同步轨道,轨道高度为 833 km 和 870 km,轨道倾角为 98.7°和 98.9°,周期为 101.4 min。NOAA 卫星的应用目的是日常的气象业务,平时有两颗卫星在运行。由于用一颗卫星每天至少可以对地面同一地区进行 2 次观测,所以两颗卫星就可以进行 4 次以上的观测。NOAA 卫星上携带的探测仪器主要有改进型甚高分辨率辐射仪(AVHRR/2)和泰罗斯垂直分布探测仪(TOVS)。AVHRR/2 是以观测云的分布、地表(主要是海域)的温度分布等为目的的遥感器,TOVS 是测量大气中气温及温度的垂直分布的多通道分光计,由高分辨率红外垂直探测仪(HIRS/2)、平流层垂直探测仪(SSU)和微波垂直探测仪(MSU)组成。AVHRR/2 数据还可以用于非气象的遥感,其主要特点是宏观快速、廉价。在农业、海洋、地质、环境、灾害等方面都有独特的应用价值。

目前,NOAA - 18 仍在运行中,NOAA - 19 卫星因检修失误损毁。NOAA - 17 卫星是 NOAA 运行时间最长的航天器之一,已经在轨运行接近 11 年,2013 年 4 月 10 日 NOAA 宣布该卫星已关机。

3.6.1.2 NOAA/AVHRR 参数

AVHRR 是 NOAA 系列卫星的主要探测仪器,它是一种五光谱通道的扫描辐射仪,各光谱通道的波长范围及地面分辨率见表 3-11。从 NOAA - 6(1979 年 6 月)开始,NOAA 卫星系列带上 AVHRR(Advanced Very High Resolution Radiometer)改进型甚高分辨率辐射仪等 5 种遥感仪器,包括:

表 3-11　AVHRR 数据的波段及主要应用

通道序号	波长范围(μm)	对应波段	主要用途
AVHRR - 1	0.58 ~ 0.68	绿 ~ 红	白天图像、植被、冰雪、气候
AVHRR - 2	0.725 ~ 1.00	近红外	白天图像、植被、水陆边界、农业估产、土地利用调查
AVHRR - 3a	1.58 ~ 1.64	中红外	白天图像、土壤湿度、云雪判识、干旱监测、云相区分
AVHRR - 3b	3.55 ~ 3.93	中红外	下垫面高温点、夜间云图、森林火灾、火山活动
AVHRR - 4	10.30 ~ 11.30	热红外	昼夜图像、海表和地表温度、土壤湿度
AVHRR - 5	11.50 ~ 12.50	热红外	昼夜图像、海表和地表温度、土壤湿度

(1)高分辨率红外辐射探测仪——HIRS/2(High Resolution Infared Sounder)共 20 个通道,主要测量红外辐射,以计算地表到 10 MPa 气压高度的温度廓线、大气水汽含量、臭氧总含量等。NOAA - K 的 HIR/3 将 20 个通道中的 5 个通道灵敏度提高。

(2)平流层探测装置——SSU(Stratosphere Sounding Unit),3 个通道,主要探测红外 CO_2 区的平流层温度,即探测全球表面到 50 km 平流层高度的大气温度垂直分布(测到温度精度 1 ~ 1.5 ℃)、大气中水汽含量分布以及臭氧总含量。

(3)微波探测装置——MSU(Microwave Scanner Unit),共 4 个通道,探测波段选在微波氧气吸收带,探测地表到 20 km 有云存在时的温度廓线。NOAA - K 新增加两个微波仪器:①AMSU - A,共 15 个通道(23.8 ~ 89 GHz),星下点分辨率 50 km,用于对地表到 45 km 的大气垂直温度廓线的反演计算;②AMSU - B,共 5 个通道(89 ~ 183 GHz),星下点分辨率为 16.7 km,用于对地表到 20 km 的大气垂直湿度廓线的反演计算。

(4)数据采集系统——DCS(Data Collection System),接收地面上固定或活动气象台站发送的观测资料,同时可对有关观测器进行定位,定位精度达 3 ~ 5 km,并转发到地面接收站。

(5)空间环境检测器——SEM(Space Environmental Monitor),测量太阳质子、α 粒子、γ 射线和 X 射线的高能粒子流等,为高层大气物理研究提供数据,同时对近地表环境的能量消耗进行监测。

3.6.1.3　NOAA/AVHRR 数据的特点及应用

NOAA/AVHRR 改进型高分辨率辐射仪为一台旋转平面镜式光学机械扫描仪。扫描角 ±55.4°,扫描宽度 2 800 km,成像面积大,有利于获得宏观同步信息。

AVHRR 的空间分辨率是变化的,星下点处为 1.1 km,远离星下点处约为 4 km。

对于每颗 NOAA 卫星,重复观测周期为 0.5 d,在双星系统下,同一地面每天有 4 次过境资料。我国北京气象卫星地面站的观测时间,一颗约为 7 点 30 分与 19 点 30 分,另一颗约为 3 点与 15 点。一般选用白天(早晨和午后)两个时间的数据。因而,其时间分辨率为 2 ~4 次/d,重复观测周期短,利于多时相的动态监测。

AVHRR 具有较高的辐射分辨率,其数据的量化等级为 1 024(10 bit 数据结构)。可见光和近红外通道的灵敏度在反射率为 0.5% 时,信噪比大于 3。热红外通道的噪声等效温度差(NEAT)小于 0.12 K,温度分辨率达 1 ℃。

NOAA/AVHRR 的扫描角大(±55.4°),扫描宽度约为 2 800 km。因地球曲率、大气和目标的方向反射特征,以及遥感器扫描角和太阳高度角的差异等均对数据影像较大,因而 AVHRR 的数据变形较大,几何畸变较严重,尤其在扫描带两侧更为明显。

气象卫星地面站所提供的 NOAA/AVHRR - 1B 产品,主要经过基本的辐射和几何纠正处理。其中"辐射纠正"包括定标、可见光 - 近红外(VIS - NIR)的太阳高度角纠正、热红外(IR)波段的邻边变暗订正等三部分。

AVHRR 资料的应用主要有两个方面:一方面,是大尺度区域(包括国家、洲乃至全球)调查,在这方面,气象卫星遥感具有其他遥感所无法相比的优势。目前,已经开展过的工作包括美国本土的土地覆盖调查、非洲的土地覆盖调查、南美土地覆盖调查以及全球的土地覆盖调查等。应用的方法一般是采用多时相分类的方法对 1 km 空间分辨率的 AVHRR 数据或更低空间分辨率的 GAC 或 GVI 数据进行分类。另一方面,是中小尺度区域的调查,这方面的应用主要是由于目前高空间分辨率遥感数据的获取比较困难,遥感调查的实时性较差,利用 AVHRR 数据来获得宏观的、实时的、能达到一定精度的地面信息。应用的方法通常是针对 AVHRR 数据空间分辨率低的缺陷,采用混合像元分解技术对 AVHRR 数据进行分类。

从研究的现状来看,AVHRR 数据在大尺度区域调查中所采用的方法基本一致,但由于调查区域范围大,精度分析比较困难,在图像的预处理方面也还存在一些没有解决的问题;目前,AVHRR 数据在中小尺度区域土地覆盖调查中的应用还不是很多,但发展潜力很大,这方面的工作还有许多问题需要深入研究。

3.6.2 风云气象卫星

3.6.2.1 风云气象卫星概述

风云气象卫星是中国于 1977 年开始研制的气象卫星,风云 1 号、风云 2 号和风云 3 号气象卫星组成了中国气象卫星业务监测系统,成为继美、俄之后世界上同时拥有两种轨道气象卫星的国家,是中国经过 30 多年坚持不懈的奋斗和自主创新的结晶。

按照目前确定的我国地球静止气象卫星的发展计划,中国第一代地球静止气象卫星将分为三个批次:

(1)01 批卫星包括 2 颗星:风云 2 号(FY - 2)A 和风云 2 号 B,属于试验型地球静止气象卫星。

(2)02 批有 3 颗卫星:风云 2 号 C、风云 2 号 D 和风云 2 号 E,为业务型地球静止气象卫星,相对 01 批卫星,02 批卫星技术性能有较大改进,主要包括星载扫描辐射计由 01 批的 3 通道增加到 5 通道,若干主要技术指标也有所提高。

(3)03 批预计有 3 颗星:风云 2 号 F、风云 2 号 G 和风云 2 号 H,卫星性能将在 02 批卫星的基础上有适当改进。增加 03 批卫星计划的主要目的是确保在轨运行的第一代地球静止气象卫星向第二代静止气象卫星实现连续、稳定的过渡。整个第一代地球静止气象卫星在轨运行并提供应用服务的时间到2015年前后。

3.6.2.2 风云气象卫星参数

1)风云1号气象卫星

风云1号气象卫星是中国第一代准极地太阳同步轨道气象卫星。1988年、1990年和1999年,先后发射了3颗第一代极轨气象卫星,即风云1号A、B和C气象卫星。风云1号气象卫星是一颗1.2 m高,长、宽各1.4 m的立方体,在左右两块太阳电池翼被打开以后,其跨度为8.6 m。卫星重852 kg,在900 km高的极地轨道上运行。三轴定向稳定,卫星高900 km,倾角99°,周期102.86 min,每天卫星绕地球为14圈。卫星携带多光谱可见光红外扫描辐射仪,它有五个通道,用于获取昼夜可见光、红外云图,冰雪覆盖、植被、海洋水色、海面温度等。卫星资料发送方式有甚高分辨率传输(HRPT)、低分辨率图像传送(APT)和延迟图像传输(DPT)。

风云1号C星工作寿命由一年提高到两年,气象遥感仪的波段数增加了一倍,包括多光谱可见光、红外扫描辐射计,其中7个可见光、近红外波段,3个红外波段(见表3-12)。这比美国新一代NOAA-15气象卫星多出4个探测通道。此外,卫星上还采用了多项新技术,如多层折叠式太阳电池阵技术,偏置动量加磁进动、章动控制和平稳御载等姿控技术,星上计算机技术,热控、剩磁设计等,使卫星的可靠性取得了新的突破。1999年9月,风云1号C气象卫星正式转入业务运行,每天两次向全世界各地气象卫星接收站实时发送10通道、星下点分辨率1.1 km高质量数字云图资料。风云1号D星于2002年5月15日发射,现在仍在正常工作。

表3-12 风云1号C极轨气象卫星的波段与应用领域

波段(μm)	主要应用领域
0.43~0.48	海洋水色、叶绿素
0.48~0.53	泥沙、海冰
0.53~0.58	海洋污染
0.58~0.68	陆地表面、植被
0.84~0.89 0.90~0.965	植被、水陆边界海冰、坦途、大气状况
1.58~1.64 3.55~3.93	土壤湿度、植物含水量、云雪识别高温热点、夜间成像
10.3~11.3 11.5~12.5	地球背景温度场、热污染、海温、海流和涡旋

2)风云2号卫星

风云2号(FY-2)是我国自行研制的第一颗静止气象卫星。风云2号于1997年6月10日,从我国西昌卫星发射中心,由长征三号运载火箭成功发射,送入地球准同步轨道。卫星从西向东绕地球公转角速度与地球自转角速度相等,故对地相对静止,定位于东经105°的赤道上空，卫星轨道高度约35 800 km。风云2号采用自旋稳定方式（卫星每分钟自旋100转），通过卫星的姿态控制系统使卫星的自旋扫描保持与地轴平行。星上携带多种仪器，既有对地观测功能，又有广播、通信功能。其主要遥感器为3通道扫描辐射计——可见光、红外和水汽自旋扫描辐射计（VIWSSR），可获得白天的可见光云图、昼夜红外云图和水汽分布图像，可见光－红外通道图像为0.55～1.05 μm，星下点分辨率为1.25 km；水汽通道为6.2～7.6 μm，用于获得昼夜云和下垫面辐射信息。水汽和红外通道图像的星下点分辨率为5 km，每半个小时可以获取一幅全景原始云图。星上还带有3个卫星云图转发器，可转发高、低分辨率云图，并进行天气图传播等；数据收集系统可提供133分通道的数据传输（其中100个国内通道、33个国外通道），用于收集地球表面监测台站的气象、水文、海洋等数据；空间环境监测器用于监测太阳活动和空间环境。

3）风云3号卫星

风云3号（FY－3）气象卫星是我国的第二代极轨气象卫星，它是在风云1号气象卫星技术基础上的发展和提高，在功能和技术上向前跨进了一大步，它解决了三维大气探测问题，大幅度提高全球资料获取能力，进一步提高了云区和地表特征遥感能力，从而能够获取全球、全天候、三维、定量、多光谱的大气、地表和海表特性参数。

风云3号卫星的轨道类型为近极地太阳同步轨道，轨道标称高度为836 km，轨道倾角为8.75°，标称轨道回归周期为5.5 d，设计范围为4～10 d。风云3号（01批）星上有11种探测仪器，各仪器主要性能指标和探测目的见表3-13。

表3-13　风云3号（01批）遥感仪器主要性能指标

<table>
<tr><th colspan="2">名称</th><th>性能参数</th><th>探测目的</th></tr>
<tr><td colspan="2">可见光红外扫描辐射计（VIRR）</td><td>光谱范围：0.43～12.5 μm
通道数：10
扫描范围：±55.4°
地面分辨率：1.1 km</td><td>云图、植被、泥沙、卷云及云相态、雪、冰、地表温度、海表温度、水汽总量等</td></tr>
<tr><td rowspan="3">大气探测仪器包</td><td>红外分光计（IRAS）</td><td>光谱范围：0.69～15.0 μm
通道数：26
扫描范围：±49.5°
地面分辨率：17 km</td><td rowspan="3">大气温、湿度廓线，O_3总含量、CO_2浓度、气溶胶、云参数、极地冰雪、降水等</td></tr>
<tr><td>微波温度计（MWTS）</td><td>频段范围：50～57 GHz
通道数：4
扫描范围：±48.3°
地面分辨率：50～75 km</td></tr>
<tr><td>微波湿度计（MWHS）</td><td>频段范围：150～183 GHz
通道数：5
扫描范围：±53.35°
地面分辨率：15 km</td></tr>
</table>

续表 3-13

名称	性能参数	探测目的
中分辨率光谱成像仪 （MERSI）	频段范围：0.40～12.5 μm 通道数：20 扫描范围：±55.4° 地面分辨率：0.25～1 km	海洋水色、气溶胶、水汽总量、云特性、植被、地面特征、表面温度、冰雪等
微波成像仪 （MWRI）	频段范围：10～89 GHz 通道数：10 扫描范围：±55.4° 地面分辨率：15～85 km	雨率、云含水量、水汽总量、土壤湿度、海冰、海温、冰雪覆盖等
地球辐射探测仪 （ERM）	光谱范围：0.2～50 μm，0.2～3.8 μm 通道数：窄视场 2 个，宽视场 2 个 扫描范围：±50°（窄视场） 灵敏度：0.4 $Wm^{-2} \cdot sr^{-1}$	地球辐射
太阳辐射监测仪 （SIM）	太阳辐射测量 光谱范围：0.2～50 μm 灵敏度：0.2 $Wm^{-2} \cdot sr^{-1}$	太阳辐射
紫外臭氧垂直探测仪 （SBUS）	光谱范围：0.16～0.4 μm 通道数：12 扫描范围：垂直向下 地面分辨率：200 km	O_3 垂直分布
紫外臭氧总量探测仪 （TOU）	光谱范围：0.3～0.36 μm 通道数：6 扫描范围：±54° 星下点分辨率：50 km	O_3 总含量
空间环境监测器 （SEM）	测量空间重离子、高能质子、中高能电子、辐射剂量；监测卫星表面电位与单粒子翻转事件等	卫星故障分析所需空间环境参数

3.6.2.3　风云气象卫星数据应用

从气象卫星获取的大气和地表信息，已被广泛应用于天气预报、气候预测、环境和自然灾害监测、农业等多个国民经济领域，为国家经济发展、社会进步做出了贡献（见图3-10）。风云系列气象卫星应用系统投入业务运行后，为台风、暴雨、冰雹、暴雪、沙尘暴、龙卷风等灾害性天气的监测提供了更有力的手段，为短期气候预测提供了更多有用的参数，如海表水温、雪盖、植被指数等，为改善天气预报和短期气候预测做出了贡献。尤其是风云 3 号，相较于风云 1 号具有质的变化，其应用也更加多元化。

风云 3 号气象卫星的应用目的包括四个方面：

(1)为中期数值天气预报提供全球均匀分辨率的气象参数。

(2)研究全球变化包括气候变化规律，为气候预测提供各种气象及地球物理参数。

(3)监测大范围自然灾害和地表生态环境。

(4)为各种专业活动（航空、航海等）提供全球任一地区的气象信息，为军事气象保障服务。

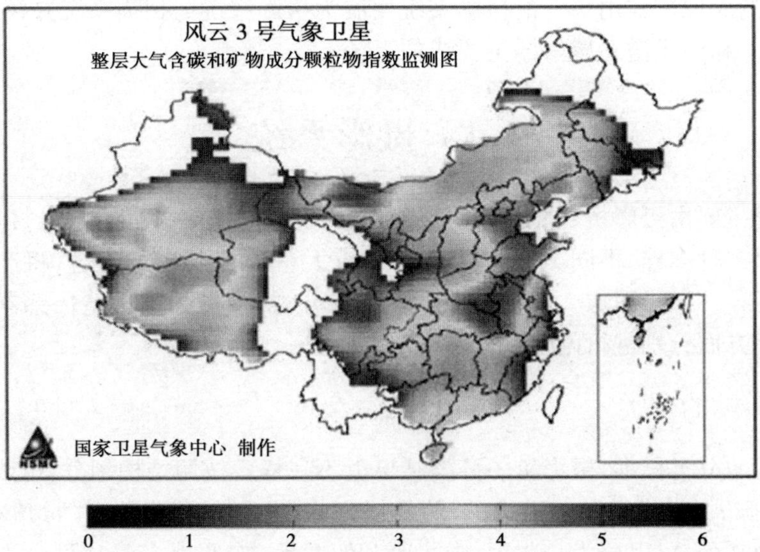

图 3-10　风云 3 号气象卫星监测全国雾霾情况

思考题

1. 中巴地球资源卫星的主要特点及其应用。

2. “风云”气象卫星第二代在第一代的基础上有什么变化？

第4章　摄影与扫描成像系统

摄影成像系统是早期遥感最主要的成像设备，也是目前的常用设备。随着空间技术的发展，遥感的成像方式由单一的摄影系统发展为摄影系统与扫描系统并存，也是可见光遥感、红外遥感和高光谱遥感等的主要成像系统。

4.1　摄影系统

摄影系统主要由摄影机、滤光片和感光材料组成，传统摄影机的感光材料多为胶片，如今感光材料多种多样，不同类型的摄影机、滤光片和感光材料的组合，将产生几何特性和物理特性各异的摄影图像。本节按照摄影机的分类、常见的摄影型传感器和摄影测量发展阶段三个方面分别进行阐述。

4.1.1　摄影机的分类

按照不同的分类标准，摄影机的分类结果也不一样。按照结构划分，可以分为画幅式（框幅式）、缝隙式、多光谱和数码式；按照像场角来分，可以分为狭角、常角和宽角三种；按照镜头焦距来分，可以分为长焦距、中焦距和短焦距；按照感光胶片可分为黑白全色摄影、黑白红外摄影、天然彩色摄影和彩色红外摄影等。该节以结构划分为依据，分别进行阐述。

4.1.1.1　画幅式摄影机

如图4-1所示，整幅图像同时曝光，所得像片称为中心投影像片，是最常见的摄影机类型，按照平台高度分为航空摄影机和航天摄影机。

4.1.1.2　缝隙式摄影机

缝隙式摄影机又称为航带式或推扫式摄影机，如图4-2所示，摄影瞬间获取的影像是与航向垂直且与缝隙等宽的一条影像带（推扫式）。全景摄影机成像与缝隙扫描相机类似，也是一条很窄的条带，条带方向平行于平台移动方向（摆扫式）。

4.1.1.3　多光谱摄影机

顾名思义，多光谱摄影机可在同一瞬间获取同一地区多个波段影像，常见的有单镜箱、多镜箱、光束分离型三种形式，如图4-3所示。

除了采用多光谱技术，即用几台摄影相机的多透镜系统和不同的胶片－滤光片组合来实现光谱分离，也可采用多层乳剂来实现光谱分离，得到同一景物的多波段图像。事实上，人们同时分析同一景物的多波段图像有一定困难，于是设计发展了一些彩色辅助观察仪，可得彩色合成图像（光学合成），以便多波段分析，改善地物的识别能力。

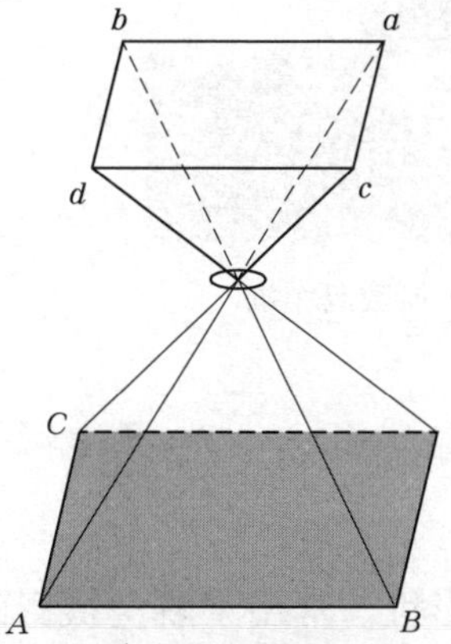

图 4-1　画幅式摄影机

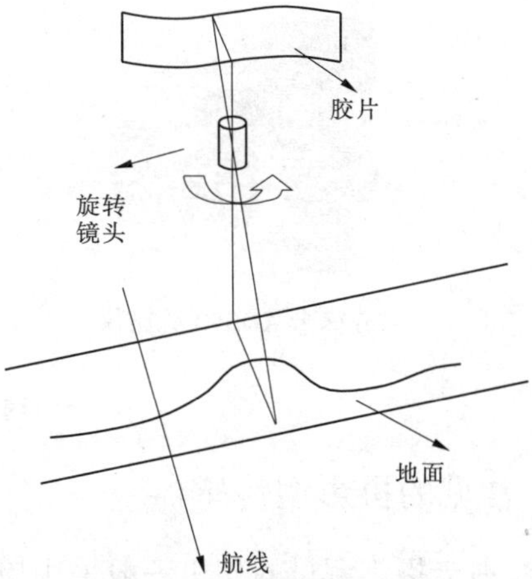

图 4-2　缝隙式摄影机

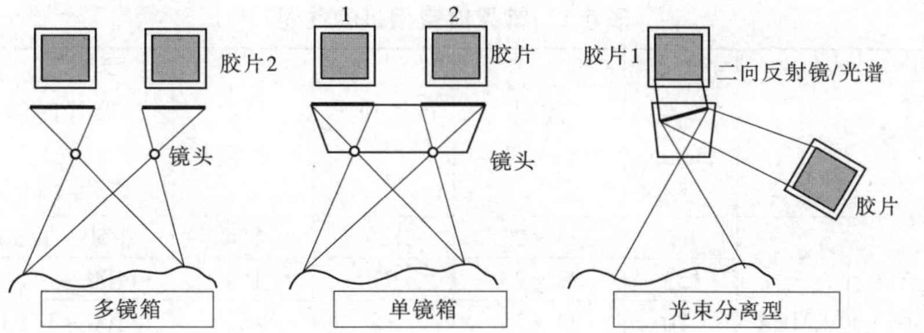

图 4-3　多光谱摄影机

4.1.1.4　数码摄影机

与普通摄影机结构和成像原理一样，只是记录介质不是感光胶片，而是光敏电子器件，如电荷耦合原件 CCD，其作用就像胶片一样，但它是把光信号转换成电荷信号，经外部采样放大机模数转换电路转换成数字图像信号。常见数码相机见图 4-4。

(a) 美国 DMC 航摄仪

(b) 中国 SWDC 航摄仪

图 4-4　常见数码相机

(c) 徕卡 ADS40 航摄仪

(c) 奥林巴斯数码相机

续图 4-4

4.1.2 常见的摄影型传感器

航空、航天摄影测量的相机一般采用单镜头框幅式摄影机。常用于航空摄影的相机有瑞士公司的 RC 系列摄影机，德国奥普托公司 RMK 系列摄影机以及国产的 HS2323 摄影机等，其基本性能参数如表 4-1 所示。

表 4-1 常见航空相机的性能

型号		焦距（mm）	像幅（cm×cm）	视场角度（°）	相对孔径	曝光时间（s）	最大标称畸变值（μm）
德国奥普托	RMKA	85	23×23	125	1:4	1/50～1/500	7
		153	23×23	93	1:4	1/100～1/1 000	3
		210	23×23	75	1:5.6	1/100～1/1 000	4
		305	23×23	56	1:5.6	1/100～1/1 000	3
		610	23×23	30	1:6.3	1/100～1/1 000	50
瑞士威特	RC－8 RC－9 RC－10 RC－30	152	23×23	90	1:5.6	1/100～1/700	10
		88.5	23×23	120	1:5.6	1/200～1/300	50
		304	23×23	50	1:4	1/100～1/1 000	8
		213	23×23	70	1:4	1/100～1/1 000	5
		152	23×23	90	1:5.6	1/100～1/1 000	4～7
		88	23×23	120	1:5.6	1/100～1/1 000	11～23
苏联	AψA－T	36	18×18	148	1:7.7	1/40～1/250	—
		55	18×18	133	1:8.2	1/40～1/250	40
		70	18×18	122	1:6.8	1/40～1/250	20～30
		100	18×18	103	1:6.8	1/40～1/250	20～30
		140	18×18	85	1:6.8	1/40～1/250	20
		200	18×18	65	1:9	1/40～1/250	20
		350	18×18	40	1:6	最短 1/300	20
中国	航甲－17	70	18×18	122	1:5.6	1/50～1/500	25
		100	10×10	104	1:5.6	1/50～1/500	20
	HS	88	23×23	120	1:5.6	1/100～1/700	10
		152	23×23	90	1:5.6	1/100～1/700	10

用于航天遥感的相机也很多,如已在美国航天飞机及空间实验室工作过的RMK - A30/23 摄影机,焦距为305 mm,像幅为23 cm×23 cm,标称卫星高度为250 km,物镜最大畸变差为6 μm。

4.1.3 摄影测量发展阶段

摄影测量与遥感是对非接触传感系统获得的影像及其数字表达进行记录、量测和解译,从而获得自然物体和环境的可靠信息的一门工艺、科学和技术。至今,经历了模拟摄影测量阶段(1851～1970 年)、解析摄影测量阶段(1950～1980 年)和数字摄影测量阶段(1970 年至现在)。每个阶段的主要特点如表 4-2 所示。

表 4-2 摄影测量发展阶段及其特点

发展阶段	原始资料	投影方式	仪器	操作方式	产品
模拟摄影测量	像片	物理投影	模拟测图仪	手工	模拟产品
解析摄影测量	像片	数字投影	解析测图仪	机助作业员	模拟 + 数字
数字摄影测量	数字化影像	数字投影	计算机	自动 + 作业员	数字 4D

需要说明的是,表 4-2 中模拟产品主要指图解线划地图、像片影像地图;数字产品主要指数字线划地图(DLG)、数字高程模型(DEM)、数字栅格地图(DRG)、数字正射影像图(DOM),即“4D”产品。

4.2 扫描成像系统

扫描成像是 20 世纪 50 年代形成的一种新兴探测技术,进一步推动了遥感事业的发展。同时,扫描成像的探测波段也从可见光 - 近红外波段扩展到紫外、微波波段。根据扫描方式的不同,可以分为光学机械扫描仪(拌扫式)和固体扫描仪(推扫式)。

4.2.1 光学机械扫描仪

光学机械扫描系统(Optial-mechanical Scanning),利用平台的行进和旋转扫描镜对与平台行进的垂直方向的地面(物平面)进行扫描,获得二维遥感数据,故又称物面扫描系统(Across-track)。主要有多光谱扫描仪(MSS)和红外扫描仪两种。地球观测卫星 Landsat 的 MSS、TM 以及气象卫星 NOAA 的 AVHRR 等都属于这种类型的扫描仪。光学机械扫描仪主要由收集器、分光器、探测器、处理器和输出器五大部分组成,其采集原理如图 4-5 所示。

4.2.1.1 收集器

在航天遥感中常用透镜系统或反射镜系统作为光机扫描仪收集地面电磁波辐射信息的器件。制作反射镜的常用材料有熔凝石英和特种金属(如铍)。使用熔凝石英材料制作反射镜可以降低光学元件表面的变形,空间用的反射镜大且要求质量轻,因此其构架一般做成蜂窝状结构而不是做成实体。使用金属制成的反射镜质量轻、尺寸稳定且硬度高,

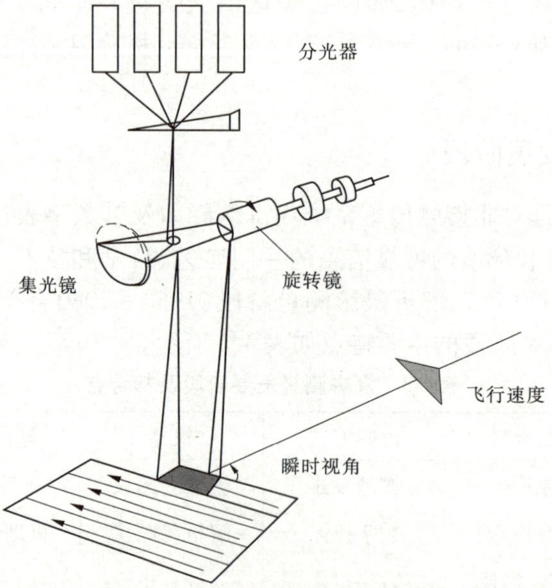

图 4-5　光学机械扫描仪采集原理

但它的晶体特性妨碍了光学抛光。因此，一般在抛光前，镀一层非结晶的镍混合物，抛光后在反射镜上镀一层铝膜或金膜，以得到最大的反射系数。

4.2.1.2　分光器

分光器的目的是将收集器收集的地面电磁波信息分解成所需要的光谱成分。常用的分光元器件有分光棱镜、衍射光栅和分光滤光片。光学传感器通常使用棱镜或滤光片将入射光分离成不同的光谱区域。而电子传感器则大都使用衍射光栅，因为衍射光栅分光效率高、体积小、质量轻。

分光棱镜是依据物质折射率随波长变化的原理来进行分光的。当光波从物质表面入射到其内部时，物质对光波的折射率会随波长改变，如图 4-6(a)所示，所以入射到棱镜上的光经棱镜透射或经其内部反射出来后，就会按不同波长向不同的方向传播出去，从而实现分光。常见的分光棱镜有 60°棱镜、30°棱镜等。衍射光栅的分光非常精确，间隔一致，分光边界清晰。从地面传递来的光线要通过一个聚光镜，它的作用是产生一束平行光线以某个角度照射到衍射光栅，如图 4-6(b)所示。由于光栅相对于不同的光线有特定的角度，所以不同波长的光线的衍射角度是不同的，从而使得入射的光线能依照光谱波长进行分离。然后，这些光线将照射到探测器进行光谱感应。

分光滤光片是能从某一光束中透射或反射特定波长光线的元件。按照其分光功能看，可分为长波通滤光片或短波通滤光片和带通滤光片。长波通滤光片是仅让某波长以上的光通过的滤光片，短波通滤光片是仅让某波长以内的光通过的滤光片。

4.2.1.3　探测器

探测分光后的电磁波并把它变换成电信号的元件叫探测器。探测器的种类较多，按光电转换方式可分为光电子发射型、光激发载流子型和热效应型三类。

4.2.1.4　处理器

从探测器出来的低电平信号，需放大和限制带宽。一般在探测器后面设置低噪声的

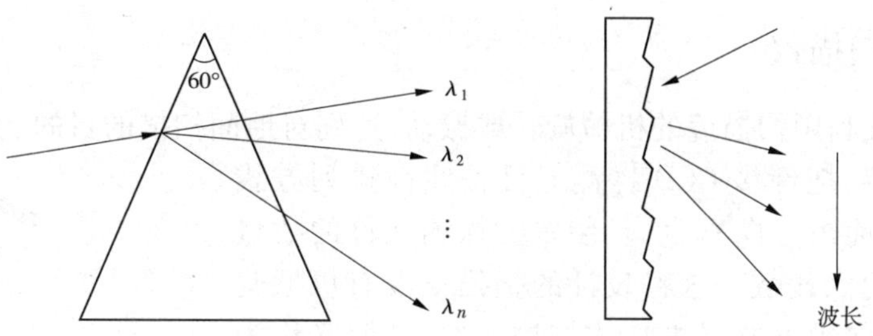

(a)60°棱镜　　(b)衍射光栅

图 4-6　分光原理

前置放大器来进行这项工作。前置放大器随电子元件不同，分为真空管、晶体管和集成电路三种形式。对于多元探测器的传感器，每个探测器上要安置一个前置放大器，形成多路输出。为了使其变为一维时序信号，可采用对每一个通道进行周期性采样的“时分多路传输制”。目前，更多地使用 CCD 电荷耦合器件。将 CCD 元件置于探测器后面，直接将多路信号变成一维的时序信号，这时只需用一个前置放大器。

前置放大器出来的视频信号可输往磁带机，将模拟信号记录在磁带上。如果要求输出信号为数字形式，则必须将视频信号数字化，一般使用模/数变换器，对连续的模拟信号进行采样、量化和编码，变成离散的数字信号。

4.2.1.5　输出器

输出器种类也很多，目前输出形式主要有两种：一种是胶片，另一种是磁带。把探测器输出的视频信号记录在胶片上，经电光变换线路来调制一些发光器件，这时发光器件上的光信号强度与视频信号强度一致。当胶片曝光时，数据就被记录下来。

磁带记录仪与普通的视频记录仪相仿。有的磁带记录仪做传感器收集数据的暂存器，如 Landsat 卫星上用的宽带视频记录仪，当卫星运行至地面接收站上空时，将储存的数据向地面发送。其记录的形式分模拟磁带和数字磁带两种。表 4-3 给出了几种光机扫描仪的成像特征。

表 4-3　光机扫描仪的成像特征

传感器名称	地面覆盖范围（km × km）	光谱段（μm）		地面分辨率（m × m）
TM	185 × 185	TM－1	0.45～0.52	30 × 30
		TM－2	0.52～0.60	
		TM－3	0.63～0.69	
		TM－4	0.76～0.90	
		TM－5	1.55～1.75	
		TM－6	10.4～12.6	120 × 120
		TM－7	2.08～2.35	30 × 30
ETM	185 × 185	保留原波段 增加 0.50～0.90 μm 全色波段		全色 15 m，热红外 60 m，其他 30 m

4.2.2 固体扫描仪

光机扫描仪利用扫描镜的机械旋转或振动，达到对地面扫描的目的。美、法等国家研制的固体扫描仪，把许多 CCD 探测元件按线性排列方式装置，并与卫星前进方向垂直，且装置的探测元件的数目等于扫描线上的像元数。这种设计的扫描仪没有机械旋转装置，沿卫星前进方向以推扫式扫描成像，因此又称为推扫式扫描仪，如图 4-7 所示。这种扫描仪只要线性排列集成的 CCD 探测元件足够多，分辨率就可以不断提高。如法国 SPOT 卫星的 HRV 传感器每线性列阵有 4 096 个 CCD 探测器，地面分辨率可达 15 m，如果有 8 192(4 096 × 2)个探测器，分辨率可提高到 7.5 m。

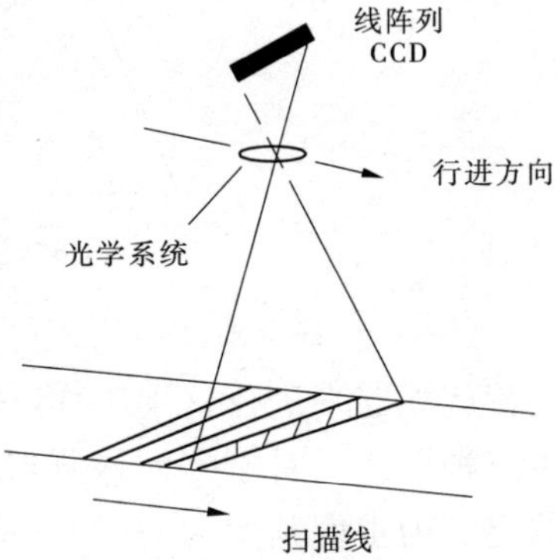

图 4-7 推扫式扫描仪

推扫式扫描仪使用的固体探测器件，是由硅等半导体材料制成的。在这种器件中，受光或电激发产生的电荷靠电子或空穴运载，在固体内移动。固体器件种类也有很多，目前传感器中普遍使用的是 CCD 电荷耦合器件。CCD 扫描仪按其探测器的不同排列形式，分为线阵列扫描仪和面阵列扫描仪。如图 4-8 所示，分别为面阵列传感器和线阵列传感器成像方式。

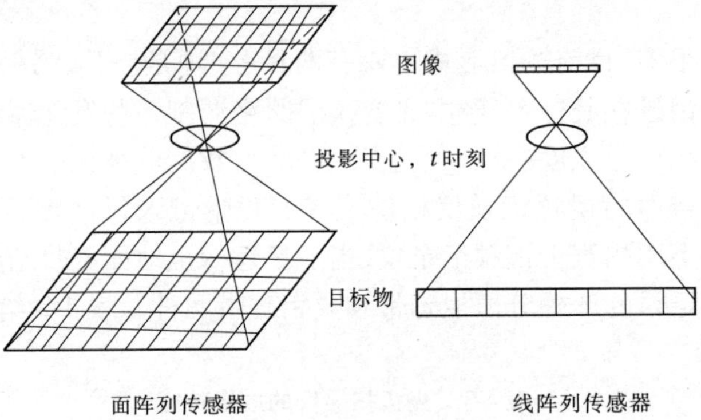

图 4-8 面阵列传感器与线阵列传感器

其中，面阵列传感器成像方式与框幅式摄影机相似，某一瞬间获得一幅完整影像，一个中心投影。线阵列传感器在某一瞬间得到的是一条线影像，一幅影像是由若干条影像拼接而成，其成像方式在几何关系上与缝隙式摄影机情况相同。由于制造工艺上的原因，目前面阵 CCD 阵列还难以做得很大，其几何尺寸还很有限，达不到航空或航天遥感对其幅面的要求。线阵列扫描仪是目前获取遥感图像的主要传感器之一。

推扫式扫描仪具有两大优点：一是摒弃了复杂的光学机械扫描系统，成像系统结构稳定可靠，确保每个像元具有精确的几何位置；二是提高了传感器的灵敏度和信噪比，即对目标地物的反射能量的响应程度提高了，减少了传感器各部件累积的电子信号错误引起的图像噪声。它的缺点是由于探测器数目多，当探测器彼此间存在灵敏度差异时，往往产生带状噪声，因此必须进行辐射校正。表 4-4 给出了几种固体扫描仪的成像特征。

表 4-4　固体扫描仪的成像特征

名称参数		HRV	CCD	CCD
搭载平台		SPOT 卫星	CBERS－2B	Quick Bird 卫星
平台高度(km)		832	778	450
地面覆盖(km)		星下点 60	星下点 113	星下点 16.5
成像波段(μm)	多光谱	0.50～0.59 0.61～0.68 0.79～0.89	0.45～0.51 0.52～0.59 0.63～0.69 0.77～0.89	0.45～0.52 0.52～0.60 0.63～0.69 0.76～0.90
	全色	0.51～0.73	0.45～0.73	0.45～0.90
地面分辨率(m)		全色 10 多光谱 20	全色 19.5	全色 0.61 多光谱 2.44
立体构成方式		异轨立体	异轨立体	同/异轨立体

需要说明的是,近些年兴起的成像光谱仪是遥感领域中的新型传感器,它把可见光、红外波谱分割成几十个到几百个波段,每个波段都可以取得目标图像,同时对多个目标图像进行同名地物点取样,取样点的波谱特征值随着波段数愈多愈接近连续波谱曲线。这种既能成像又能获取目标光谱曲线的“谱像合一”的技术称为成像光谱技术,按该原理制成的遥感器称为成像光谱仪,不过从本质上来说,成像光谱仪属于多光谱扫描仪,其构造与 CCD 线阵列推扫式扫描仪和多光谱扫描仪相同,区别仅在于通道多,各通道波段宽度极窄。

综上所述,多光谱扫描系统较多光谱摄影系统,虽然结构要复杂,但是有其固有的优势:

(1)摄影系统的波谱区域仅局限在 0.3～0.9 μm 的光学摄影波段内;多波段扫描系统运用电子探测器,可将感应波段扩展到 0.3～14 μm,包括紫外、可见光、近红外、中红外、热红外谱区,且可以感应很窄的光谱波段。

(2)摄影系统以回收胶片方式为主,而胶片—图像的转换,需由地面完成;扫描系统是数字记录形式,能根据要求迅速地发送、记录、分析或处理输出电信号,并可实时显示。

(3)摄影系统的图像是由胶片光化学过程获得的,辐射定标困难;扫描系统的数据是由电子产生的,更适于定标,可给出定量的辐射数据。

(4)扫描系统的电子格式允许记录很宽范围的值,即探测器的动态范围通常比摄影胶片大,且在探测过程中,探测器并不损耗。

(5)多光谱摄影系统,用多个分离光学系统独立采集每个波段图像,这导致各分波段图像在空间和辐射方面的可比性问题;多光谱扫描系统用同一光电系统同时采集整个光谱波段的数据,再经分光系统分解成不同波长的光。

4.3 摄影与扫描影像的特点

遥感影像是指遥感器对地表(目标物)通过摄影或扫描而获取的影像。不同的成像方式决定了遥感影像特性的差异。就可见光-近红外遥感而言,其影像特点可分为摄影影像的特点与扫描影像的特点。

4.3.1 摄影影像的特点

根据摄影机主光轴与地面的关系,摄影影像可分为垂直摄影和倾斜摄影。如图4-9所示,当主光轴与地面的夹角大于3°时,得到的像片称为倾斜像片。航空拍摄和制图多为垂直摄影,此时主光轴垂直于地面或偏离垂直线在3°以内。因此,摄影影像的特点,即为垂直摄影下像片的几何特征,主要由像片的投影、像片比例尺和像点位移三个方面组成。

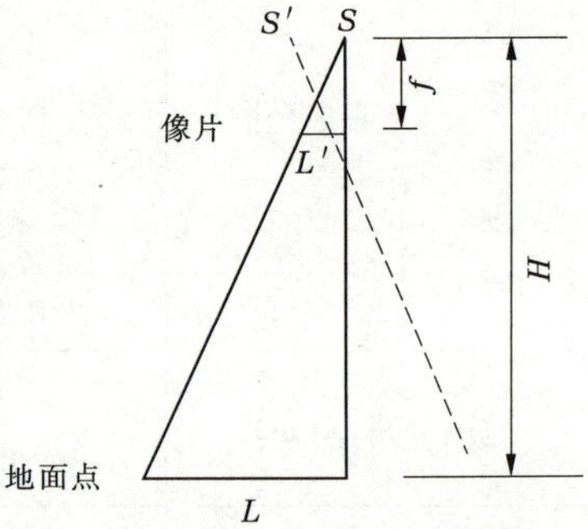

图4-9 垂直摄影与倾斜摄影

4.3.1.1 像片的投影

前面已经介绍过拍摄像片的投影属于中心投影,而常用大比例尺地形图属于垂直投影或近垂直投影,如图4-10(a)所示,垂直投影摄像是通过互相平行的光线投影到与光线垂直的平面上投影方式得到的影像。如图4-10(b)所示,摄影像片是地面物体的中心投影影像,物体通过物镜中心投射到承影面上,满足透镜成像原理。投影方式不同,其影像特征必然存在差异。

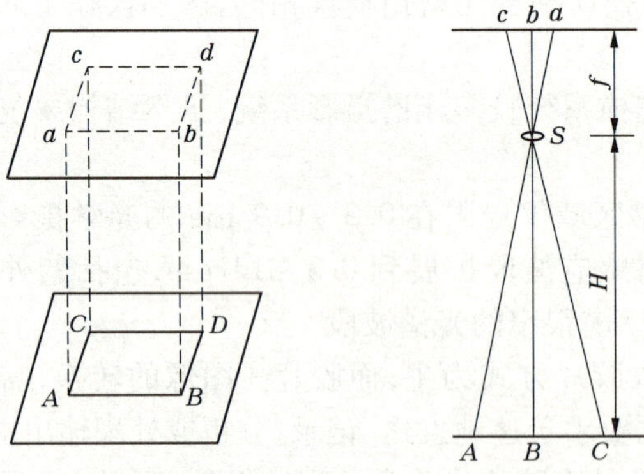

(a)垂直投影　　(b)中心投影

图4-10 垂直投影与中心投影

首先是投影距离的不同。在垂直投影的平面上,像片或地图的比例尺处处一致,而与投影距离无关。

其次,当投影面倾斜时,如图4-11(a)所示,垂直投影的影响仅比例尺有所放大,像点ao、bo的位置相对于地面点AO、BO保持不变。如图4-11(b)所示,在中心投影像片上,ao、bo的比例关系有显著的变化,各点的相对位置和形状不再保持原来的样子,地面上$AO=BO$,而像片上的$ao>bo$。

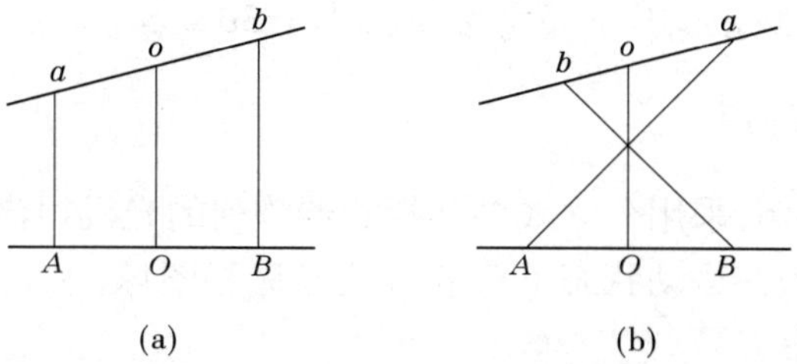

图 4-11　投影面倾斜对构像的影响

最后是地形起伏的影响。如图 4-12(a)所示,垂直投影起伏变化大,投影点之间的距离与地面实际水平距离成比例缩小,相对位置不变。如图 4-12(b)所示,中心投影时,地面起伏越大,像片上投影点水平位置的位移量越大,产生投影误差。

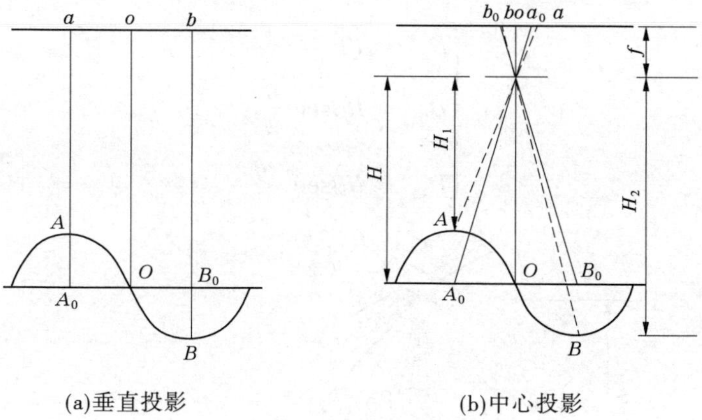

图 4-12　地面起伏对构像的影响

4.3.1.2　像片比例尺

像片上两点之间的距离与地面上相应两点的实际距离之比,即为像片比例尺。如图 4-9 所示,摄影机焦距为 f, H 为摄影机距地面的高程,像片上 L' 与地面上相应的水平距 L 之比称为摄影比例尺 m,则有

$$\frac{1}{m} = \frac{L'}{L} = \frac{f}{H} \tag{4-1}$$

可见影像比例尺与摄影机焦距和摄影机与地面的高程有关,通常 f 可以在像片的边缘或相应的影像资料(遥感影像报告、设计书)中找到,H 由摄影部门提供,在不知道航高时,也可以根据一定条件求出。对于特定摄影系统的一组像片,可以认为 H 是常量。

需要指出的是,通常所说的影像空间分辨率与像片分辨率、像片比例尺有关。胶片分辨率通常用线对(lp/mm)表示,数字影像分辨率则用像元(Pixcel)表示。

4.3.1.3　像点位移

地形起伏引起平面上的点位在像片位置上的移动,其位移量就是中心投影与垂直投影在同一水平面上的"投影误差"。这种误差有一定的规律,具体表现为:位移量与地面高差成正比,与像主点的距离成正比,与摄影高度成反比。

另外,航摄过程中对航线、重叠度都有一定的要求。例如,要求各航线之间相互平行,同一航线最高行高差不得大于 50 m,同一航线上相邻两张像片的重叠度大于 60%(航向重叠)，相邻航线上相邻两张像片的重叠度不得小于30%等。

4.3.2 扫描影像的特点

以光学机械扫描为例，采用分立式多元探测器阵列的光机扫描遥感器，用光学机械扫描的方式进行对地覆盖，在运动状态下获取多波段遥感图像，因此与摄影影像相比，在空间特性、波谱特性上均有差异。

4.3.2.1 光机扫描图像的空间特征

扫描影像的地面分辨率取决于瞬时视场的大小。瞬时视场是探测器单元以一定的立体角(瞬时视角)所观测的地面范围。

如图4-13所示，H为传感器所在轨道高度，β为瞬时视场角，θ为传感器与地面点的夹角，则有

$$\begin{cases} D_0 = H\beta \\ D_{纵} = H\beta\sec\dfrac{\theta}{2} \\ D_{横} = H\beta\sec^2\dfrac{\theta}{2} \end{cases} \tag{4-2}$$

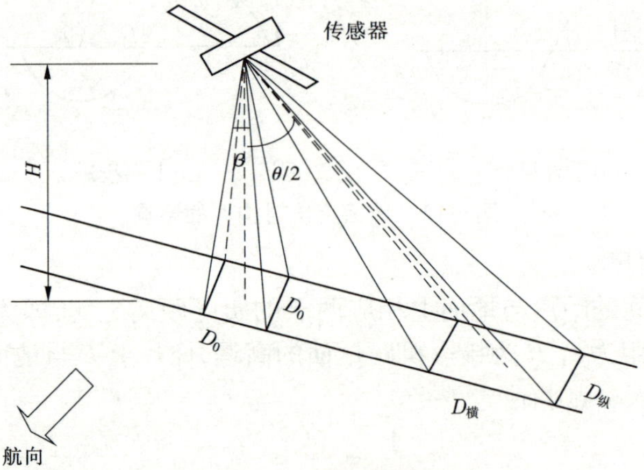

图4-13 光机扫描图像特点

通常所说的光机扫描影像的分辨率即为星下点的分辨率($D_0 \times D_0$)。如同航空摄影一样，扫描影像也存在影像重叠。其中，相邻轨道带间的旁向重叠率随纬度的不同而变化(见表4-5)，如Landsat 4、Landsat 5、Landsat 7。

表4-5 扫描影像重叠率随纬度变化

纬度(°)	0	10	20	30	40	50	60	70	80
重叠率(%)	7.3	8.7	12.9	19.7	29.0	40.4	53.6	68.3	83.9

卫星运行方向上的航向重叠率由地面处理机构进行人工分幅而形成，以便于图像的拼接，航向重叠率一般规定为15 km。

与摄影像片不同的是，扫描影像属于动态多中心投影，动态多中心投影亦存在像点位

移。其大小与卫星平台运行高度、地表起伏高差及扫描角有关。由于卫星平台运行高度较高，总扫描角较小(11.56°)，所以当地表相对高差较小且对成图精度要求不高时，可将图像近似看作是垂直投影(正射投影)。当对成图精度要求较高时(如 TM 1∶5万成图)，应根据 DEM 进行几何精校正。另外，陆地卫星 Landsat/TM 图像的原始比例尺为1∶336.9万，经地面处理后放大为1∶100 万或1∶50 万、1∶25 万等。实际中，可根据实际图像，利用图像处理软件生成满足一定精度要求的各种比例尺的成果图。

4.3.2.2 光机扫描图像的波谱特征

扫描图像由一定数目的像元组成，像元 DN 值是在扫描成像过程中，对采样窗口中的亮度/灰度值等级进行量化编码而形成的数字数值。DN 值反映了像元内地物的综合电磁辐射信息，代表了相应探测波段范围内地物反射电磁波能力的大小。需要说明的是，相同地物在不同波段的遥感图像上以及不同地物在同一波段的遥感图像上具有各不相同的波谱特征信息，从而形成不同波段的遥感图像识别和区分地物的能力，具有各自的波段效应，也就是所说的多波段效应。实际应用中，在遥感影像解译前，可以根据目标地物的特性，选择合适的波段，也可以利用多波段进行合成，如真假彩色合成等，无论采用何种方式，其目的都是突出目标地物，抑制周围地物，以利于遥感影像的解译。表 4-6 所示为 TM 影像的各波段特点。

表 4-6 TM 影像的各波段特点

波段	影像特点
TM1(0.45～0.52 μm)	蓝绿光波段，水体穿透能力强，为电磁辐射的“水下窗口”。对叶绿素、叶色素的浓度比较敏感。受瑞利散射影响严重，造成图像模糊(反差降低)
TM2(0.52～0.60 μm)	绿黄光波段，对水体穿透能力强(一般 10～20 m，水清时达 100 m)。叶绿素在该波段有反射“绿峰”。受瑞利散射影响，地物边界模糊
TM3(0.63～0.69 μm)	红橙光波段，对水体有一定的透射能力(一般小于 2 m)。叶绿素在该波段有吸收“红谷”。用于判别水中泥沙含量、流向、水体浑浊度、悬移质状况等
TM4(0.76～0.90 μm)	摄影红外波段，为水体的强吸收波段，呈黑色调，水陆界线十分明显。叶绿素在该波段有强反射峰，用于研究水体分布、划分水陆界线等
TM5(1.55～1.75 μm)	短波红外波段，处于水的吸收带，对地物的含水量敏感
TM6(10.4～12.5 μm)	热红外波段，对地物的热异常反映敏感，可以根据不同地物发射辐射特征的差异，识别区分地物
TM7(2.08～2.35 μm)	短波红外波段，为地质研究需要追加的波段，该波段绝大多数造岩矿物处于反射波谱的高峰段，而黏土矿物和方解石则具有判别性的特征波谱吸收带，在影像上呈暗色调

思考题

1. 理解拍摄系统与扫描系统的差异。
2. 对比摄影影像和扫描影像，明确其影像特点。
3. 阅读相关文献，进一步理解扫描影像与摄影影像解译时应该注意的内容。

第 5 章　微波遥感数据

所谓微波遥感，就是针对微波波段（波长范围在 1 ~1 000 mm）进行的遥感。

地球上经常有 40% ~60% 的地区被云层覆盖着，尤其是占地球面积 3/5 的海洋上，气象条件变化更大，经常被云层遮蔽。前面讲过的可见光遥感虽技术成熟，谱段所含信息丰富，数据容易理解，但不可避免地受到云雾和夜晚等的影响。相比之下，微波能够穿透云、雾、雨、雪和全天候工作的特性，逐步体现出不可替代的优势。

与传统可见光遥感相比，微波遥感可分为主动式（有源）和被动式（无源）微波遥感，前者由传感器自身发射微波束再接收由地面物体反射或散射回来的回波，如侧视雷达；后者接收地面物体自身辐射的微波，如微波辐射计等。

本章将主要介绍微波遥感原理、主动微波遥感的特点，并以雷达遥感图像为例，阐述其图像获取方式及特点。

5.1　微波遥感原理

微波是电磁波的一种形式，电磁波谱如图 5-1 所示，波长 1 ~1 000 mm，一般分为毫米波、厘米波、分米波和米波。本节以微波遥感过程为出发点，重点了解微波窗口的概念和微波遥感的传感器。

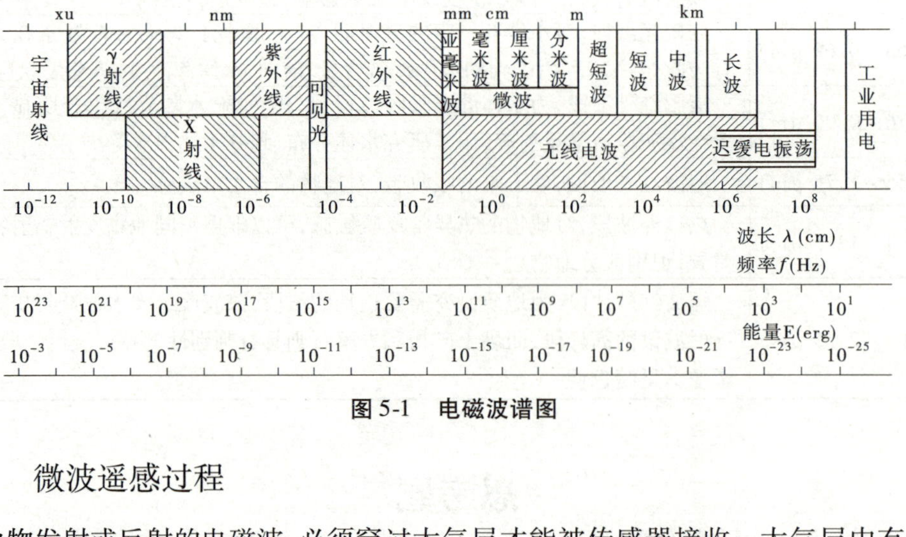

图 5-1　电磁波谱图

5.1.1　微波遥感过程

地物发射或反射的电磁波，必须穿过大气层才能被传感器接收。大气层中有各种气体与微粒，电磁波与其接触，由于微粒的散射和吸收作用，传感器所接收的电磁波信息是经大气衰减后的信号。被动微波遥感同可见光遥感一样，传感器接收到的是目标地物发射的、经大气衰减后的微波信号。相比之下，主动微波遥感可以发射微波，在遥感过程中，还受到微波与地物相互作用的影响。综上所述,微波遥感过程受到微波自身特征、微波的大气效应和微波与地物的相互作用三个方面的影响。

5.1.1.1 **微波的特征**

微波同电磁波一样,也有散射、极化和干涉等基本特征。微波的散射主要分为表面散射和体散射两种形式。

(1)表面散射是指在介质表面产生的散射。因为主动微波遥感所接收到的信号是微波入射方向上被地物反射回来的信号,即地物的后向散射,所以散射面的散射强度直接影响遥感影像的"亮度"。那么散射强度与哪些因素有关呢?

首先,不同性质的散射面散射强度不一。其次,同一性质的散射面的粗糙程度,直接决定了介质表面反射入射微波的反射及其离散程度,进而决定后向散射的强度。若介质表面足够光滑,微波与介质表面相互作用形成两束平面波,一束为表面向下的折射波或透射波,另一束为表面向上的镜面反射波。如图 5-2 所示,入射角与反射角相等。在这种情况下,若传感器垂直向下观测,入射微波将全部从另一面反射出去,传感器接收到的后向散射为零。相反,若介质表面为粗糙表面,入射能量与表面相互作用后,就会被反射为各个反向,称为散射场。

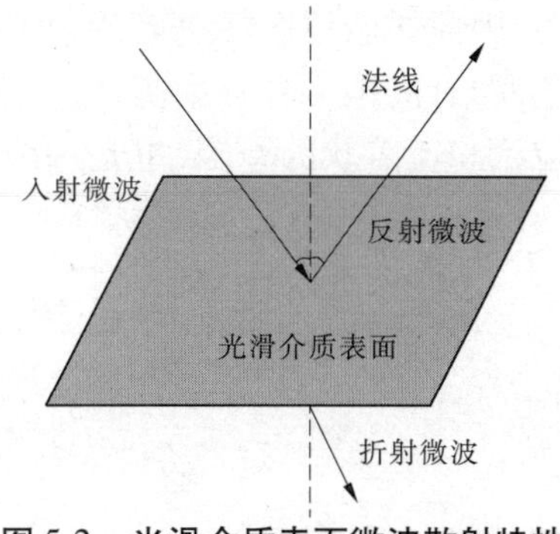

图 5-2 光滑介质表面微波散射特性

体散射指介质内部产生的散射,为地物内部经多路径散射后所产生的总有效散射。

(2)所谓极化,指的是电磁波在传播时,传播的方向和电场、磁场相互垂直,我们把电波电场方向叫电波的极化。若电磁波的电场矢量不随时间变化,则其为线极化平面波,简称极化波。极化波的线极化可以分为两个方向的极化,称为水平极化和垂直极化。水平极化(H 极化),是指电场矢量 E 与入射平面垂直的极化;垂直极化(V 极化),是指电场矢量 E 与入射平面平行的极化,如图 5-3 所示。

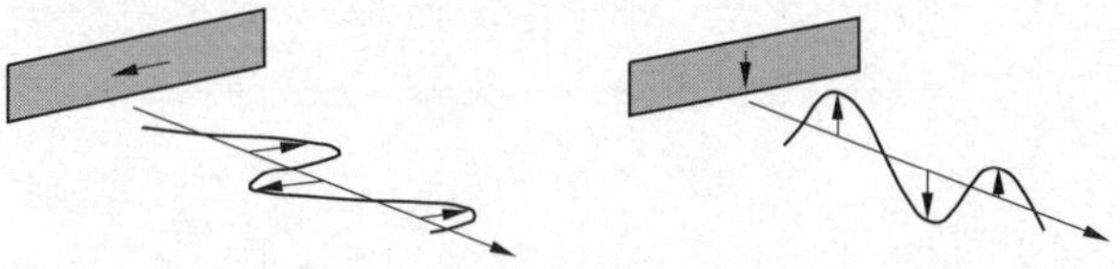

(a)水平极化(H极化)　　(b)垂直极化(V极化)

图 5-3 微波的极化

如果电场矢量的方向随时间变化,矢量端点的轨迹是一个圆,这种波称为圆极化波。圆极化波分为左旋圆极化波和右旋圆极化波,顺着电波传播方向看去,电波的电场顺时针旋转的是右旋圆极化波,反之是左旋圆极化波。

由于用于接收信号的微波天线最容易做成单一极化方向,所以极化常常用来作为微波的一种判别手段。简而言之,其他绝大多数光学探测器,与极化无关,而在接收微波回波信号前要采取专门措施,使信号产生"极化",因为是光学探测器,即应使信号产生偏振。需要指出的是,微波与地表作物相互作用可以改变其极化特征,因此后向散射通常为两种极化的混合。通常在传感器中安装水平或垂直向的滤波器,就可以实现对后向散射的筛选,只接收特定极化的能量。不过,不同的极化方式会导致目标对电磁波的不同响应,几种地物在一种极化下可能无法区分,而利用另外一种极化方式,却有可能产生极大的差异,从而轻易地区分地物。

(3)微波的干涉。由两个(或两个以上)频率和振动方向相同、相位相同或相位差稳定的电磁波在空间叠加时,合成波振幅为各个波振幅之和,如图 5-4 所示,可以看出交叠区会出现某些地方振动加强(如(a)、(c)、(e))、某些地方振动减弱或完全抵消的现象((b)、(d)),即为干涉。在微波遥感中,从远处两个靠得很近的地物反射回来的波高度相干,因此在微波图像上有的地方可能没有任何功率(抵消),在微波遥感影像上表现为暗色调;有的地方异常偏高(加强),在影像上表现为亮色调。这也是微波影像上会出现颗粒状和斑点状的原因,也是一般非相干的可见光像片所没有的特殊信息。

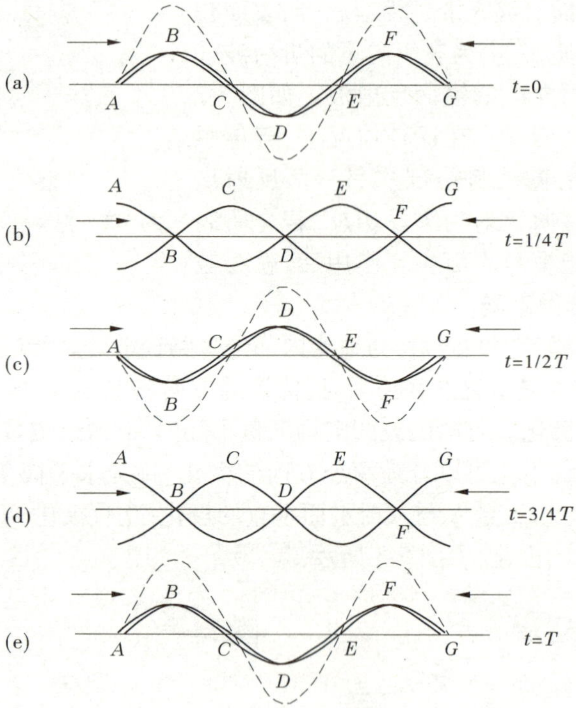

图 5-4　微波的干涉

(4)微波的多普勒效应。在微波遥感中,由于传感器的运动导致发射和接收的微波频率发生变化,这种现象称为微波的多普勒效应。假设发出时的频率为f,接收时为f',如果传感器朝向目标运动,则f'大于f,反之则小于f。若目标与接收天线的连线与飞行方向垂直,则$f'=f$。

5.1.1.2　微波的大气效应

遥感影像解译在很大程度上利用了影像的亮度值,其亮度值与传感器接收到的信号强弱关系密切。传感器所接收的信号都是经大气衰减以后的信号。那么,大气对微波的衰减作用是怎么样的呢？大气对微波的衰减作用主要是大气对微波的吸收和散射，两者均会引起微波信号的衰减。

大气对微波的吸收作用主要是氧分子和水分子所致。氧分子和水分子的微波吸收谱线如图 5-5 所示。

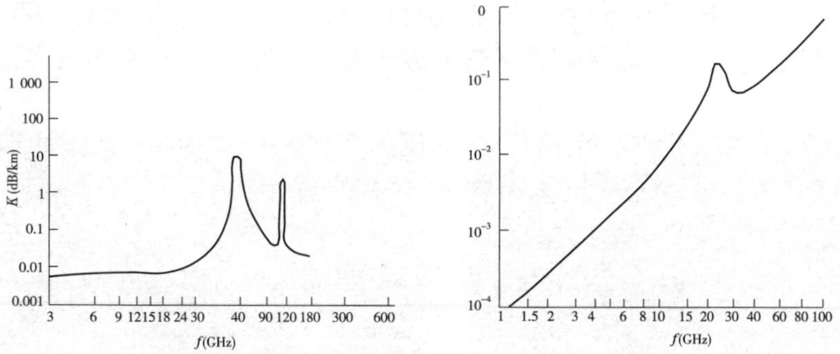

(a)不同波长时氧分子对微波的吸收作用　　(b)不同波长时水分子对微波的吸收作用

图 5-5　氧分子和水分子吸收光谱

氧分子对微波的吸收中心波长位于 2. 53 mm 和 5 mm 处，与水分子相比，氧分子的吸收作用较强。传感器接收不到的波段，即穿不过大气层的波段对于遥感来说毫无意义，因此为使所选用的微波波段尽可能地透过大气层，实际中一般可采用 2. 06 ~ 2. 22 mm、3. 0 ~ 3. 75 mm、7. 5 ~ 11. 5 mm 和 20 mm 以上的波长作为微波遥感的窗口。

大气对微波的散射作用主要是大气微粒所致。大气微粒包括水滴、冰粒和尘埃。当微粒直径远小于波长时，发生瑞利散射，散射截面面积与波长的 4 次方成反比；当微粒直径大于波长时，发生米氏散射，散射截面面积与波长的 0 ~ 2 次方成反比。微波在非降水云层中的衰减，主要由水粒的吸收引起，在一定温度和一定的微波波长下，与云层含水量呈线性正相关。微波在降水层中的衰减，主要是米氏散射，不能忽略，在 1 ~ 300 GHz（微波）的频带内，随着波长愈来愈短，大气对微波能量传播的衰减作用由弱到强。

应当指出的是，大气层对微波能量传输的影响除吸收和散射外，云层本身也会发射出微波辐射，在遥感影像上表现为“亮度温度”。这种亮度温度作为干扰噪声叠加在目标地物上，频率越高，噪声越严重，影响目标地物微波辐射亮度温度的测量，对于微波辐射计的影响很大。

5.1.1.3　微波与地表物质的相互作用

对于主动微波遥感来说，入射波照射到地物表面，会产生镜面反射或漫反射（主要由表面粗糙度而定），并透射或绕射进表层以下，在部分或全部被吸收后，其吸收的能量可能再部分或全部被辐射出去（发射）。若地表平滑，反射后，极化方式与入射波相同，此时传感器接收到的微波信号强度主要由反射方向决定；若地表粗糙，主要是漫反射分量。透射主要因为微波具有穿透性的特点，这也是微波遥感多被用来探测地下结构的原因。对于雷达遥感系统而言，微波穿透能力除与介质性质有关外，还与入射角有关，一般来说，入射角越小，穿透能力越大。

5.1.2 微波遥感的特点

5.1.2.1 全天候获取影像

雷达传感器不受天气影响，具有穿透云雾、全天时、全天候工作能力。如图 5-6 所示为同一地区获取的光学影像与雷达影像，通过对比，可以发现光学影像受云雾的影响，部分地物的信息被遮挡，而雷达影像能够穿透云雾获取全面地物信息，在多云多雨的区域优势更为明显。

图 5-6 光学影像与雷达影像

5.1.2.2 极化信息丰富

雷达(SAR)卫星可提供单极化、双极化及全极化等多种极化影像。通过不同的极化方式组合及处理可以从雷达图像中提取更多的地物参数信息，有利于地物分类及目标识别。不同极化方式下 SAR 图像的地物响应不同，如图 5-7 所示，实际应用中可根据不同需求选择合适的极化方式。

图 5-7(a)为耕地在不同极化方式下的成像特征表现，通过对比，可以看出，HH 极化耕地纹理特征及边缘特征信息损失较大，VV 极化及交叉极化(HV/VH)可以较好地表达田埂等纹理结构信息；图 5-7(b)为建设用地在不同极化方式下的成像特征表现。VV 极化建筑物结构纹理模糊，HH 极化及交叉极化(HV/VH)能较好地表达建筑物纹理结构。通过理论研究及实际验证，VV 极化不适合做建筑物的细节信息提取。

5.1.2.3 微波对地物具有一定的穿透能力

一般来说，微波越长，穿透能力越强。微波穿透土壤的深度与土壤湿度、类型及工作频率有关；微波穿透植物层的深度，取决于植物的含水量、密度、波长和入射角。如果波长足够长而入射角又接近天底角(由观察点垂直向下与天球的交点叫作天底，而光线和过天底的法线的夹角称天底角)，则微波可穿透植被区而到达地面。因此，微波频率的高端(波长较短)只能获得植被层顶部的信息，而微波频率的低端(波长较长)则可以获得植被层底层甚至地表以下的信息，见图 5-8。

5.1.2.4 提供不同于可见光和红外遥感所能提供的信息

可见光和红外遥感下，某些地区的波谱差异小，不利于区分，而在微波波段下则可以很好区分，例如水和冰。红外波段下，水的比辐射率为 0.96，冰的为 0.92，差距较小。而在微波波段，两者的比辐射率悬殊，分别为 0.4 和 0.99。水、冰微波遥感影像见图 5-9。

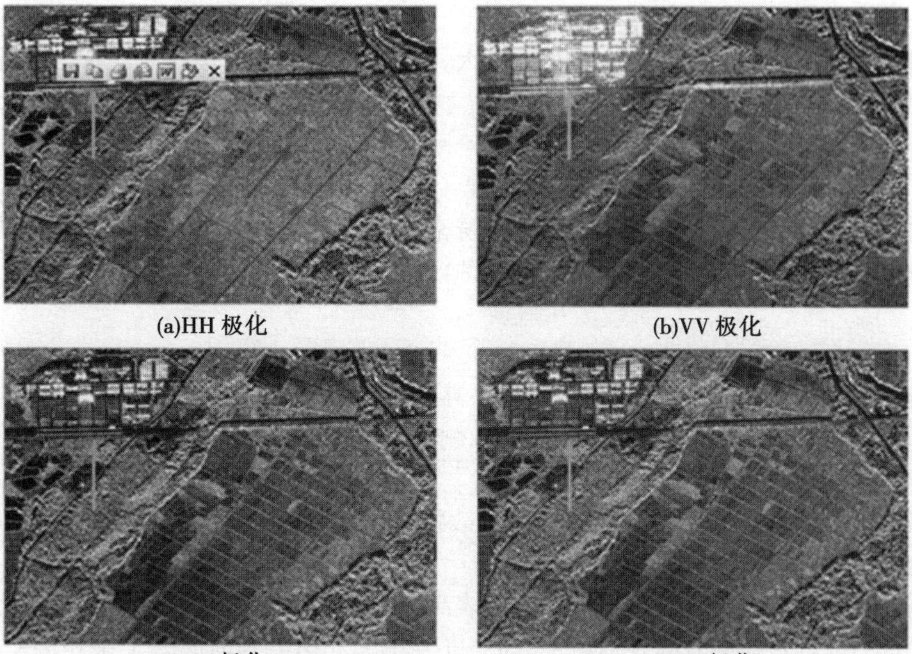

(a)HH 极化　　(b)VV 极化

(c)HV 极化　　(d)VH 极化

图 5-7　SAR 图像不同极化方式地物响应

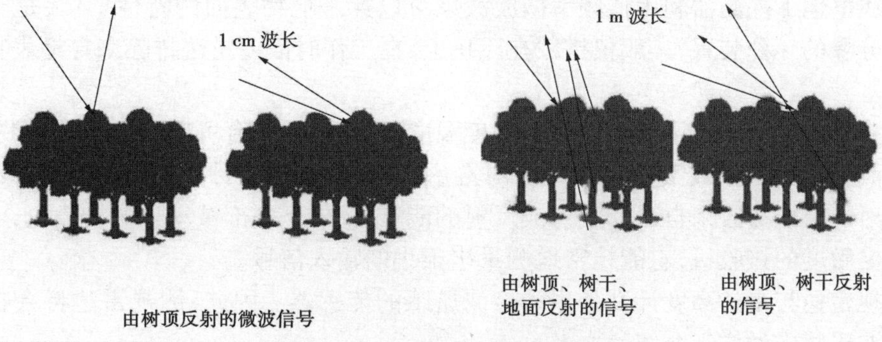

图 5-8　不同波长的反射信号

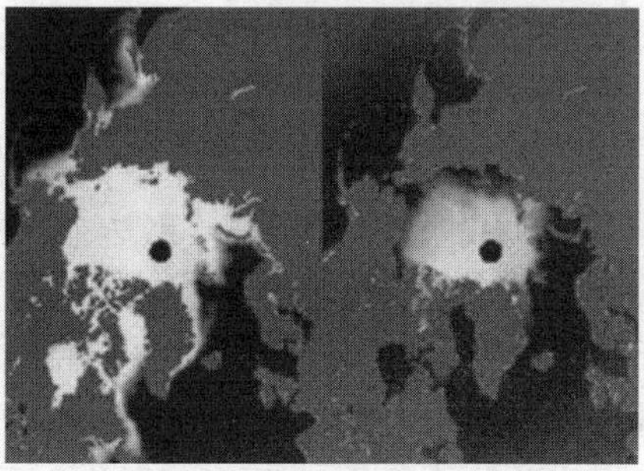

图 5-9　水、冰微波遥感影像

5.1.2.5 对海洋遥感具有特殊意义

雷达的后向散射强度与粗糙度关系很大，海洋中，海面受风浪影响起伏多变化，粗糙度随之变化，导致微波的后向散射系数也随之变化，微波遥感可以探测海面风浪以及海洋环流的情况。

5.1.2.6 分辨率较低，但特性明显

由于波长较长，衍射现象显著，因此分辨率比较低，地物的判读比较困难。另外，由于其成像特点，空间噪声消除比较困难，但特性比较明显。

5.1.3 微波遥感传感器

常用的微波遥感传感器主要有散射计、高度计、无线电地下探测器、微波辐射计和侧视雷达。需要指出的是，只有微波辐射计和侧视雷达可用于成像，即微波遥感分为成像遥感和非成像遥感。

微波散射计测量地物表面（或体积）的散射或反射特性，主要用于研究目标地物的散射特性随雷达波束入射角变化的规律。

雷达高度计根据时间延迟测量计算地表高度变化。其基本原理是以微波波束从天线到目标往返双程传播的时间延迟计算，即高度 H 等于光速 C 与时间差 T 乘积的一半。多用于飞行器导航和着陆系统，要求定时系统在测量时间内运行稳定，还必须设法修正由于平台姿态和高度变化带来的误差。

无线电地下探测器利用低频率微波波束可以穿透地物表面的特性工作，是测量地下层及其分界的一种装置，一般仅搭载在飞机上，在工作时需要设法排除来自地表物质反射的干扰。

微波辐射计用于记录目标地物的亮度温度，按搭载的平台可以分为地基微波辐射计、机载微波辐射计和星载微波辐射计。与雷达一样，微波辐射计也属于成像遥感传感器。但是辐射计只能接收来自目标发射或反射的能量，仅仅是一部被动式的接收机，不过辐射计是高灵敏度的接收机，它能精密地测量出很小的输入信号。

侧视雷达与雷达高度计都是主动微波遥感的传感器。因此，侧视雷达将会在下一节主动微波遥感中做详细介绍。

5.2 主动微波遥感

所谓主动微波遥感，是指通过向目标地物发射微波并接收其后向散射信号来实现对地观测的方式。主动微波遥感成像的传感器主要是雷达。一般包括发射机、接收机、天线和存储机。其工作原理是发射机通过天线向目标地物发射电磁波，电磁波与目标地物发生相互作用，其中有一部分背向散射返回到天线，接收机探测到回波信号，经一系列的信号处理后，送入存储器，存储器的信号经成像后形成雷达图像。雷达主要用于微波波段，但不局限于此，也有利用红外波段工作的红外雷达、利用激光器作为发射波源的激光雷达等。

同样地，雷达也可分为成像雷达和非成像雷达（雷达高度计）。其中，成像雷达又可分为真实孔径雷达和合成孔径雷达。本节主要介绍成像雷达的工作原理和合成孔径雷达

的特点。

雷达的遥感平台有飞机和卫星,以飞机为平台的雷达叫机载侧视雷达(Side-Looking Air Borne Radar,SLAR)。1935 年机载雷达在英国首先研制成功,当时主要用于简单的探测和跟踪雷达。但机载侧视雷达由于侧视入射角的不同,常常对不平坦地面产生叠掩、透视收缩和阴影等几何变化,而且在侧视区内强度也不相同,给机载雷达图像的解译带来困难,妨碍了机载雷达的利用和发展。

星载雷达遥感指的是以卫星为平台的遥感。近年来,各国雷达遥感卫星相继发射,其发射概况如表 5-1 所示。

表 5-1　雷达遥感卫星发射概况

过去	现在	将来
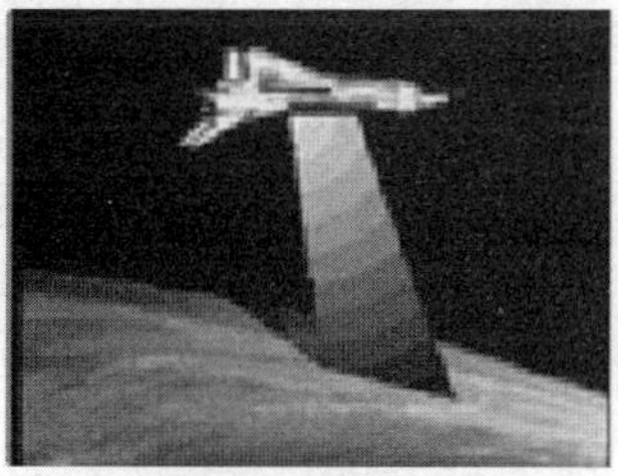 SIR - C NASA/JPL(USA)/1994 L、C 频段	 TerraSAR/DLR/ASTRIUM/2007 X 频段	 Sentinel - 1 C 频段
 ENVISAT/ASAR/ESA(EU)/2002 C 频段	 COSMO - SkyMed/Italy/2007 X 频段	 ALOS - 2 L 频段
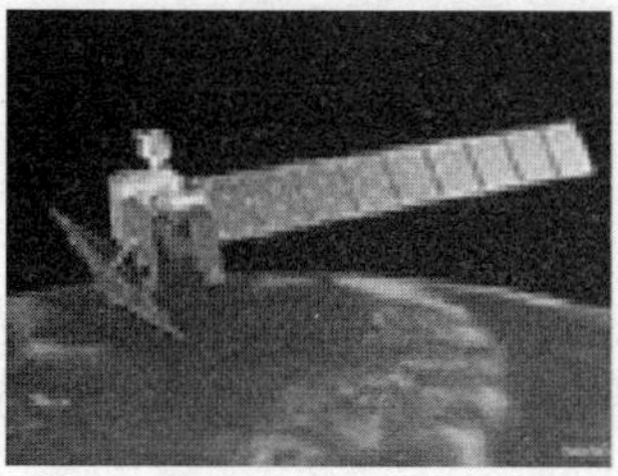 ALOS/PALSAR/NASDA/JADOS/2006 L 频段	 RADARSAT - 2/CSA/MDA/2007 C 频段	 RADARSAT 卫星星座 C 频段

当前在轨运行的高分辨率雷达卫星包括德国的 TerraSAR - X、意大利的 COSMO - SkyMed 及加拿大的 RADARSAT - 2。这 3 颗雷达卫星最高分辨率达 1 m,可以投入民用,极大地推动了雷达遥感技术研究以及应用的发展。需要特别指出的是,RADARSAT - 2 以其全极化测量能力使 SAR 数据在极化方式上有突破性的改善,如表 5-2 所示,明显地提高了定量雷达遥感解决应用问题的能力。

总体来讲,雷达遥感卫星系统已完成多频段(X—C—S—L)覆盖、低分辨率向高分辨率过渡、单极化到全极化突破,为各行业领域应用提供了更为丰富的数据源,进一步扩大了雷达遥感的应用范围。

表 5-2 RADARSAT 卫星现状及星座计划

卫星名称			
	RADARSAT - 1	RADARSAT - 2	RADARSAT 卫星星座
发射时间	1995 年	2007 年	2016 年及 2017 年
质量(kg)	2 750	2 280	<1 300
设计寿命(年)	5	7	7
频率	C 频段,5. 3 GHz	C 频段,5. 405 GHz	C 频段,5. 3 GHz
空间分辨率(m)	10 ~ 100	0. 7 ~ 100	0. 7 ~ 100
极化方式	HH	单极化、双极化、全极化	单极化、双极化、全极化、紧致极化
视向	右视	左视和右视	右视
轨道高度(km)	800	800	600
重访周期(d)	24	24	12

5. 2. 1 雷达工作原理

因成像雷达天线的工作方式为侧视,所以一般称为侧视雷达。其工作原理如图 5-10 所示。

5. 2. 1. 1 距离向分辨率

距离向分辨率(射向、横向后侧向分辨率),是指沿距离方向上可分辨的两点间的距离,也就是射向上一个像素所代表的地上距离,即为距离向分辨率 R_r。如图 5-11 所示,俯角β是雷达波束与水平面之间的夹角,水平地面入射角θ是雷达系统俯角的余角,由于雷达接收到的是地物的后向散射,因此入射角越小,回波强度越大。其距离向分辨率R_r可由下式表示

$$R_r = \frac{\tau C}{2\cos\beta} \tag{5-1}$$

式中,τ为脉冲宽度,μs;C为光速,$C=300$ cm/μs;β为雷达天线俯角;R_r的单位为cm。

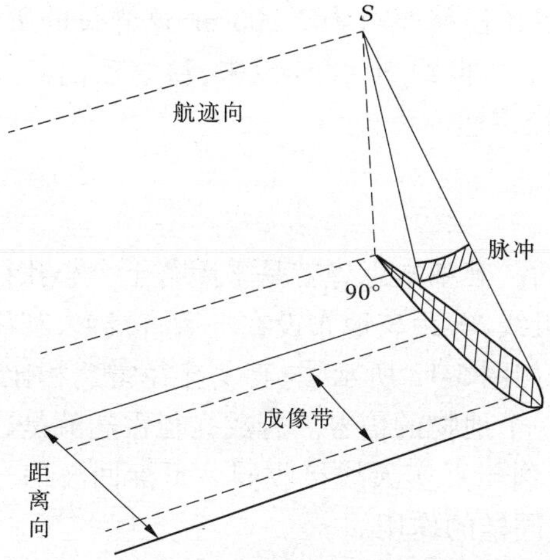

图 5-10　侧视雷达工作原理

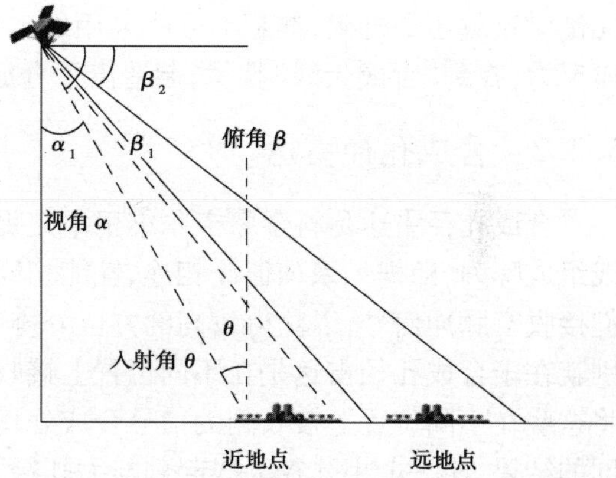

图 5-11　距离向分辨率

由式(5-1)可知,距离分辨率R_r与雷达飞行高度无关,与脉冲宽度及雷达俯角有关,俯角越大,距离分辨率越大,分辨能力越差,如图 5-11 所示,近地点处俯角β大,远地点处俯角β小,两处相同距离的两个目标,在近地点反射的脉冲会重叠,信号无法分开,远地点俯角小,分辨能力强,这就是雷达工作方式为侧视的原因,近似垂直时距离向分辨率反而差,与航空摄影测量正好相反。

5.2.1.2　方位向分辨率

方位向分辨率是在与辐射波束垂直方向(方位向)上相邻的两束脉冲之间,能分辨两个目标的最小距离。雷达发射的微波向四面八方辐射,呈花瓣状,单以一个方向为主,称为主瓣,其他方向辐射能量小,形成副瓣。如图 5-12 所示,ε为波瓣角。为提高方位向分辨率,就要尽量增大主瓣功率,同时减小波瓣角,使雷达的方向性更加精确。波瓣角与雷达发射的微波波长λ成正比,与雷达的天线孔径成反比,即

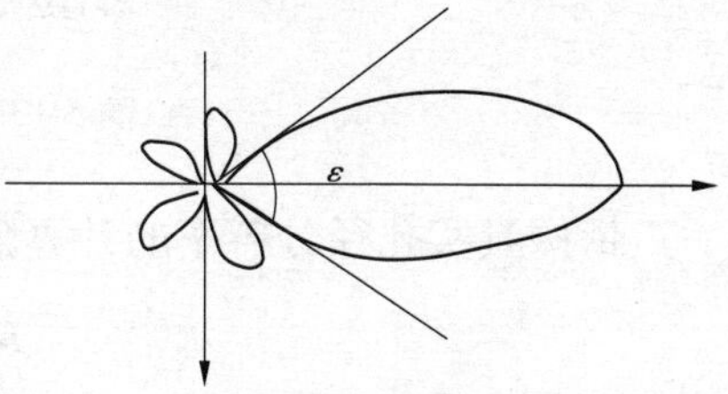

图 5-12　波瓣角

$$\varepsilon = \frac{\lambda}{D} \tag{5-2}$$

方位分辨率R_a可以表示为

$$R_a = \varepsilon R = \frac{\lambda}{D} R \tag{5-3}$$

式中，R 为到地面目标的距离，由式(5-3)可知，方位分辨率与波长、观测距离成正比，与天线孔径成反比。这种以实际孔径天线进行工作的侧视雷达，称为真实孔径侧视雷达。可见，要提高方位分辨率，必须加大天线孔径，或者采用波长较短的电磁波，或者缩短观测距离。但在实际观测中，波段是为了观测特定地物专门选定的，飞机或卫星的运行高度也是有限制的，搭载大孔径天线在技术上有一定困难。例如，波长 $\lambda = 3$ cm 的雷达，其天线孔径 $D = 4$ m，在 200 km 的卫星轨道上对地面进行观测，方位分辨率为 1.5 km。若要求方位分辨率达到 3 m，以便分辨出公路上的汽车，天线孔径就要求为 2 000 m，这样长的天线，无论对星载还是机载，都是不可能采用的。因此，20 世纪 50 年代以来，科学家们经过不懈努力，找到"合成天线"技术，制造出了合成孔径雷达。

5.2.2 合成孔径雷达

合成孔径雷达是科学家卡尔维里率先提出的。其基本思想就是采用若干个小孔径天线组成阵列，即把一系列彼此相连、性能相同的天线，等距离地布设在一条直线上，利用它们接收窄脉冲信号，以获得较高的方位分辨率。如图 5-13 所示，与真实孔径雷达相比，差别就在于合成孔径雷达是在不同位置上接收同一个地物的信号。合成孔径雷达就是通过将这些在不同位置上接收到的信号合成处理，得到与真实天线接收同一目标回波信号相同的结果，使一个小孔径天线起到与大孔径天线同样的作用。

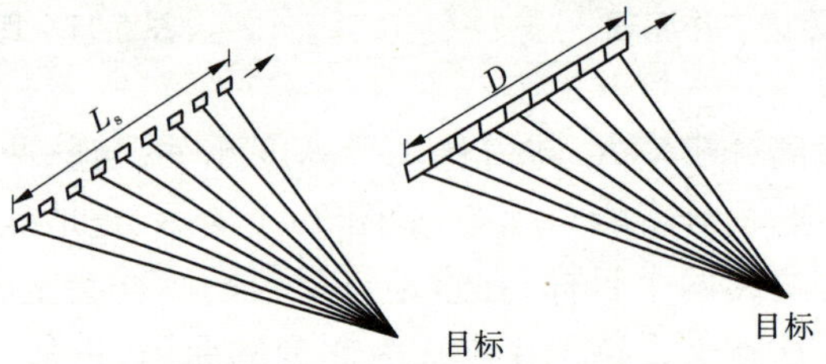

(a)真实孔径雷达　　(b)合成孔径雷达

图 5-13　真实孔径雷达和合成孔径雷达

依照真实孔径分辨率的计算公式，则合成孔径雷达的距离向分辨率为

$$R_S = \frac{\lambda}{L_s}R = \frac{\lambda}{\frac{\lambda}{D}R}R = D \tag{5-4}$$

由式(5-4)可知，合成孔径雷达的方位分辨率与距离无关，只与天线的孔径 D 有关，天线孔径越小，方位分辨率越高。

通常情况下，合成孔径雷达还结合脉冲压缩技术来获取较好的距离向分辨率。同时需要强调的是，合成孔径雷达是一种高分辨率相干雷达，因此得到的图像也不像真实孔径雷达图像那样能看到实际的地面图像，而是一个相干图像，经处理后才能恢复地面的实际图像。主要航天合成孔径成像雷达(SAR)系统的特点见表 5-3。

表 5-3　主要航天合成孔径成像雷达(SAR)系统的特点

参数	SIR		SIR－C/X－SIR	ALMAZ－1	ERS－1	ERS－2	JERS－1	Radarsat
	A	B						
发射日期	1981 年	1984 年	1994 年 4 月	1991 年 3 月	1991 年	1995 年春	1992 年 2 月	1995 年 11 月
轨道高度(km)	245～260		225	300～260	785	785	568	798
波长(cm)	23.5/L		23.5/L、C、X	10/S	5.7/C	C	23/L	5.6/C
极化	HH		全极化	HH	VV	HH	HH	HH
入射角(°)	45～53	15～60	15～60	30～60	23	24	35	10～60
距离分辨率(m)	40	14～46	10～60	30	30	25	18	9～100
方位分辨率(m)		25	30	10～15	30	25	18	9～100
覆盖宽度(km)	50		15～90	2×350	100	100	75	45～500
发射国家或组织	美国		美国	苏联	欧空局	欧空局	日本	加拿大

5.3　雷达图像的特点

雷达遥感不同于可见光和红外遥感,它以有源主动方式工作。由于其特殊的成像方式(侧视),必然形成图像的不同特点。本节主要介绍其图像参数、几何特点、信息特点以及典型地物散射特征等内容。

5.3.1　侧视雷达图像参数

侧视雷达图像参数主要包括系统的工作参数和图像的质量参数两个方面内容。雷达系统的工作参数是成像基本条件,图像质量参数涉及地物信息的可解译程度。所以,在解译和分析图像之前,了解这些参数是很有必要的。

5.3.1.1　图像工作参数

系统的工作参数有波长、极化方式、入射角、照射带宽、距离显示形式,以及平台的飞行参数(高度、姿态、成像时间、经纬度等)。前面已经介绍过极化方式、入射角及照射带宽等相关概念,这里就以波长和距离显示形式两项工作参数做简单说明。

雷达应用的微波波长范围一般只是若干个小的波长范围,如表 5-4 所示。在地球资源监测中,常用 X、C、L 波段,其中 C 波段可以用来对海洋及海冰进行成像;L 波段可以更深地穿透植被,在林业及植被研究中有着广泛的应用。

微波波段穿透能力不仅与波段长度有关,还与目标物质的特性有关。如在植被的穿透能力上,波长较长的微波辐射比短波的要强一些,这是因为短波更容易被植被散射,所以较短的波长一般反映上层植被的信息,而较长波长的微波可以获取植被底层甚至地表的信息。

表 5-4　微波遥感常用波段

波段名称	波段范围(GHz)	波段名称	波段范围(GHz)
P	0.23~0.39	Ku	15.25~17.25
L	0.39~1.55	Ka	33.00~36.00
S	1.55~3.90	Q	36.00~46.00
C	3.90~6.20	V	46.00~56.00
X	6.20~10.90	W	56.00~100.00
K	10.90~36.00		

雷达图像有两种距离显示形式,分别为地距显示和斜距显示。地距显示的图像中,各地物之间的相对距离与其对应的地面距离成比例,图像比例尺是一个常数。而斜距图像显示的是按照地物到雷达天线的距离(斜距),这种图像上比例尺也不再是一个常数了,如图 5-14 所示。

(a)　(b)

图 5-14　斜距显示图像和地距显示图像

图 5-14(a)是斜距显示图像,图 5-14(b)为地距显示图像。相同距离的地物,地距相同,但由于入射角不同,所以斜距不同,导致雷达斜距图像上的近距离压缩,即为图像失真,消除失真的方式就是采用地距的显示方式。

5.3.1.2　图像的质量参数

雷达图像的质量参数,是针对已获得的图像进行的描述,从根本上取决于雷达的系统工作参数。这里只简单介绍影响图像信息提取能力的参数,即图像分辨率和图像几何精度。

图像分辨率包括空间分辨率、灰度分辨率和体分辨率三种。空间分辨率,是图像上可区分的两个地物目标的最小距离,通常用方位向分辨率和距离向分辨率的乘积来表示,因此又称为面分辨率。由 5.2.1 部分雷达工作原理中可知,距离分辨率是俯角的函数,在照射带内,它不是一成不变的,如近地点的分辨率低于远地点分辨率。所以,通常用平均面分辨率来表示图像的空间分辨率。实践证明,不管方位分辨率和距离分辨率是否相同,只要面分辨率相同,解译效果就是一致的。

灰度分辨率指的是可以分辨出的两个地物目标的最小灰度对比度。灰度是地物的回波在图像上的反映,图像解译精度不仅有赖于空间分辨率,还需要看灰度分辨率的大小。由于同一类地物所对应的图像灰度是在一定范围内的随机值,所以通常以其平均灰度值(平均回波功率)作为识别依据,所以灰度分辨率常指可以区分的平均回波功率的最小差值。

在实际工作中，高空间分辨率和高的灰度分辨率常常互相矛盾，单独使用空间分辨率或灰度分辨率都无法完全确定雷达图像可解译的程度，故引入体分辨率的概念，其为空间分辨率和灰度分辨率的乘积。

与可见光图像一样，雷达图像也具有一定的灰度范围，这个范围是可以检测的最强目标电平（对应于图像灰度最大值）到最弱目标电平的变化范围，可检测的最强目标通常由雷达成像系统的饱和电平决定，由于有的雷达图像以胶片作为成像介质，故最强目标取决于胶片的饱和电平。最弱目标则由图像的背景噪声决定，通常最弱目标要比噪声高一个选定的信噪比因子。地面目标的回波信号强度范围一般可高达 100 dB 或更高，而胶片的动态范围一般不超过 20 dB，这就产生了回波信号强度动态范围的压缩和取舍。通常要选择合适的回波信号动态范围，将感兴趣的目标回波信息与图像显示的灰度范围相匹配。

图像的几何精度也是表达图像质量的重要参数。它是经过图像几何纠正后所达到的像素位置上的“保真度”，不同的几何处理方法有不同的几何精度，在利用图像进行测量分析时必须考虑该参数。

5.3.2 雷达图像的几何特点

首先明确雷达成像方式与传统光学成像的差异。可见光、红外波段的遥感，是传统光学成像，它是利用“小孔成像”原理，形成中心投影的图像。而雷达成像是按照时间顺序记录回波强度，输出图像灰度值。从本质上来说，是和微波往返传感器和地面目标之间所用的时间有着密切关系的。因为先返回天线的信号会先记录，而后返回天线的信号会后记录。

5.3.2.1 近距离压缩

雷达图像中平行飞行航线的方向，即方位向或航迹向，一般沿航迹向的比例尺是一个常量，它取决于胶片记录地区目标的卷片速度与飞机或卫星航速之比。但是沿垂直于航线的方向（距离向）的比例尺就比较复杂，因为有斜距显示和地距显示两种图像显示方式。

图 5-15 说明两种图像显示方式的特点。地面上有等距等宽度的物体 A、B、C。A_1、B_1、C_1 表示在斜距图像上的投影，A_2、B_2、C_2 表示在地距图像上的投影。A 是距离雷达较近的地物（近距点），但在斜距图像上 A_1 却被压缩了，可见各目标点间的相对距离与目标点间的地面实际距离并不保持恒定的比例尺，图像会产生不均匀畸变。显然，近距点部位比远距点部位被压缩得更大，这与航空摄影图像正相反。

由于斜距显示图像会造成几何畸变，所以为得到无几何失真的图像，常常采用地距显示形式，即在雷达成像过程中进行运动补偿成像处理——在雷达显示器的扫描电路中加延时电路补偿或在光学处理器中加几何校正，以得到地距显示的图像。不过这也仅仅是针对平地，如果遇到山地，即便地距显示也不能保证图像无几何畸变。

5.3.2.2 透视收缩、叠掩和阴影

在侧视雷达图像上所量得的山坡长度按比例尺计算后总比实际长度要短。这是因为雷达按照时间序列记录回波信号，因此入射角与地面坡度角的不同组合会出现不同程度的透视收缩现象。

雷达的局部入射角 θ 和飞行器俯角 β、坡度角 α 之间的关系（见图 5-16）为：

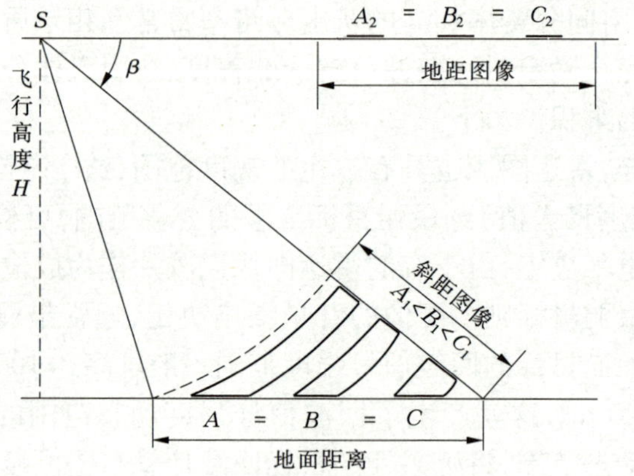

图 5-15　斜距显示近距离压缩

前坡　　$$\theta = 90° - (\beta + \alpha) \tag{5-5}$$

后坡　　$$\theta = 90° - (\beta - \alpha) \tag{5-6}$$

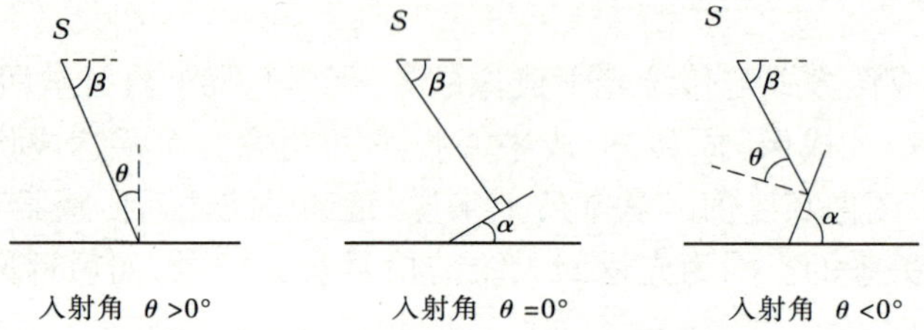

图 5-16　入射角与俯角、地面坡度角的关系

对于某一雷达系统，俯角 β 是一个常数或一定的范围，如图 5-16 所示，局部入射角 θ 与山坡坡度有关。

如图 5-17 所示，入射角 θ 与坡度角 α 的不同组合会产生不同的几何畸变，下面分别进行描述，图中地面点 A、B 两者之间的距离等于 B、C 两者之间的距离，即 $AB = BC$。

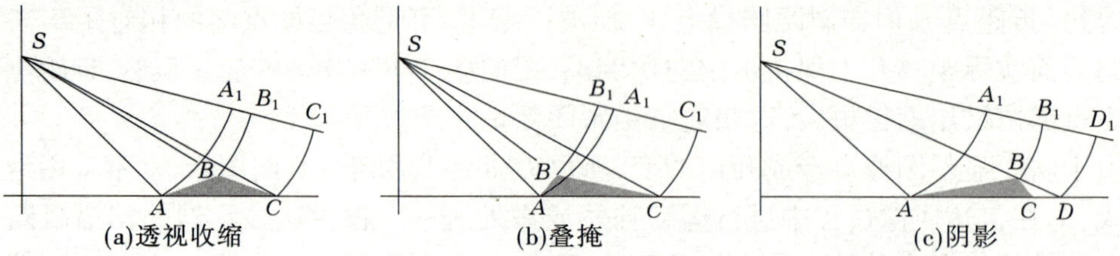

图 5-17　雷达图像的几何畸变

透视收缩：如图 5-17(a) 所示，可以看出，在雷达影像上斜坡 AB、BC 均出现了不同程度的收缩，即 $A_1B_1 < B_1C_1 < AB(BC)$，这就是雷达影像的透视收缩。试想一下，目标地物的电磁波能量被“显示”在更短的距离上，电磁波能量势必得到集中，而且距离雷达卫星越近，压缩得越厉害，电磁波能量越集中，图像越亮。一般情况下，图像透视收缩比为

$$F_p = (1 - \sin\theta)\% \tag{5-7}$$

表5-5给出了雷达图像的透视收缩比随入射角 θ 的变化关系，可以看出，只有当入射角 θ 等于90°时，才不会出现透视收缩现象，此时在侧视雷达图像上所量得的山坡长度按比例尺计算后与实际长度才会相同，否则均会出现一定程度的压缩。

表5-5　雷达图像收缩百分比 F_p 随入射角 θ 的变化关系

θ(°)	F_p	θ(°)	F_p
90	0.0	40	35.7
80	1.5	30	50.0
70	6.0	20	65.8
60	13.4	10	82.6
50	23.4	0	100.0

雷达叠掩：雷达遥感中，近目标的回波要先于远目标的回波到达传感器，这是叠掩现象产生的根本原因。如图5-17(b)所示，就近地面距离来说，A 点比 B 点要近。但从斜距上看，B 点较 A 点近，因而在合成孔径雷达图像里产生了错位，使得山顶顶部 B 与山底 A 交换位置，这种现象称为叠掩现象，又叫顶底位移，但并不是所有的高出地面点的目标都会形成顶底位移(如图5-17(a)所示)，只有当雷达波束俯角 β 与坡度角 α 大于90°时才有此现象。一般来说，俯角越大，出现叠掩现象的可能性就越大。而近地点相对远地点来说，俯角较大，因此该现象多在近距离点发生，它是透视收缩的一种极端情况。

雷达阴影：当有地形起伏时，背向雷达的斜坡往往照不到，便产生阴影。如图5-17(c)所示，背向雷达的 C 面因照射不到，在雷达图像上产生阴影，直到地面上的 D 点才有回波信号。在地形起伏太大的山区，应尽量避免阴影太大，以免丢失更多的信息。但雷达阴影的存在对图像解译并非无益，在比较平坦的地区，适当的阴影能够增强图像的立体感，丰富地形信息。

5.3.2.3　雷达视差和立体观察

所谓雷达视差，就是两张叠加图像上的两个像点分别产生的位移量之差。当雷达沿两条不同轨道观察高于地面的同一目标时，不同的起伏位移会造成图像视差。利用雷达视差，可以在立体镜下进行观察，并可测出目标的相对高度。需要说明的是，雷达图像上像差的测量难度比较大，并且受到像元大小的限制，像差测量精度一般至少在10 m以上，然后利用干涉雷达则可以获得较高精度(厘米级)的三维数据。

5.3.3　雷达图像的信息特点

侧视雷达图像上的信息主要是地物目标向后散射形成的图像信息，即朝向雷达天线那部分被散射的电磁波所形成的图像信息。不同地物因所处位置、地物结构、表面形态和介电性质等不同而具有不同的电磁波反射和辐射特征。加之不同雷达波段、极化方式、入射角也会使地物产生不同的反应，因此在图像上形成不同的色调和纹理。

一般来说，地物目标在被雷达波束照射后，有以下几种情况：反射、散射、穿透和吸收，如表5-6所示。

表 5-6　地物与雷达波束作用类型

类型	特点	影像特征
反射	反射方向是否指向雷达天线	依反射方向而定
散射	后向散射	后向散射大,信号较强
穿透	一部分被反射或散射	—
吸收	无回波信号	暗

总而言之,雷达影像的色调亮度由其回波信号的强度决定。通常地物目标对雷达波束的反应是散射(或反射)、穿透和吸收三种情况并存,这时就要看哪种情况起主导作用,而这又由目标地物性质和电磁波波长所决定。因为波长不同,对地物的穿透性是不一样的。地物本身的结构、表面的粗糙度和介电性质的不同,则会对电磁波的穿透、反射(或散射)和吸收带来不同程度的效应。

下面简单介绍雷达影像上不同类型的地物目标的信息特点。通常把地物目标分为分布型目标、点目标和硬目标。

分布型目标(面目标),比如大块农田或林地,由许多同一类型的物质或点组成。雷达在扫过这些点之后,雷达天线所接收的电磁波信号往往形成周期性的回波信号,造成图像上这些地物最强信号(亮色调)到最弱信号(暗色调)的周期性变化,表现为一系列亮点和暗点相间的图斑,形成"光斑"效应。此时,若使用合成孔径雷达,其几何分辨率高于真实孔径雷达,因此"光斑效应"比真实孔径雷达要大得多。为减少这种效应,常采用"多视"技术,降低空间分辨率。另外一种减少"光斑"的方法是采用图像低通滤波方法,但这种方法也是人为地降低空间分辨率。

需要注意的是,并非所有的面目标都是分布型目标,只有表面足够粗糙(表面粗糙度与电磁波相当或更大)的地物目标又具有较大的面积才是分布型目标。有的地物如水面、雪地,尽管面积较大,但表面光滑,只会反射雷达波束,且多为镜面反射,几乎无后向散射回波。

点目标是指比分辨单元小得多的地物目标,也就是在一个像素所对应的地块内比较小的独立地物目标。由于它与周围地物类型不同,散射回波信号比较特殊,若其回波信号较强,则在整个地块的回波信号中占主导地位,这时它所在像素的信号就只反映它的存在。不过通常来讲,点目标所在像素的回波信号除点目标的散射回波外,还有"背景地物"的贡献。

硬目标就是介于上述两者之间,既不占有相当面积,又比分辨单元面积大,其回波信号在图像上往往表现为一系列亮点或一定形状的亮线。这类目标之所以回波信号那么强,主要原因是有与雷达波束相垂直的平面,有角反射效应,有相当于入射波频率的谐振效应,有合适指向的线导体等。大多数人工目标如桥梁、输电线、房屋等都属于这一类目标。

综上所述,雷达图像亮度变化主要依赖于地物目标的后向散射特性。地物后向散射产生的强回波在影像上呈现白色调,弱回波信号在影像上呈现为灰暗色调,图像解译也是通过图像亮度来识别地物,为了细分影像中的色调,通常采用亮白色、白色、灰色、深灰色、暗黑色和黑色来描述，分别与雷达回波的很强、强、中、中偏弱、弱和无 6 种程度相对应。

不过利用亮度解译雷达图像也有很多需要注意的问题：第一，绝大多数雷达没有进行过校正，图像的亮度与目标地物的后向散射并没有定量的对应关系。第二，地形的回波信号覆盖范围大，远远超过了胶片感光范围，因而无法准确反映地物实际的反射信号范围，影像所表达的明暗关系也是非线性的。第三，地面简单的地物要素也会表现为复杂的形状和排列。

5.3.4 典型地物的散射特征

对于侧视雷达而言，地物波谱特征主要表现为地物对某一波长或者某几个波长的雷达波束的不同散射特征。选择有代表性的各种典型地物，量测其微波波谱特征，对于利用微波图像提取信息是十分必要的。

(1)水体。一般来说，平静的水面、水泥路面等都是光滑表面，产生镜面反射，雷达天线接收不到回波信号，图像多呈暗黑色。但随着入射角的变化，信号有所不同，仅在近于垂直时信号强。需要说明的是，通常大范围的冰层表面是非常光滑的，其散射特征与平静的水面相似。但是在冰层融化时期，海面、河面出现浮冰块，不再是成片的光滑冰面，因而镜面反射大大减弱，水面粗糙度增加，雷达回波信号显著增强，在雷达图像上呈黑色条带或斑块上夹杂亮点的影像特征。另外，海风也会影像海面的粗糙度。当海面上有油污时，由于油污对表面张力波的阻尼作用，减弱了雷达的回波强度，因此油污覆盖的海面在雷达影像上呈黑色，而海面漂浮物则可以使回波信号增强，造成在海面雷达图像上的亮点。

(2)土壤。土壤的散射特征主要与入射角、地表粗糙度、含水量等有关。相关研究表明，对于各微波波段，都存在一入射角，对于该入射角，裸露土壤的散射特性与粗糙度无关，仅与地面含水量有关，这是利用侧视雷达探测土壤湿度的重要依据。

(3)植被。一般而言，植被的散射回波是植物与土壤回波的叠加。土壤的影响主要表现在接近垂直入射角时的回波信号中，而随着植被枝叶密度、方向以及含水量等的不同，散射信号呈现不同数值，与土壤回波的叠加也呈现不同的状况。

对于农作物的不同生长时期，散射特性可能有所不同，也可能基本不变。根据国内外多组数据的分析，一般情况下小麦散射特性基本稳定。但当病虫害肆虐时，由于叶片密度、形状都会出现变化，农作物的散射特征就会呈现不同趋势。另外，同一作物不同长势的散射特征也会有差异，对这种差异的研究有利于对农作物生长状况进行评估，以及估产工作的开展。

思考题

1. 试简述微波遥感的原理，比较其与传统光学遥感的不同。
2. 理解主动式遥感与被动式遥感的区别。
3. 明确成像遥感传感器与非成像遥感传感器的差异。
4. 结合微波遥感的原理，探讨其应用领域。

第 6 章　热红外遥感数据

红外光谱波段是指波长大于 0.74 μm 小于 1 mm 的波长范围。在红外波谱区，地物的辐射特征差异较大，因此又将红外光谱波段分为近红外（短波红外）、中红外、热红外（远红外），见表 6-1。

表 6-1　红外波段种类及特点

种类	波长范围（μm）	特点
近红外（短波红外）	0.74～2.5	主要是地表对太阳辐射的反射能量
中红外	2.5～6.0	地物自身热辐射和太阳辐射
热红外（远红外）	6.0～1 000	地物的热辐射为主，反射太阳辐射可忽略

众所周知，所有的物质，只要其温度超过绝对零度，就会不断发射红外辐射，但地面常温下的热辐射峰值波长范围就发生在 6～15 μm，因此把热红外中 6.0～15 μm 波段作为热红外遥感探测的主要光谱波段。

本章将主要介绍热红外遥感的基本原理和遥感图像特征与解译，最后简单介绍热红外遥感数据的应用。

6.1　热红外遥感原理

关于热红外遥感的原理有不同的说法。一种说法是热红外遥感通过热红外探测器收集地物辐射出来的人眼看不到的热红外辐射能量，经过能量转换而变成人眼看到的图像；另外一种说法是热红外遥感是指利用传感器收集、记录地物的热红外信息，并利用其来识别地物和反演地表参数（温度、湿度、热惯量等）的技术系统。总而言之，热红外遥感是为确定地表温度和发射率及其应用的遥感系统。基于该定义，本节将从热红外遥感基础、热红外遥感过程和热红外遥感传感器 3 个方面来阐述热红外遥感原理。

6.1.1　热红外遥感基础

地物热辐射遵循黑体辐射定律，即只要物体温度高于绝对零度就会产生热辐射。热辐射能量强度和波谱分布由物质类型和温度决定。而热辐射源常常被分为自然辐射源和人工辐射源。人工辐射源指的是前面讲到的微波辐射源和激光辐射源，这里不再讲述。自然辐射源通常指太阳辐射和地球的电磁辐射，实际上，太阳和地球互相处在彼此的热辐射场中，两者在不同的波段贡献的比重关系决定了各波段研究的主要内容（见图 6-1）。

图 6-1 中利用 6 000 K 绝对黑体辐射来近似模拟太阳辐射，可以看出，在可见光波段地球的热辐射场远远小于太阳的热辐射场，所以可见光遥感主要研究的是太阳辐射而忽

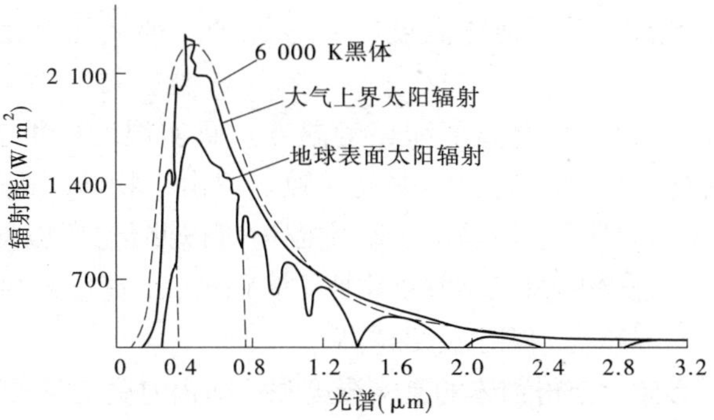

图 6-1　太阳与地球的波谱辐射

略了地球自身的辐射。在热红外波段则以地物的热辐射为主,因此热红外遥感的实质是对地球的热辐射场的研究。

6.1.2　热红外遥感过程

如图 6-2 所示,热红外遥感传感器接收到的能量分为 3 部分,分别为:①地表热红外辐射经大气吸收衰减后到达传感器的辐射;②大气上行辐射;③太阳的能量经地物反射后到达传感器的部分。通常用下式来表示

$$I_\lambda(\theta,\varphi) = R_\lambda(\theta,\varphi)\tau_\lambda(\theta,\varphi) + R_{\mathrm{at}\lambda 1}(\theta,\varphi) + R_{\mathrm{s}\lambda 1}(\theta,\varphi) \tag{6-1}$$

式中,I_λ 是卫星接收到的总的辐射;R_λ 是目标地物热辐射;τ_λ 是整层大气的透过率;$R_{\mathrm{at}\lambda 1}$ 是大气自身上行辐射;$R_{\mathrm{s}\lambda 1}$ 是太阳的能量经地物反射到达传感器的部分。从表 6-1 中可知,在热红外(6 ~ 15 μm)波段以地物的热辐射为主,反射的太阳辐射可以忽略不计,即第③部分可忽略。下面将从第①、②两个部分来讲述热红外遥感原理。

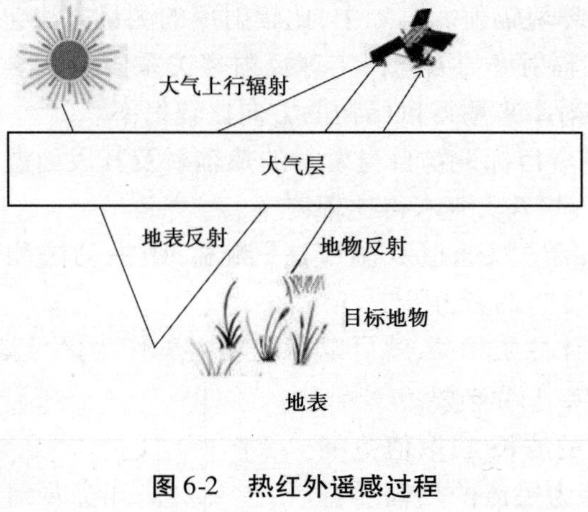

图 6-2　热红外遥感过程

6.1.2.1　地表热辐射

影响第①部分能量的因素包含目标地物热辐射和大气层透过率两个方面。因为大气层透过率与第②部分大气上行热辐射均涉及大气层,因此将该因素放到第②部分说明。

从目标地物热辐射来说,热红外遥感中,外传感器所获得的是地物向外的辐射能量,

辐射能量对应的温度就是物体的辐射温度,包含了物体自身的辐射和反射的周围环境的辐射,这也是用热红外遥感来反演地物温度的基本原理。那么什么是辐射温度?怎么衡量辐射温度的大小?

温度,一般包括真实温度、辐射温度和亮度温度。真实温度(动力学温度),是物质内部分子的平均热能,由物体分子不规则的振动导致。但由于物体之间存在热传递,所以很难准确测量到物体的真实温度,也正是由于真实温度难以测量,所以使用热红外遥感来反演,获得的是辐射温度(自身辐射和反射的周围环境辐射)。亮度温度就是辐射温度在遥感影像上的表现形式,色调越亮,辐射温度越高。

怎样从热红外遥感影像上获得物体的真实温度呢?即辐射温度与真实温度的关系是什么呢?在第2章电磁辐射定律中讲到过黑体的概念,即黑体是完全的吸收体($a_\lambda=1$)和发射体($\varepsilon_\lambda=1$),这意味着黑体的辐射温度(T_{rad})及亮度温度(T_b)和动力学温度(T_{kin})是相等的,但是对于真实地物来说,热红外遥感器所记录的亮度温度与物体真实温度之间存在如下关系

$$T_b = \varepsilon^{1/4} T_{kin}\ (0 \leqslant \varepsilon \leqslant 1) \tag{6-2}$$

从式(6-2)中不难看出,物体的亮度温度总是小于它的分子运动温度,ε 是物体发射率,又称为比辐射率,它是描述非黑体热辐射能力与热辐射方向性的重要参数,其计算公式为

$$\varepsilon = \frac{\text{物体的辐射出射度}}{\text{同温度下黑体的辐射出射度}} \tag{6-3}$$

根据基尔霍夫定律,任何物体的辐射出射度与其吸收率成正比关系,比值是温度、波长的函数。所以说,比辐射率也是物体固有的物理属性,不仅依赖于地表物体的组成成分,而且与物体的表面形态(表面粗糙度等)及物理性质(介电常数、含水量、温度等)有关,是波长 λ 和观测角 θ 的函数。由地物真实温度与亮度温度之间的关系可知,比辐射率的测定对热红外遥感来说至关重要。那么实际中,比辐射率是否可以按照其定义来测量呢?其实则不然,因为在自然环境下要证明被测物和一个黑体的表面温度相同很困难,而且测量到的信号包含了环境辐射。实际中,比辐射率的测量方法包含以下3种:

(1)主动法:根据比辐射率与方向—半球反射率关系($\varepsilon_\lambda(\theta)=\alpha_\lambda(\theta)=1-\rho_{\Omega_\lambda}(\theta)$),通过测定方向—半球辐射率来测得目标物的方向比辐射率。

(2)被动法:通过测量目标地物自身发射的热辐射及其表面温度,基于亮度温度与真实温度之间的关系 $T_b=\varepsilon^{1/4}T_{kin}$,来求得比辐射率。

(3)主动加被动法:用"双通道双温度法"测温,用主动法测二向性反射分布函数 *BRDF*,再改变环境辐照度将两者分开。

既然比辐射率与物体性质相关,就可以将比辐射率作为区分地物类别的属性。那么了解典型物质的比辐射率十分必要。

发射率 ε 对应一定的波长 λ,取值范围为0~1。当 $\varepsilon=1$ 时,即为黑体的热辐射特性。发射率小于1,且发射率在所有波段都是恒定值的物体称为灰体。发射率随波长变化的物体称为选择性辐射体,如图6-3所示。

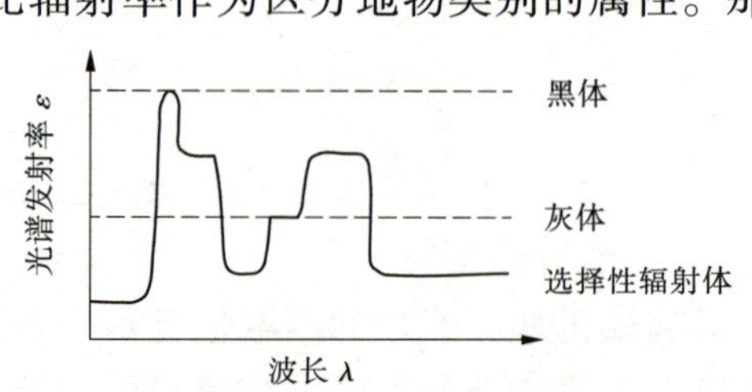

图6-3 黑体、灰体和选择性辐射体

另外,相关试验测量表明,除金属表面外,比辐射率在较大的温度变化范围内都是常数,因此它不是温度的函数。在常温下,典型地物的比辐射率如表 6-2 所示。

表 6-2 典型地物比辐射率

物质	典型平均比辐射率(8~14 μm)	物质	典型平均比辐射率(8~14 μm)
清水	0.98~0.99	水泥混凝土	0.92~0.94
湿雪	0.98~0.99	油漆	0.90~0.96
人的皮肤	0.97~0.99	干植被	0.88~0.94
粗冰	0.97~0.98	干雪	0.85~0.90
健康绿色植被	0.96~0.99	花岗岩	0.83~0.87
湿土	0.95~0.98	玻璃	0.77~0.81
沥青混凝土	0.94~0.97	粗铁片	0.63~0.70
砖	0.93~0.94	光滑金属	0.16~0.21
木	0.93~0.94	铝箔	0.03~0.07
玄武岩	0.92~0.96	亮金	0.02~0.03
干矿物质土	0.92~0.94		

需要指出的是,比辐射率虽主要由物体本身的性质决定,但表面粗糙度不同在一定程度上影响了比辐射率的方向性。通过实测发现:对于光滑表面,比辐射率随观测角的增加逐渐增加,到达布儒斯特角(又称偏振角)时达到极大值,之后迅速下降,当观测角趋于90°时比辐射率趋于0;对于完全粗糙的表面,与反射率一样,比辐射率也具有方向性。

6.1.2.2 大气上行热辐射

结合第①、②部分可以看出:大气层对热红外遥感具有双重影响。一方面,大气吸收削弱地物热辐射,从而使到达传感器的能量减少;另一方面,大气自身也发射辐射,有时甚至会超出吸收的部分,又会增加传感器接收到的地表热辐射能量。因此,在热红外遥感中,必须同时考虑大气的发射和吸收。大气透过率与波长之间的关系:大气在热红外(6~15 μm)波段,在 6~8 μm 波段透过率小;在 8~14 μm 波段透明度大,被称为“热红外窗口”,在这一窗口内也有一个臭氧(O_3)吸收带(9.6 μm 处)。大气在 14 μm 以上波段可以看成是近于黑体,14 μm 以上的远红外辐射,不能透过大气穿向空间,因此常用 8~14 μm 波段作为热红外遥感的主要波段。

大气的吸收和发射两方面的综合效果与成像时的大气条件及感应辐射的大气路径或距离直接相关。当然气象条件,如雾、云等也有很大影响。雾和云对热辐射基本是不透明的,因此热红外遥感对气象条件要求也比较严格。

6.1.3 热红外遥感传感器

红外传感器一般是将地物反射或辐射红外特性的信息记录在胶片或磁带上,然后对影像进行判读或者将磁带上的数据进行数字图像处理,以确定地物性质、状况和变化规律。因为不受太阳辐射的影响,因此热红外遥感不受成像时间的限制。一般常用的热探测仪有热辐射计(非成像)和热扫描仪(成像方式)两种。

热辐射计是利用红外光敏探测器和滤色镜来测量特定波长的辐射,其工作原理是将从地面接收的辐射压缩到一个内部定标源(参考源)上,通过一个断点器控制使来自目标的辐射(未知量)与辐射参考源的数据流(已知量)交替投射到探测器上,通过测量两者的辐射和差异来估计目标的辐射。

热扫描仪是一种热成像技术,通常使用量子或光子探测器,这类探测器的响应速度非常快(小于1 μs),其工作原理是:辐射线入射的光子和探测器物质内电荷载体的能级之间直接相互作用,探测器必须冷却到接近绝对零度才能将自己的热散射减少到最少,从而获得高灵敏度。

6.2 热红外遥感图像与解译

热红外遥感图像是通过热扫描仪获得的图像。若想正确解译图像,就必须了解热红外扫描影像的特点。本节从热红外扫描图像的特点、热红外图像解译和常见解译标志及解译时需要注意的问题3个方面来阐述。

6.2.1 热红外扫描图像的特点

前面已经了解到,热红外遥感体现的是地物热辐射特性,是地物辐射温度分布的记录图像,不受日照条件限制,可昼夜成像。对于热红外扫描图像来说,一般具有以下特点:

(1)浅色调代表强辐射体,说明其温度高或者辐射率高;深色代表弱辐射体,表明其温度低或者辐射率低。如水体,在热红外图像上往往呈白色,铁路、树木等则多呈现黑色或灰黑色。

(2)在热红外图像中反映目标的信息往往偏大,这是由于热红外扩散作用的影响,但对环境中水分含量等信息反映敏感。

(3)明显的几何畸变,影像分辨率低。热红外图像由于是扫描图像,因此具有明显的几何变形。究其原因,主要与扫描成像系统本身和平台飞行变化的影响有关。如扫描镜旋转速度变化不均匀引起的像点间隔不一致、弧形扫描与平面记录扫描方式不同造成边缘像点被压缩或被拉伸和飞行姿态的滚动、倾斜使得图像弯曲或比例尺发生变化等。

(4)不规则性,使图像出现某些“热”假象。热红外遥感图像的不规则性由多种因素引起。比如天气的变化,云层会降低热的反差,降雨会产生平行纹理,大风会产生污染或条纹噪声等,其次电子异常噪声、无线电干扰产生的噪声条带和波状纹理、胶片质量和曝光不当、显影剂质量问题或受潮等,这些都将使图像出现一些“热”假象。

(5)受成像时间的影响严重。要根据研究的目的和主题选择最佳的成像时间,因为地物的日温度是变化的,但涉及各自地物热特性的不同,白天和晚上,目标地物较地面温度变化也不一样。如图6-4所示,黎明前,各曲线斜率较小,温度相对恒定;黎明后,“均衡”状态被打破,如水的热容量大,每升高或降低1 ℃需要吸收或放出的热量较高,温度变化慢,图上表现为较沙地、草地等地物类型。达到最大温度要滞后 1 ~2 h。一般来说,黎明前(午夜 2:00 ~3:00)的热红外图像多反映一天中的最低温度,而下午 14:00 多反映一天中的最高温度,实际中,常采用这两个时间段热红外成像的温度数据,构成日温差最大值,估算物质的热惯量,进行热制图。

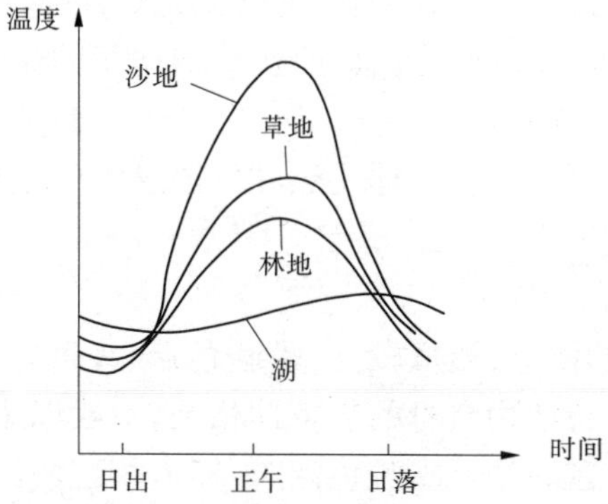

图 6-4　地物的日温度变化

6.2.2　热红外遥感图像解译

所谓热红外遥感图像的解译,即从遥感图像上尽可能准确地获取目标地物信息的过程。热红外遥感传感器所获得的地物辐射信息(辐射亮度)除了受到大气效应的干扰,还存在着一系列系统误差,而且热扫描仪输出的一般是未经校正的图像,因此它显示的结果只是辐射的相对测量值而不是辐射的绝对测量值。因此,扫描仪必须进行辐射定标以获得精确的辐射信息,也就是使扫描仪的输出亮度值与入射的辐射亮度值之间建立定量关系。辐射定标有多种方法,选取哪种形式不仅与现有数据获取与处理设备的功能有关,还与应用需求有关。下面介绍几种常用的方法。

6.2.2.1　内部温度参考源(内定标法)

扫描仪内部一般装有两个“黑体”辐射定标源,扫描镜的每一次扫描时都能扫描到它们,并且通常将其一个设定为“最冷”,一个设定为“最热”。扫描仪先记录冷参考源的辐射温度,然后扫描地面,最后再记录热参考源的辐射温度,以便推算所记录的热红外图像的温度。不过内部定标法不涉及大气效应,因此往往测温误差较大。在晴朗干燥的天气条件下,飞行高度 600 m,所测温度与实际温度相差小于 0.3 ℃;但在多数情况下,温度相差 2 ℃。因此,若仅需研究地物间相对温度变化,可以采用内定标法,对于精确的定量研究并不适合。

6.2.2.2　相关定标法

通过建立实际地表测量值和相应扫描数据之间的经验关系,消除大气的影响,又称为空—地相关定标法。但是完全校正大气影响所需要的信息是不可能做到的,通常采用近似值或在已选择的时间和地点获取基础样本,然后外推到其他地区进行估算。

6.2.2.3 转换定标法

通过建立不同传感器热辐射值之间的转换关系进行辐射温度定标。例如利用AVHRR4的红外通道数据定标TM6波段的辐射值的关系模型为

$$R_{TM} = 0.99255 \times R_{AVHRR} - 4.10172 \tag{6-4}$$

需要说明的是，传感器只记录地物表面的热辐射状况，但水体或者潮湿土壤的蒸发作用会使与大气接触的潮湿表层温度下降，此时传感器探测的仅仅是表层辐射，被测温度可能与大部分土壤或水体的温度有很大差异。因此，在大多数情况下，热红外图像解译的大多是定性信息而不是定量信息，定量解译是热红外遥感中的重要研究内容。

6.2.3 热红外图像解译标志及注意内容

地物白天受太阳辐射的影响，温度较高，呈暖色调；夜间物质散射，温度较低，呈冷色调，这种温度的日变化大小与地物自身的热特性相关，一般以土壤和岩石尤为明显。色调只是图像解译的一个因素，在地物呈现暖色调时，多依纹理解译。

水体的热惯量大，白天升温慢，比周围土壤、岩石等物质温度低，多呈冷色调；夜晚，水体储热能力强，又比周围地物温度高，因此在夜间成像的热红外图像上，多呈暖色调。

绿色林地在白天成像的热红外图像上呈冷色调，在夜间呈暖色调。这是因为在白天，太阳照射，叶子水分的蒸腾作用降低了其表面温度，呈现冷色调，而在夜间无蒸腾作用的影响，且树叶向外辐射能力强，呈现浅色调。

农田(多指小麦)在昼夜均呈现暖色调。这是因为传感器探测到的是土壤上农作物的辐射温度，而不是土壤本身，因此其比裸土发射率高，所以呈暖色调。

城市热工铺设的工程，例如街道、停车场等通常呈暖色调。白天受太阳辐射加热比周围地物升温快，夜间散热慢仍保持较高温度。

热红外图像解译需要注意成像时间。实际上，由于白天成像往往会造成阴影，许多地质学家常用黎明前的热红外图像。此时，温度相对稳定，且“阴影”和坡度效应最小，但由于不同物体间的热反差低，对图像解译也十分不利。夜间成像也存在飞机导航、寻找地面参照物困难等问题，因而热红外成像时段的选择，要综合考虑研究目的、区域特点、日温度变化及其他因素。

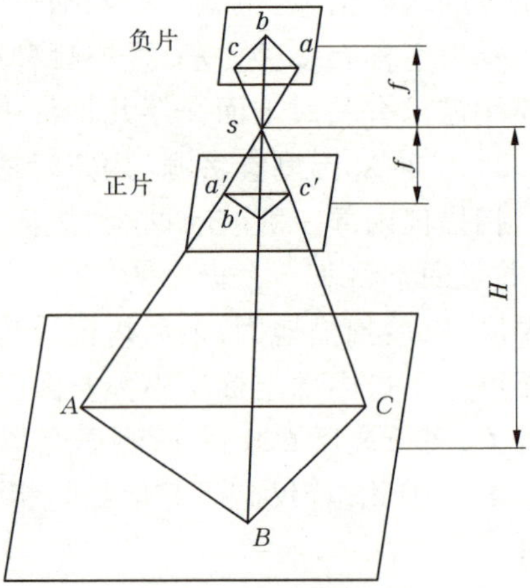

图6-5 正负片示意图

除此之外，在解译时还需要注意以下两点：

(1)正负片。如图6-5所示，在扫描仪扫描成像时有两种方式，从图上可以看出正片所记录的辐射信息与实际地物的辐射信息相对应，而负片则不然，因此在热红外图像解译中一定要明确正负片。

(2)辐射温度相同不代表温度相同。热红外图像记录的是地物的热辐射温度，反映地物辐射能力的大小。相同色调的地物，可能具有完全不同的地表温度，同样，相同表面

温度也可能有不同的色调。

6.3 热红外遥感数据应用

热红外遥感最初多服务于军事,当年美国与伊拉克大战,就是用飞机在黑夜利用热红外探测器将伊拉克埋藏在沙漠中的战车全部摧毁。这是因为白天沙漠温度高,战车吸收大量热量,晚上随温度降低,沙漠表面温度迅速降低,而埋在沙土里的战车较四周温度高,辐射出红外线,美国便利用热红外遥感影像进行温度反演探测出伊拉克战车位置。随着红外技术的不断发展,国内外陆续发射大量星载和机载热红外遥感卫星,如表6-3所示。

表6-3 国内外星载热红外传感器技术及特点

传感器	卫星	空间分辨率	用途
TM 专题绘图仪	Landsat(美国)	15 m,28.5 m,60 m,120 m	获取地球表面信息
ETM + 增强型专题绘图仪	Landsat(美国)	15 m,30 m,120 m	获取地球表面信息
MODIS 中等高分辨率成像光谱辐射仪	EOS(美国)	250 m,500 m,1 km	地球物理过程、大气、海洋、陆地
SR 扫描辐射仪	FY - 2 中国	5.73 km	气象
SROM 海洋监测光谱扫描仪	ALMAZ - IB(中国、俄罗斯)	600 m 星下点	海洋、叶绿素、生物生产率等
AVHRR 甚高分辨率辐射仪	NOAA - 11(美国)	1.1 km	海洋温度、植被、气溶胶
ATSR 纵向扫描辐射仪	ERS - 1(欧空局)	1 km × 1 km	云、海面温度
GLI 全球成像仪	ADEOSII(日本)	1 km	碳循环
IR - MSS 红外多光谱扫描仪	CBERS(中国、巴西)	78 m,156 m	中等分辨率制图
VIRS 可见光红外光扫描仪	TRMM(美国、日本)	2 km	云辐射
VISSR 可见光红外光旋转式辐射扫描仪	GMS(日本)	1.25 ~ 2.5 km	地图制图、云覆盖

热红外遥感也在反演地表温度的基础上,被广泛应用到气候变化、植被生态、环境监测和城市热岛等研究领域。本节先介绍地表温度反演的方法,然后以具体实例介绍热红外遥感数据的应用领域。

6.3.1 地表温度反演

热红外探测技术由于具有不接触被测物体的特点,不会破坏地表的热力学状态,因此被广泛应用到地表温度的测量中。如何将遥感传感器测量到的热红外辐射信号转换为地球系统中所需要的陆面温度,是热红外遥感中的核心课题,也是热红外遥感在其他应用领域的基本前提。目前,用于地表温度反演的方法主要有大气校正法、单窗算法、劈窗算法、多通道算法和多角度法。

6.3.1.1 大气校正法

严格按照辐射传输理论来建立辐射传输方程。该方法需要的大气参数比较多,而且大气参数很难实时获取,一般用标准大气和大气模型模拟计算,精度很难得到保证,有时偏差很大。

6.3.1.2 单窗算法

对只有一个热红外通道的遥感数据(如 TM),常用单通道温度反演方法。覃志豪等根据地表热辐射传导方程,推导出利用 Landsat TM6 反演地表温度的算法,计算公式如下:

$$T_S = [a \times (1 - C - D) + (b \times (1 - C - D) + C + D) \times T_6 - D \times T_a] \div C \quad (6\text{-}5)$$

式中,T_S 是地表真实温度,K;a 和 b 是常量,分别为 $-67.355\ 351$ 和 $0.458\ 606$;C 和 D 是中间变量,$C = \varepsilon \times T$,$D = (1 - T) \times [1 + (1 - \varepsilon) \times T]$,其中,$\varepsilon$ 是地表比辐射率,T 是大气透过率;T_6 是卫星高度上传感器所探测到的像元亮度温度,K;T_a 是大气平均作用温度,K。

该算法需要 3 个参数,分别为大气平均作用温度、大气透过率和地表比辐射率,其绝对精度 <0.4 K,在参数估计有湿度误差时,精度也达到 <1.1 K。

6.3.1.3 劈窗算法

劈窗算法最初是为反演海面温度开发的,具体地说是针对 NOAA/AVHRR 的 4 和 5 通道设计的,后来也被用来反演地表温度,即以地表热辐射传导方程为基础,利用 10 ~ 13 μm 大气窗口内两个相邻热红外通道(一般为 10.5 ~ 11.5 μm,11.5 ~ 12.5 μm)对大气吸收作用的不同,通过两个通道测量值的各种组合来消除大气的影响,表达式为

$$T_S = T_4 + A \times (T_4 - T_5) + B \quad (6\text{-}6)$$

式中,T_S 是地表真实温度;T_4 和 T_5 分别为 AVHRR 的 4 和 5 通道;A 和 B 为常量。不过在实际应用中,AVHRR 的通道4(10.5 ~ 11.3 μm)和通道5(11.15 ~ 12.15 μm)恰好与 MODIS 的第 31 波段(10.178 ~ 11.128 μm)和 32 波段(11.177 ~ 12.127 μm)的中心波长相对应,可将 MODIS 的 31、32 波段资料用劈窗算法进行地表温度计算。

6.3.1.4 多角度法

即假定大气柱在空间上是一致的,当观测目标在给定的通道上以不同观测角度进行观测时,由于大气倾斜度不一致而产生的路径长度不同,从而使得大气对热辐射产生不同的吸收,同时利用多角度遥感数据中所包含的大气信息来消除大气的影响。

总之,地表温度反演十分复杂,它不仅受到大气作用的影响,地表起伏也会影响热红外辐射。目前的地表温度反演基本都是建立在平坦地表的基础上,即地表辐射为表面的辐射,不过在山区,地表起伏的侧面辐射(见图 6-6)及相互之间的反射作用不可忽略。另外,像元尺度下,地表覆盖类型未必一致,还要考虑混合像元的问题。

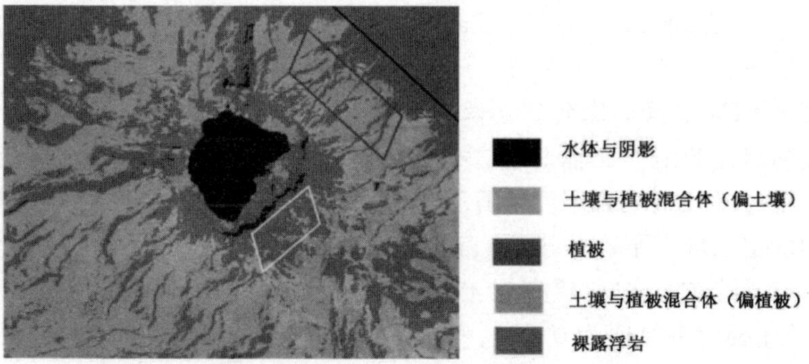

图 6-6　长白山火山区地表覆盖类型分类

6.3.2　热红外遥感应用实例

热红外遥感在反演地表温度的基础上，被广泛应用到气候变化、植被生态、环境监测和城市热岛等研究领域。以火山监测为例，国外对火山的监测研究工作比较深入，尤其是美国、日本、意大利、印度尼西亚和菲律宾等国，由于其境内分布的活火山活动频繁，因而研究工作较早，在 20 世纪 80 年代末就已将卫星热红外遥感技术应用于火山监测中，包括夏威夷东南部的 Kilauea 火山、美国阿拉斯加火山等。国内由于火山活动不显著，故监测工作启动较晚。2009 年，季灵运等利用卫星热红外遥感技术对长白山天池火山活动性进行监测，利用该区 10 年来的 Landsat TM 和 ASTER 卫星热红外影像数据，反演了天池火山区的温度场时间序列（见图 6-7），提取了由于岩浆活动引起的火山区温度异常，并从岩石热力学原理角度进行了分析，结果表明卫星热红外遥感技术监测火山热活动是可行的、有效的。

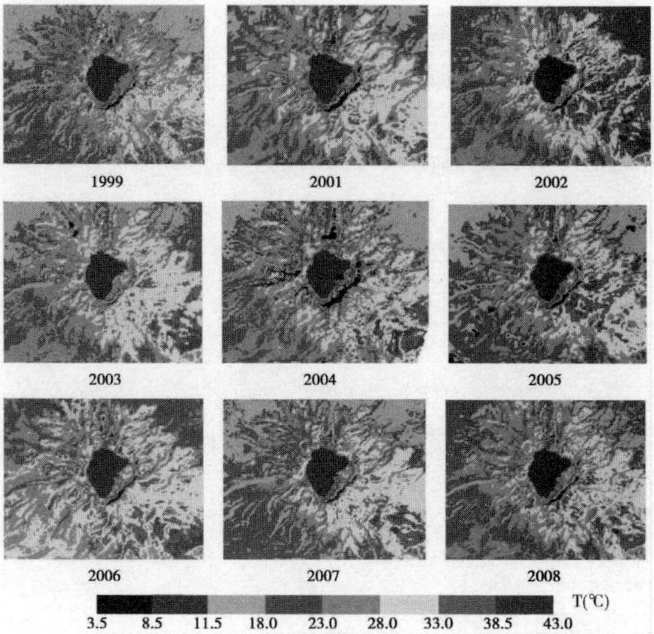

图 6-7　长白山天池火山区历年温度场分布

数据源:1999 年到 2008 年的 7 景 Landsat TM/ETM 影像和 2 景 ASTER 影像。

研究方法如下:

1)基于 TM/ETM 卫星影像的覃志豪单窗算法

该算法反演时需要地表比辐射率、大气等效温度和大气透过率等 3 个参数。大气等效温度通过卫星过境时刻地表温度计算得到,大气透过率根据大气含水量计算得到。地表比辐射率的确定采取以下方法进行:首先对研究区进行监督分类,分为水体和自然表面 2 种类型,自然表面包括植被和裸露岩土,因长白山地区人烟稀少,所以没有分城镇的类型;水体像元的比辐射率赋值为 0.995,考虑到混合像元的问题,自然表面的比辐射率根据归一化植被指数(Normalized Difference Vegetation Index,简称 *NDVI*)计算。

2)基于 ADE 的温度/比辐射率分离算法(ASTER)

ASTER 影像包含了 5 个热红外波段,因而在温度反演时无需借助其他非遥感信息,避免了误差的引入,采用的基于 ADE(Alpha Derived Emissivity)的温度/比辐射率分离算法 TES(Temperature/Emissivity Separation)包含了 ADE、比值法(RATIO Algorithm)和 MMD(Maximum - Minimum Difference)等 3 个模块。ADE 模块是根据定律和公式以及经验公式计算温度和比辐射率的初值,然后利用模块将波段比辐射率与所有波段平均值相除计算比值,即相对比辐射率,再通过最大最小相对比辐射率差值与最小比辐射率的经验关系确定最小比辐射率,选择最大比辐射率所在波段计算温度,进而计算其他波段的比辐射率,最后设定阈值,再次迭代,得到最终的温度。

思考题

1. 理解热红外遥感的原理,了解其应用。

2. 查找热红外遥感传感器的资料,理解其原理及目前主要的热红外遥感器和技术参数。

3. 简述热红外遥感与其他遥感方式的区别。

第 7 章　高光谱遥感

遥感技术的发展经历了全色（黑白）摄影、彩色摄影、多光谱扫描成像 3 个阶段后，随着 20 世纪 80 年代初期成像光谱技术的出现，光学遥感进入了以高精细光谱分辨率为代表的高光谱遥感（Hyperspectral Remote Sensing）阶段。

高光谱遥感实现了遥感数据图像维与光谱维信息的有机融合，在光谱分辨率上有巨大优势，是遥感发展的里程碑。一般认为，光谱分辨率在 $10^{-1}\lambda$ 数量级范围内的遥感称为多光谱遥感（Multi - spectral Remote Sensing），光谱分辨率在 $10^{-2}\lambda$ 数量级范围内的遥感称为高光谱遥感，光谱分辨率在 $10^{-3}\lambda$ 数量级范围内的遥感称为超光谱遥感（Ultra - spectral Remote Sensing）。

虽然高光谱遥感在空间成像原理和方式上与常规的多光谱光学遥感相似，但其在光谱成像方式、数据处理与应用、野外调查仪器及所需辅助数据收集等方面均存在一定的差异，从而形成了遥感研究与应用的一个重要分支。

7.1　高光谱遥感原理

高光谱遥感是高光谱分辨率遥感的简称，是指利用很多很窄的电磁波波段获得观测目标的相关信息。

随着光谱技术和遥感技术的发展，20 世纪 80 年代建立了成像光谱学（Imaging Spectroscopy）。成像光谱学是一门在电磁波谱的紫外、可见光、近红外和中红外区域，获得许多非常窄且光谱连续的图像数据技术的科学。这种窄且光谱连续的图像主要通过成像光谱仪（Imaging Spectrometer）来获取，该仪器能为每个像元提供数十或数百个很窄波段（通常波段宽 <10 nm）的光谱信息，从而产生一条完整且连续的光谱曲线。成像光谱仪为高光谱遥感奠定了技术基础，使得高光谱遥感在电磁波谱的紫外、可见光、近红外、中红外和热红外波段范围内，获取许多非常窄且光谱连续的影像数据，并在传统的二维遥感的基础上增加了光谱维，形成了一种独特的三维遥感。

前面章节介绍的遥感数据均是利用传感器数个较宽的光谱通道而获得的，如 SPOT 的 HRV、Landsat 的 MSS 和 TM 分别提供了 4 个、4 个和 7 个光谱通道。而本章介绍的高光谱遥感则是基于许多很窄的光谱通道而进行的遥感，如 AVIRIS 能获得 224 个通道的光谱反射率数据，每个通道波段宽仅约 10 nm。

成像技术和光谱技术交叉融合所形成的成像光谱技术，在获得观测目标空间信息的同时，还为每个像元提供数十个至数百个窄波段的光谱信息，实现了遥感影像光谱分辨率的突破性提高。一般高光谱遥感在可见光波段光谱分辨率为 5 nm 左右，近红外波段光谱分辨率为 10 nm 左右。

7.1.1 高光谱遥感的特点

首先,与传统多光谱遥感相比,高光谱遥感最显著的特点就在于其波段数目多,波段宽度窄,波段分布连续,光谱分辨率高。高光谱遥感的成像光谱仪具有光谱分辨率高(5 ~10 nm),光谱范围宽(0.4 ~2.5 μm)的显著特点,可以分离成几十甚至数百个很窄的波段来接收信息,所有波段排列在一起能形成一条连续的完整的光谱曲线,光谱的覆盖范围从可见光、近红外到短波红外的全部电磁辐射波谱范围。高光谱遥感在光谱分辨率方面的巨大优势,使得空间对地观测时可获取众多连续波段的地物光谱图像,从而达到直接识别地球表面物质的目的。

比如著名的美国航空可见光/ 红外光成像光谱仪 AVIRIS 在 380 ~2 500 nm 拥有 224 个波段,波段宽度达到 9.7 ~12.0 nm;加拿大小型机载成像光谱仪 CASI 在 430 ~870 nm 拥有多达 288 个波段,波段宽度仅为 1.8 nm;我国自行研制的推扫式高光谱成像仪 PHI 在 400 ~850 nm 拥有 244 个波段,光谱采样间隔仅为 1.86 nm,光谱性能指标接近和达到国际先进水平。

其次,"图谱合一"是高光谱遥感的另一鲜明特点。成像技术和光谱技术是两门不同的科学技术,前者针对目标的空间维信息,而后者针对的是光谱维信息。传统的多光谱遥感可以获得观测目标的空间信息,但仅能获得少数几个离散波段的光谱信息。另外,以超精细光谱分辨率为特点的地面光谱辐射计虽能获得目标详尽的光谱信息,但只能进行点上的光谱测量,无法成像。成像光谱技术将传统的二维成像遥感技术与光谱技术有机地结合在一起,有效地解决了传统科学领域"成像无光谱"和"光谱不成像"的矛盾。图 7-1 直观地表达了空间信息、辐射信息、光谱信息之间的关系及由它们的组合形成的各种遥感系统的情况。

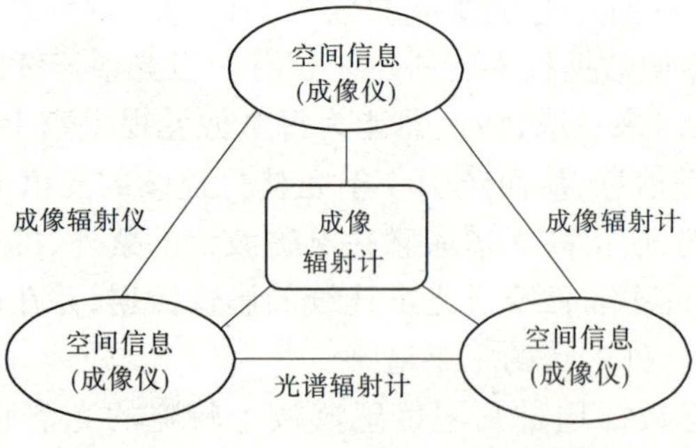

图 7-1 光学遥感信息的组成及其与遥感器的关系

7.1.2 高光谱遥感的数据表达

7.1.2.1 图像立方体——成像光谱信息集

高光谱遥感图像相对于其他遥感图像的主要优势是它除拥有二维的平面图像外,更包含了光谱维,从而蕴含了丰富的图像和光谱信息。图像立方体就是在二维图像信息的基础上添加光谱维,形成三维的坐标空间,如图 7-2 所示,对于影像上的每一个像元,其纵剖面就是一条连续的光谱曲线。

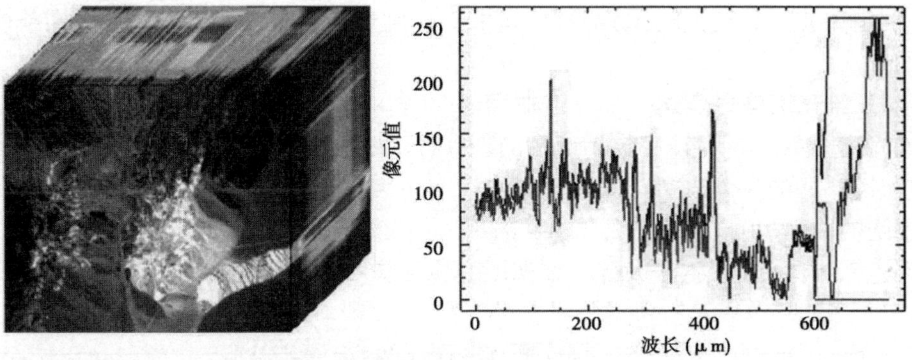

图 7-2　图像立方体及波谱

7.1.2.2　二维光谱信息表达——光谱曲线

对于某一点的光谱特征最直观的表达方式就是二维的光谱曲线。如果已知某一点的反射率数据为 $r(i)$，i 为光谱的波段序号，$i=1,2,\cdots,N$，对应每一波段有光谱的波长数据 $\lambda(i)(i=1,2,\cdots,N)$。如图 7-3 所示，用直角坐标系表示光谱数据，横轴表示波长，纵轴表示反射率，则光谱的吸收特征可以从曲线的极小值获得，在显示曲线时须将波段序号转换到光谱波长值，映射到水平轴上。

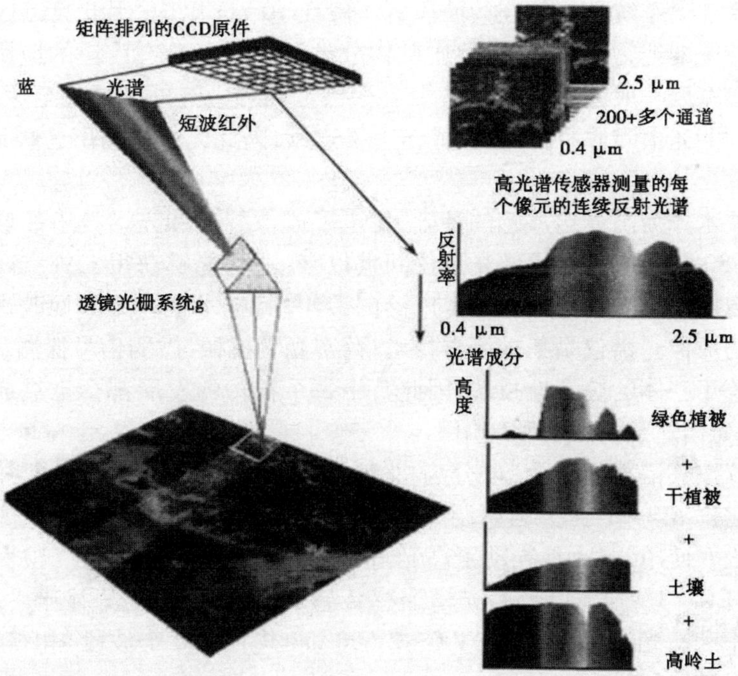

图 7-3　推扫型成像光谱仪工作原理

由于成像光谱图像的波段数有限，光谱曲线只是一些离散的样点，通过这些样点再现光谱曲线需进行插值，最简单也最常用的插值方法是线性插值，然而这样连成的曲线不够光滑，特别是在波段数较少时尤为明显，如果要获得光滑的曲线就要采用三次样条插值或者其他的方法。

7.1.2.3　三维光谱信息表达——光谱曲面图

二维光谱图只能表示某一像元地物的特征，反映的信息量较少，不利于对整个成像光谱、图像光谱特征的整体表达。为了同时表达出更多的光谱信息，选取一簇光谱曲线，构成三维空间的曲面，用投影方式显示在二维平面上，形成三维曲面图。另外，在二维显示设备上表达三维曲面图，还需进行三维视图变换及隐藏线、隐藏面消除等处理。

7.2　高光谱遥感传感器

对大量的地球表面物质的光谱测量表明，不同的物体会表现出不同的光谱反射和辐射特征，这种特征引起吸收峰和反射峰的波长宽度在 5 ~ 50 nm，其物理内涵是不同的分子、原子和离子的晶格振动，引起不同波长的光谱发射和吸收，从而产生了不同的光谱特征。

运用具有高光谱分辨率的成像光谱仪，通过获取图像上任何一个像元或像元组合所反映的地球表面物质的光谱特性，经过后续数据处理，就能达到快速区分和识别地球表面物质的目的。研究表明，许多地物的光谱吸收特征在其吸收峰深度一半处的宽度仅为 20 ~ 40 nm。成像光谱系统获得的连续波段宽一般在 10 nm 以内，因此足以区分出那些具有诊断性光谱特征的地物，这一点在地质矿物分类及成图上具有广泛的应用前景。宽波段遥感由于波段宽度一般大于 50 nm，尤其在短波红外和中红外区域甚至达到数百纳米，远宽于许多地物的光谱吸收特征，且在光谱上不连续，因此无法探测出这些具有诊断性光谱特征的地物。

成像光谱技术作为高光谱遥感的基础，集成了成像技术和光谱技术领域诸多重要成果。自 20 世纪 80 年代第一台成像光谱仪问世以来，这种能够获得二维空间上高光谱分辨率遥感影像数据的新型传感器得到了广泛的应用，其技术也在不断地改进。由于高光谱遥感所采用的成像光谱仪是集探测器技术、精密光学机械、微弱信号探测、计算机技术、信息处理技术等于一体的综合性技术，因此其中每个技术的发展都会推进成像光谱技术的提高，推动高光谱遥感的普及和应用。

成像光谱仪按其搭载的平台，可分为机载成像光谱仪和星载成像光谱仪。1983 年，第一台成像光谱仪 AIS - 1 在美国研制成功，此后 AVIRIS、CASI 等各种成像光谱仪的相继研制成功和投入使用，极大地推动了高光谱遥感技术和应用的发展。2000 年底，NASA 地球观测 1 号（EO - 1）卫星携带高光谱遥感传感器 HYPERION 发射升空，其所拥有的 30 m空间分辨率和高光谱分辨率（在 400 ~ 2 500 nm 共有 220 个波段）相得益彰，成为新一代航天成像光谱仪的代表。

7.2.1　成像光谱仪的工作原理

高光谱遥感的成像包括空间维成像和光谱维成像。其空间维成像是通过飞行平台的平动，以及置于飞行平台上的成像光谱仪以一定的工作模式来实现的，常见的工作模式为摆扫式和推扫式,与多光谱扫描仪工作方式近似;成像光谱技术的分类方法很多,从原理上可以分为棱镜光栅色散型、干涉型、滤光片型、计算机层析型、二元光学元件型、三维成像光谱技术。本节从成像光谱仪的空间成像方式和光谱成像方式两个方面来讲述成像光谱仪的工作原理。

7.2.1.1 成像光谱仪的空间成像方式

摆扫型(Whiskbroom)成像光谱仪由光机左右摆扫和飞行平台向前运动完成二维空间成像,其线阵列探测器完成每个瞬时视场像元的光谱维获取。如图7-4所示,摆扫型成像光谱仪具有一个成45°斜面的扫描镜,在电机的带动下进行360°旋转,其旋转水平轴与遥感平台前进方向平行。扫描镜对地左右平行扫描成像,即扫描运动方向与遥感平台运动方向垂直。

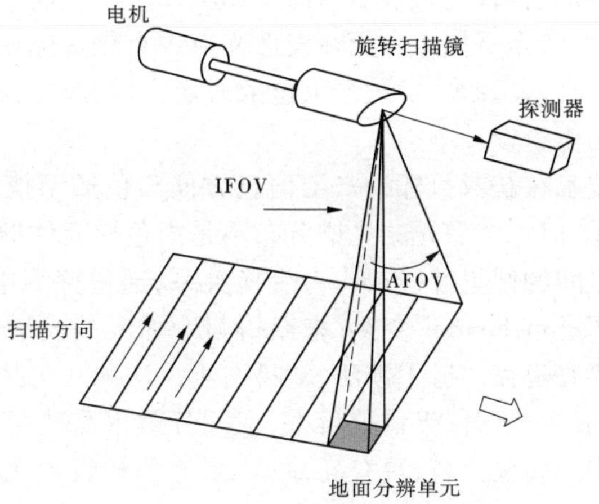

图7-4 摆扫型成像光谱仪

摆扫型成像光谱仪的优点在于可以得到很大的总视场(FOV可达90°),像元配准好,不同波段任何时候都凝视同一像元;在每个光谱波段,只有一个探测元件需要定标,增强了数据的稳定性。它的不足之处是,由于采用光机扫描,每个像元的凝视时间相对较短,要进一步提高光谱和空间分辨率及信噪比(Signal - to - Noise Ratio, SNR)比较困难。

图7-3所示的是推扫型(Pushbroom)成像光谱仪的工作原理。目标地物的电磁辐射通过透镜的光栅系统分光成大量具有特定狭窄波长范围的光束,矩阵排列的CCD元件感应这些光束后成像。CCD面阵中每列CCD元件的个数与分光后的波段数一致。由于成像光谱仪的波段宽度非常小(只有若干纳米),波段几乎是连续的,因此其图像上每个像元均呈现连续的光谱曲线(见图7-3右侧)。对于单波段遥感而言,扫描完后直接得到一幅灰度遥感图像;对于多波段遥感,得到与波段数目相同的若干幅不同波段的灰度遥感图像;而对于拥有数百个波段的高光谱遥感而言,数百幅不同波段的遥感图像层叠起来就形成了影像立方体。

与摆扫型成像光谱仪相比,推扫型成像光谱仪像元的凝视时间大大增加,增加量可以达到10^3数量级,凝视时间的增加提高了系统的灵敏度和信噪比,从而提高了空间分辨率和光谱分辨率。另外，由于没有光机扫描运动设备，仪器的体积相对比较小。不过，由于探测器器件尺寸和光学设计比较困难，总视场角一般只能达到30°左右。另外，面阵CCD器件上万个探测元件的定标也很困难，而且目前的面阵器件主要集中在可见光、近红外波段。

7.2.1.2 成像光谱仪的光谱成像方式

光谱成像方式很多，其中色散型和干涉型是主流类型。色散型成像光谱技术出现比较早，技术比较成熟。入射狭缝位于准直系统的前焦面上，入射的辐射经准直光学系统准直后，经棱镜和光栅狭缝色散后由成像系统将光能按波长顺序成像在探测器的不同位置上。色散型成像光谱仪按探测器的结构，可分为线列与面阵两大类，分别称为摆扫型和推扫型成像光谱仪。其中，摆扫型成像光谱仪的代表有AVIRIS和中分辨率成像光谱仪(MODIS)等，推扫型成像光谱仪的代表有AIS、HRIS、HIS等。另外，与传统的准直光束色散系统相比，将色散型成像光谱技术应用在发散光束中有较多优点，如没有准直镜可简化系统结构、色散像没有几何失真等，发散光束色散成像光谱方法已经应用到了Orbview-4卫星上的战术遥感器的概念设计中。

干涉型成像光谱技术在获取目标的二维信息方面与色散型技术类似，通过摆扫或者推扫得到目标上的像元，但每个像元的光谱分布不是由色散元件形成，而是利用像元辐射的干涉图与其光谱图之间的傅里叶(Fourier)变换关系，通过探测像元的辐射干涉图和利用计算机技术对干涉图进行Fourier变换，来获得每个像元的光谱分布。目前，获取像元辐射干涉图的方法主要有迈克尔逊干涉法、双折射干涉法和三角共路干涉法。

整体来说，色散型成像光谱仪光谱分辨率、空间分辨率受狭缝宽度制约，而干涉型成像光谱仪与色散型成像光谱仪比较，具有高通量、多通道和较大视场等优点，成为成像光谱技术的主要发展方向。

7.2.2 主要的高光谱成像光谱仪

自从20世纪80年代美国加州喷气推进实验室(JPL)研制成功世界上第一台成像光谱仪(AIS)后，世界各国都在紧张地研制各自的成像光谱仪，并且取得了丰硕的成果，表7-1为国外主要的高光谱传感器。

我国也于2007年10月24日发射了首颗搭载有干涉成像光谱仪IIS（Interference Imaging Spectrometer)的嫦娥一号卫星，IIS是由中国科学院西安光学精密机械研究所研制的Sagnac空间调制型傅氏变换光谱仪，其成像幅宽为25.6 km，月表像元分辨率200 m，光谱范围0.48～0.96 μm，谱段数为32个，主要用于获取月球矿物的光谱信息进而反演出全球分布信息；2008年9月6日，我国环境与灾害监测预报小卫星星座(简称HJ星座)HJ-1A卫星成功发射，其上搭载了中国科学院西安光学精密机械研究所自主研制的干涉型超光谱成像仪HSI(Hyper Spectral Imager)，它通过±30°侧摆实现全球重复观测，重访周期为96 h，其空间分辨率为100 m，幅宽为50 km，具有115个工作谱段，光谱范围在0.45～0.95 μm，平均光谱分辨率为98 cm^{-1}，适用于开展多种专题研究。

表 7-1　国外主要的高光谱传感器

仪器	平台	光谱范围(μm)	光谱分辨率 (cm^{-1})	波段数	空间分辨率 (m)	视场角 (°)	发射年份
DASI	机载	0.4～1.0,1.1～2.2	300	—	—	5	1993
SMIFTS	机载	1～5	100	—	—	13	1993
FTVHSI	机载	0.45～1.05	90	256	—	13	1996
ASTER	星载	0.52～1.165	—	14	15,30,90	—	1999
FTHSI	星载	0.475～1.05	84.4	146	30	3	2000
CHRIS	星载	0.410～1.05	—	62	18～36	—	2001
OLI	星载	0.38～1.2	—	40	250～1 000	—	2002
HYPERION	星载	0.4～2.5	10	220	30	—	2002
GIETS	星载	4.4～6.1,8.85～10.5	0.57	—	—	—	2005
IASI	星载	3.62～15.5	0.5	—	—	48.3	2006
COIS	星载	0.4～2.5	—	200	30	—	—

7.3　高光谱遥感影像分析

与传统遥感技术相比,具有图谱合一特色的高光谱遥感技术可以获得目标地物大量的光谱维数据,因此其影像的处理和分析往往集中于对光谱维信息的提取和定量分析上。传统遥感影像分析方法大多针对多光谱遥感影像,如果直接应用于高光谱影像分析上,不仅会造成大量有用光谱维数据的浪费,甚至可能得到错误的分析结果。本节介绍高光谱遥感影像分析的一些概念、方法和技术,即光谱数据库与光谱匹配,以及混合像元的光谱分解等问题。

7.3.1　高光谱数据库

高光谱遥感影像处理有其特殊性,即数据量特别巨大、预处理算法复杂、需要很强的专业背景知识等,因此高光谱数据库系统的架构必须满足更高的要求,这也是高光谱数据库系统区别于一般通用系统的典型特征。

高光谱遥感数据以图像立方体的形式存储,从数据库结构分析的角度看,它具有一些显著的特点,主要包括以下几个方面:

(1)高光谱遥感数据一个对象对应几十个波段乃至上千个波段不等的数据,而且每个波段的数据都可能需要单独提出来用作分析、计算。

(2)数据库中必须兼容多种波段参数设置的光谱数据,因为高光谱成像系统参数会有不同的波段数量、位置上的设置和光谱采样设置。

(3)高光谱数据图谱合一的特性,需要将变化性很强的图像光谱维数据与图像空间维数据很好地结合在一起。

(4)高光谱数据中图像和光谱是紧密联系的整体。通常,图像的存储也有多种方式,常见的是以文件方式存放于操作系统之中,但如何针对高光谱数据的特点,选择一种合适的方式保证图像与其他数据的整合性需要精心设计。

(5)高光谱数据的辅助数据和属性复杂、种类繁多,属性可作为查询的检索关键字,需要兼顾数据结构的简洁性与适度冗余性,从而兼顾速度、安全性和存储空间。

高光谱数据与众不同的特点诞生了高光谱数据库这个全新的概念。高光谱数据库系统是专门面向高光谱数据,体现图谱合一特性,综合光谱数据库、光谱分析功能和数据挖掘功能于一体的专用数据库系统。它与通常意义上的光谱数据库最大的不同在于,它不仅存储实验室或者野外光谱辐射计获取的目标光谱数据,还可以存储以图像立方体形式存储的高光谱图像光谱数据,并根据用户需要,可以从标准图像数据块中提取所要求的任意像元级上的光谱曲线,因而为高光谱图像处理系统中的目标识别、监督分类、混合像元分解等功能提供有力和便利的支持。

高光谱数据库中的光谱数据在遥感研究领域通常是公开的,部分喷气推进实验室(JPL)和美国地质调查局(USGS)等的光谱数据库已集成到一些高光谱遥感数据处理软件中,以方便用户使用。此外,光谱数据库中的每条光谱记录都对应有其测量的仪器、气象条件、周边环境等详细信息,这些辅助信息对于影像的分析和解译是很有帮助的。

7.3.2 光谱匹配

基于高光谱图像的目标识别就是确定某一未知光谱属于某一种已知光谱的确认概率,即光谱匹配,将地物光谱与实验室测量的参考光谱进行匹配,或将地物光谱与参考光谱数据库进行比较,求得它们之间的相似性或差异性,以达到识别地物的目的。两种光谱曲线的相似性常用交叉相关曲线图来确定,有时也采用编码匹配技术来进行识别。

图 7-5 以流程图的形式简要说明了高光谱数据从获取到进行彩色合成显示和地物识别应用的一般程序。

图中①表示高光谱数据分析之前的预处理,去除已知的系统误差并进行校准,得到各波段大气层顶的反射率数据;②表示利用不同的大气纠正算法去除大气的影响,得到各波段的地表真实反射率;③表示经预处理后的原始高光谱数据形成前面所说的影像立方体;④表示选取 3 个波段进行 RGB 合成显示;⑤自动识别是指分析人员先用鼠标在影像上标记部分感兴趣像元或像元区域,然后计算机自动比较影像上其他像元的光谱特征与这些感兴趣像元之间是否具有相似性,并进行标注;⑥表示将计算机自动识别的区域与影像处理软件自带的光谱库进行光谱匹配,以确定该区域所属的地物类型。

下面是光谱匹配的一个具体应用实例:

图 7-6 左侧是光谱数据库中两种地物的参考光谱,右侧是 AIS 获得的 11 条实测地物光谱。与左侧的参考光谱相对比后可以发现,前 3 条实测光谱曲线与 1 号参考光谱更为相似,可能为同种地物。而另外 8 条光谱曲线则与 2 号参考光谱更为相似,通过与光谱数据库中已知地物的参考光谱进行对比,可以进行地物类型的识别。

对于波谱形态复杂的矿物而言,发展了一种基于二值编码的光谱匹配方法,即根据不

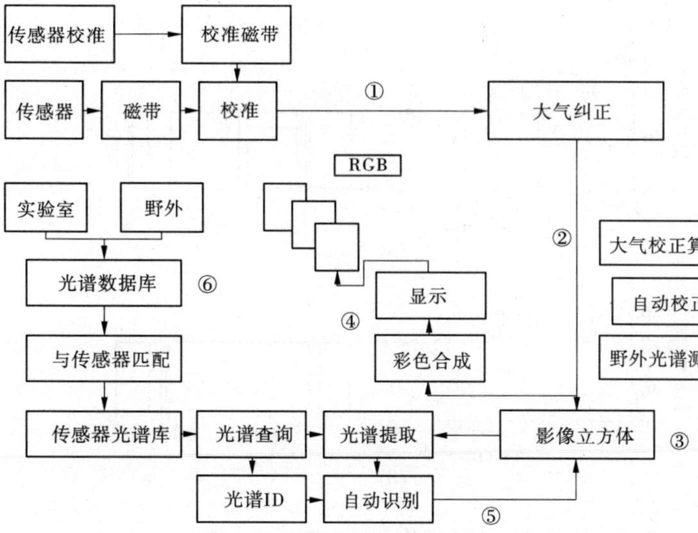

图 7-5　高光谱数据处理一般流程

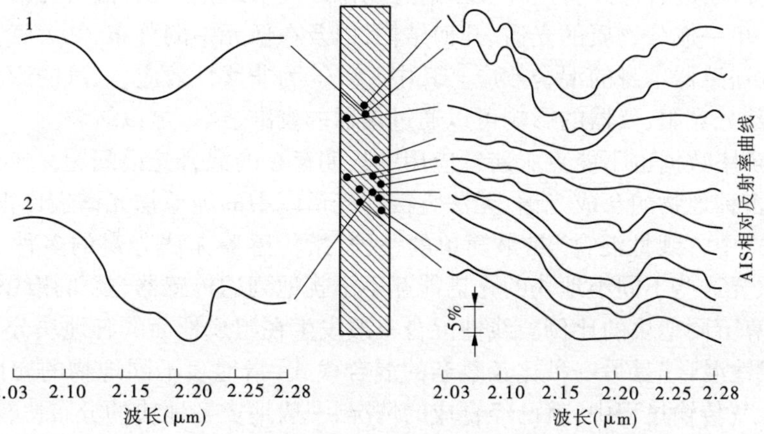

图 7-6　光谱库数据与实测高光谱数据比较

同波段的反射率大小,用 0 和 1 为整条地物光谱曲线进行二值编码(见图 7-7),这种编码方法能较好地反映光谱曲线中峰和谷的特点,同时易于进行计算机自动匹配。

7.3.3　混合光谱分解技术

遥感器所获取的地面反射或发射光谱信号是以像元为单位记录的,它是像元所对应的地表物质光谱信号的综合。图像中每个像元所对应的地表,往往包含不同的覆盖类型,它们有着不同的光谱响应特征,而每个像元则仅用一个信号记录这些“异质”成分。若该像元仅包含一种类型,则为纯像元(Pure Pixel),它所记录的正是该类型的光谱特征或光谱信号;若该像元包含不止一种土地覆盖类型,则形成混合像元(Mixed Pixel),它所记录

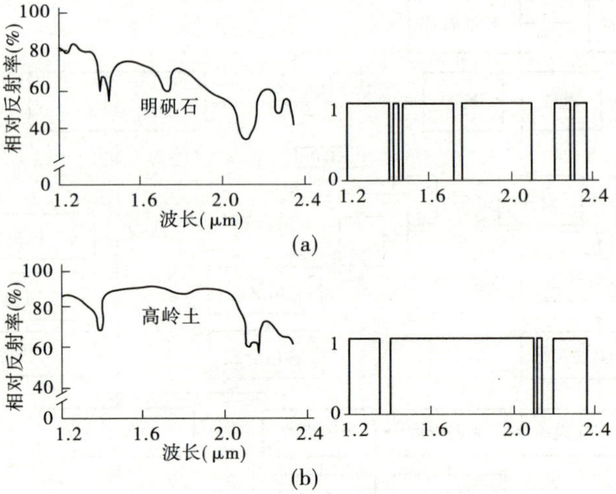

图 7-7　两种矿物光谱曲线的二值编码

的是对应的不同覆盖类型光谱响应特征的综合。由于遥感器空间分辨率的限制及自然界地物的复杂多样性，混合像元普遍存在于遥感图像中。从理论上讲，混合光谱的形成主要有三个原因：①单一成分物质的光谱、几何结构，以及在像元中的分布；②大气传输过程中的混合效应；③遥感器本身的混合效应。其中，②、③为非线性效应，大气的影响可以通过大气纠正加以部分克服，仪器的影响可以通过仪器的校准、定标加以缓解。

高光谱分辨率数据也不能克服遥感应用中长期存在的混合光谱问题。传感器记录的光谱值往往是多种地物的合成光谱，无法直接与光谱库中的纯地物光谱进行很好的匹配。在各种混合模式中，"线性混合"是最简单的一种，指传感器无法分辨的多种小地物光谱的线性合成，只要这些不同小地块的光谱能互不干扰地到达传感器，就可用线性方法通过像元亮度值估算不同地块的比例。线性混合一般发生在组成地面的各地块分布比较紧密的区域。"非线性混合"是另一种比较复杂的混合模式，指地表不同地物的光谱在到达传感器前，即在大气传输过程中，就已经合成的情况，一般地表各地块的分布比较分散时，容易发生非线性混合。如图 7-8 所示，大致可分为以下 3 种情况：

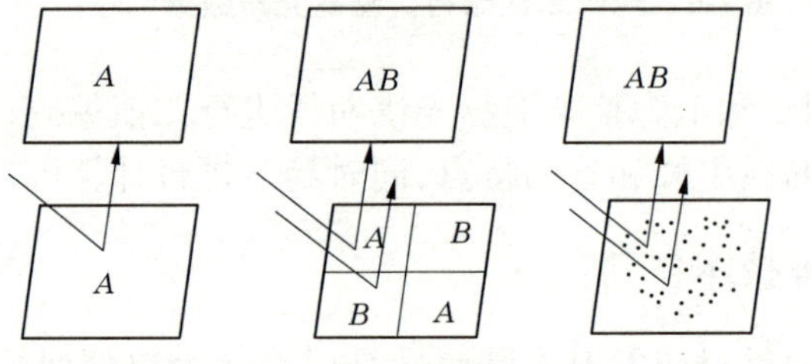

(a)纯光谱　　(b)线性混合　　(c)非线性混合

图 7-8　线性与非线性光谱混合

(1)纯光谱,如果在传感器分辨能力内某个像元代表的是地表均一区域,则像元表示的是纯光谱信息。

(2)线性混合,如果某个像元代表了地块内两种或两种以上的地表类型,且地块面积较大,此时在传感器处会发生线性混合,传感器无法分辨混合地表的模式,但能估计各地块所占光谱的百分比。

(3)非线性混合,如果混合地块比较细碎,此时光谱混合在到达传感器前就已经发生了,而且混合成分无法用线性方法进行分离。

混合光谱分析也称光谱分离,是从多种地物混合的复合光谱中提取纯光谱的过程。具体步骤为:首先假定像元光谱是由多种地物各自的光谱特征线性混合而成的,同时假设能够识别构成混合光谱的这些地物组成,即这些地物本身的光谱特征已知。混合光谱分解是光谱匹配过程中一个重要的步骤,对高光谱影像中提取的像元混合光谱进行分解,然后用分解后的较纯光谱与实验室相应地物的理论光谱相比较,以便准确地识别像元中所包含的多种地物。传统的多光谱遥感影像数据受其光谱分辨率限制,只能将像元与大的特征类别进行匹配,而高光谱遥感影像的匹配则可以充分利用详细的光谱信息来更精细地识别地物,如不同含水量的土壤及岩石中特定的矿物成分等。

在进行光谱匹配前,需要运用一定的技术使分析人员能将纯像元和混合像元分开,并进一步对混合像元中各地物成分所占比例进行估算。凸面几何学是解决此类问题的有效方法之一。为了便于说明其基本思路,这里的示意图(见图 7-9)只显示了二维的情况(只选择两个波段),而该技术对高维问题(包括大量波段的高光谱数据分析)更为有效。图 7-9(a)中的阴影部分是遥感影像所有像元在波段 1 和波段 2 上的反射率所构成的散点图,*A*、*B*、*C* 三个点表示图中阴影部分边界上数据点群中的三个光谱值。从图 7-9(a)中可以看出,整个阴影部分可用三角形 *ABC* 来近似表示其大致形态,这正是凸面几何学进行混合光谱分析的关键,即用最简单的凸几何形状(单形体)来反映数据点群的分布模式。除三角形外,也可以用其他适合的形状来近似表示数据点群的分布情况。

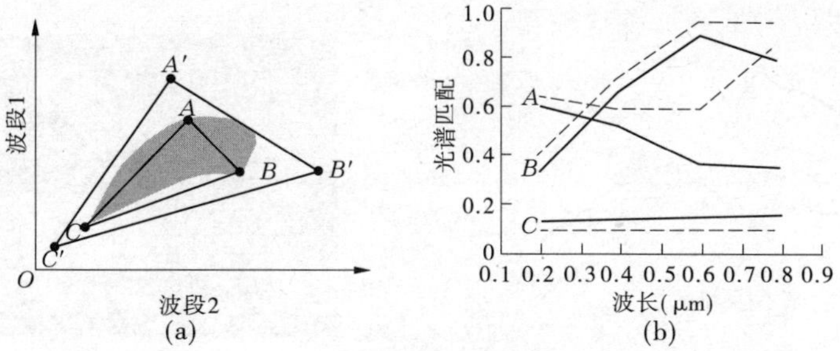

图 7-9　混合光谱分析

这时,图 7-9(a)中 *A*、*B*、*C* 三个点可以看作三个基本组分单元,称为端元(Endmember),它定义为在数据点群内部造成各种像元混合的纯像元。在线性光谱混合模型中,一旦单形体确定下来,其内部像元就可以认为是其若干个端元的线性组合。*A*、*B*、*C* 三个观测点可以视为对理想光谱观测点 *A′*、*B′*、*C′*的逼近,但 *A′*、*B′*、*C′*可能是影像上无法观测到的点(真正的纯像元),只有在实验室可控条件下或利用野外光谱仪实测才能获取。

图 7-9(b)中三条实线分别代表 A、B、C 上的光谱曲线，而三条虚线则代表光谱数据库中与其相匹配的三种地物的参考光谱曲线。可见 B、C 两种组分与光谱数据库中的地物标准光谱匹配得相对较好，而 A 组分则相对差一些。虽然提取出的端元并不一定总能在光谱库中找到唯一的匹配，但这种处理方法可以缩小搜寻的范围，提高匹配的精度。

在确定了 A、B、C 三个端元所属的地物类型后，便可根据线性混合模型对图 7-9(a)中阴影部分所代表的混合像元逐一进行分类，即计算每个像元中 A、B、C 所代表的三种地物类型各占多少比例。

除凸面几何学分析法外，最小二乘法、滤波向量法、投影寻踪法等算法也可用于混合光谱分解，这些算法都利用了影像像元具有大量光谱维信息的特点，充分发挥了图谱合一的高光谱遥感影像在目标识别方面的优势。

7.4　高光谱遥感的应用

地物的波谱特性主要取决于其本身的物理结构和内部化学组成，是遥感识别和分类的重要依据。与传统多光谱遥感相比，高光谱遥感所特有的高光谱分辨率不仅可以获得目标地物连续的光谱曲线，提高遥感定性分类的精度，还能根据地物特定波长处的反射和发射强度，估算出生物物理和生物化学参数、植被生物量、光合有效辐射、地表温度等定量信息。高光谱遥感的出现，加快了遥感从定性研究走向定量研究的步伐，在地质矿产、农林牧业和生态环境等诸多领域都有广泛应用。

以农作物类别的划分来说，传统的多光谱遥感主要基于作物在红波段的反射谷、近红外波段的反射峰和中红外波段叶片水的吸收来进行，但是由于多光谱波段较宽，且波段数目比较少，无法进行混合种植的波谱特征相近的农作物类别的划分。而高光谱遥感则可以避免这一缺点，实现农业的精细分类。如利用高光谱遥感影像区分墨西哥 San Luis 流域的农作物种类，而传统多光谱遥感只能将该区域划分为农作物，不能进行下一步分类(见图 7-10)。

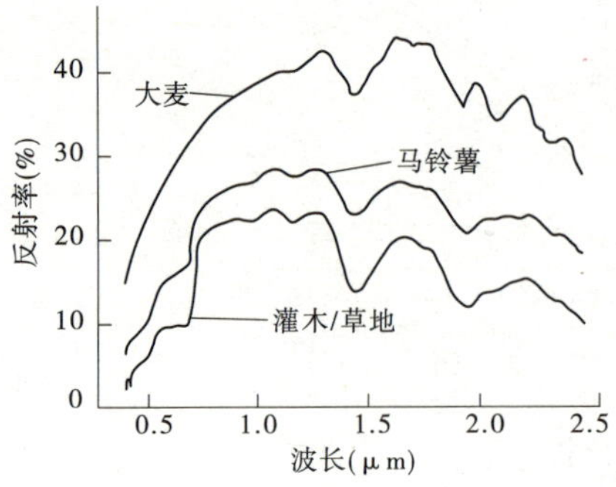

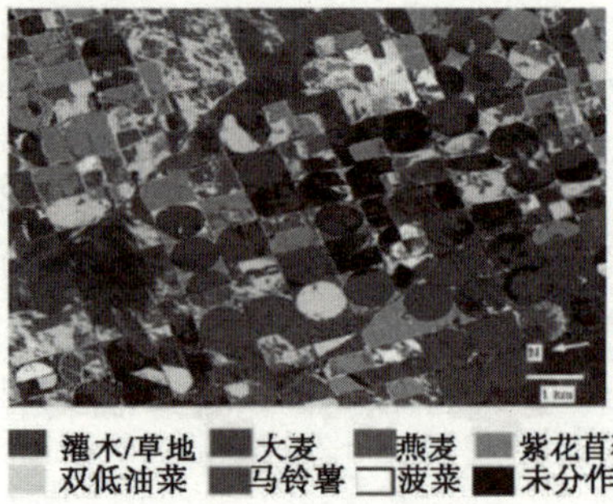

图 7-10　高光谱遥感用于农业精细分类

思考题

1. 简述高光谱遥感与多光谱遥感的区别(各举一传感器为例)。
2. 为什么说高光谱遥感具有“图谱合一”的特点?
3. 介绍一种机载成像光谱仪的性能指标及其应用实例。
4. 简述光谱数据库的构成及其在高光谱遥感数据分析中的作用。
5. 简述利用光谱数据二值编码进行光谱匹配的优点和不足。
6. 举例说明如何在线性混合假设下进行混合光谱分解。
7. 举例说明星载高光谱遥感传感器 HYPERION 在植被调查中的优势。

第 8 章 遥感图像处理

8.1 遥感数据预处理

遥感数据的预处理又被称作图像纠正和重建。其主要目的是纠正原始图像中的几何与辐射变形，即通过对图像获取过程中产生的变形、扭曲等的纠正，以还原图像几何和辐射的真实信息。

由于遥感系统空间、波谱、时间及辐射分辨率的限制，很难精确地记录复杂地表信息，因而误差不可避免地存在于数据获取过程中。这些误差降低了遥感数据的质量，从而影响图像分析的精度。因此，在实际的图像分析处理之前，有必要对遥感原始图像进行预处理。

数据预处理的过程包括几何校正（地理定位、几何精校正、图像配准、正射校正等）、图像镶嵌、图像裁剪、去云及阴影处理和大气校正等几个环节，如图 8-1 是中等分辨率的全色和多光谱图像预处理流程。

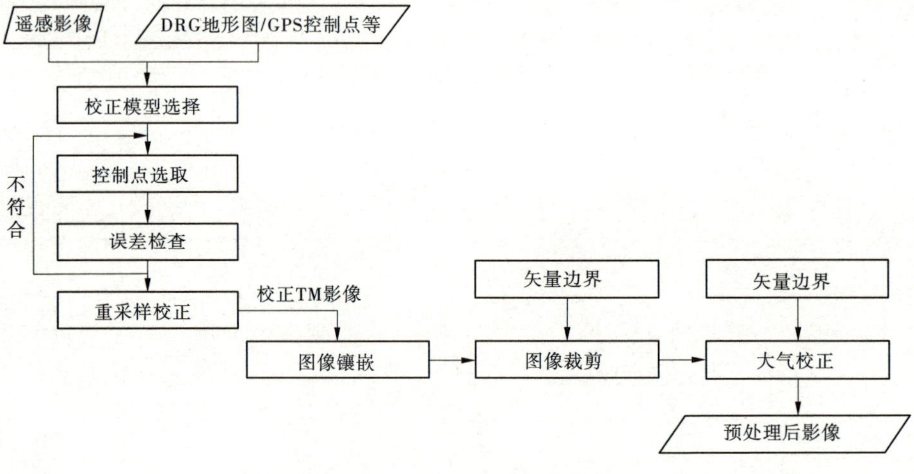

图 8-1 数据预处理一般流程

数据预处理在各个行业的应用会有所不同，比如在精细农业方面，需要进行大气校正以去除大气对图像的影响；在测绘方面，对几何校正的精度要求会很高，而且处理的一般是高分辨率图像，需要进行正射校正处理。

8.1.1 特征提取

地球表面有明显的空间特征，影像亮度值是对这些空间特征的记录。空间特征是地表纹理或结构的表达。影像分析人员通常想量化空间纹理或结构，这就需要观察影像中像元及其邻近像元并尝试量化影像的空间自相关关系。

空间分布的随机变量(如光谱反射率)具有局域特性,可以采用地统计学方法提取局部变量的空间特征。一旦对局部变量特征进行了量化,就可以在多个方面的遥感中应用,例如影像分类和分类精度评价时空间无偏采样点的布设。

特征是决定相似性与分类的关键。遥感图像中经常使用的特征主要有:灰度(亮度)特征、直方图及其二次提取特征、纹理特征(包括灰度共生矩阵及其二次提取特征)、图形形状特征(包括扁度、凹度等)。

特征提取与选择原理:

(1)直接选择法:直接从 D 个原始特征数据中选出 d 个特征 $x_1, x_2, \cdots, x_d$,使可分性判据 J 满足下式

$$J(x_1, x_2, \cdots, x_d) = \max[J(x_{i1}, x_{i2}, \cdots, x_{id})] \tag{8-1}$$

式中,$x_{i1}, x_{i2}, \cdots, x_{id}$是原始特征中任意的 d 个特征,主要方法有最优搜索算法、顺序前进法(SFS)、顺序后退法(SBS)、增(L)减(R)法(L－R 法)、Tabu 搜索算法、遗传算法等。

(2)特征提取法:在使判据 J 最大的目标下,对 n 个原始特征进行变换降级,即对原 n 维特征空间进行坐标变换,再取子空间,主要方法有:基于可分性判据的特征提取、基于误判概率的特征提取、基于离散 K－L 变换的特征提取、基于决策界的特征提取方法。

为了说明特征提取的概念,这里以一景 TM 数据为例,其方差和协方差矩阵(见表 8-1)表明了各波段间的相关关系。有些波段表现出很高的相关性,如波段 1 和波段 3、波段 2 和波段 3 之间的相关系数都在 0.9 以上。波段之间的高相关性意味着这两个波段的对应像元值高度相关,即当波段 2 的某些像元值增加或减少时,波段 3 的对应像元值也会发生同样的变化,也就是说一个波段复制了另一个波段的信息。特征提取就是要识别和去除这样的重复,从而用最少的波段数据反映最大的信息量。

如表 8-1 所示,波段 3、波段 5、波段 6 就几乎包含了 7 个波段的信息量,因为波段 3 同波段 1 和波段 2 高度相关,波段 5 与波段 4 和波段 7 高度相关,而波段 6 携带的信息与其他波段没有多大联系,被舍弃的波段(波段 1、波段 2、波段 4 和波段 7)与保留下来的某个波段是很相似的。

这种简单的特征提取方法去掉了多余的波段,从而减少了波段的数量。这种选择方法可以作为一种特征提取的方法,但典型的特征提取方法则是一种基于波段间统计关系的复杂过程。

普遍采用的特征选择方法是主成分分析法(PCA)。从本质上讲,主成分分析就是确定原始波段最优的线性组合,反映影像上像元值的变化。线性组合的形式如下:

$$A = C_1X_1 + C_2X_2 + C_3X_3 + C_4X_4 \tag{8-2}$$

式中,X_1、X_2、X_3、X_4是 4 个光谱波段中的像元值;C_1、C_2、C_3、C_4是各波段像元值前的系数;A 代表转换之后的像元值。我们假定,$C_1 = 0.35$,$C_2 = -0.08$,$C_3 = 0.36$,$C_4 = 0.86$,像元值 $X_1 = 28$,$X_2 = 29$,$X_3 = 21$,$X_4 = 54$,得到变换后的结果是 61.48。计算这些系数的最优值是要确保其表示整个数据集中了最大的变化。因此,这组系数将原始波段线性组合成单一波段,该波段能表达最大信息量。使用该过程计算得来的新数据波段像元值,是 4 个原始波段中最优的信息表达。该方法的有效性取决于最优系数的计算。

表 8-1　TM 影像 7 个波段的相似性矩阵

序号	协方差矩阵						
	1	2	3	4	5	6	7
1	48.8	29.2	43.2	50.0	76.5	0.9	44.9
2	29.2	20.3	29.0	48.6	65.4	1.5	32.8
3	43.2	29.0	46.4	59.9	101.2	0.6	53.5
4	49.9	48.6	59.9	327.8	325.6	12.4	104.32
5	76.5	65.4	101.2	325.6	480.5	10.2	188.5
6	0.9	1.5	0.6	12.5	10.2	14.0	1.1
7	45.0	32.8	53.5	104.3	188.5	1.1	90.8
序号	相关性矩阵						
	1	2	3	4	5	6	7
1	1.00						
2	0.92	1.00					
3	0.90	0.94	1.00				
4	0.39	0.59	0.48	1.00			
5	0.49	0.66	0.67	0.82	1.00		
6	0.03	0.08	0.02	0.18	0.12	1.00	
7	0.67	0.76	0.82	0.60	0.90	0.02	1.00

用同样的方法可以形成第二组系数,从而产生第二组像元数据集,它所包含的信息相对于第一组数据集要少,但仍然能表达影像上像元的变化。用该方法共会形成 7 组系数,每组用原始影像的一个波段表示,如 band1，band2，…,因此就会产生 7 组新像元值的数据集或 7 个波段。按照顺序,每一组像元值所表达的信息要少于前一组值。由 7 个原始波段线性组合而来的 7 个主成分(见表 8-2)中,主成分Ⅰ和Ⅱ表达了原始影像 94.91% 的信息量,而主成分Ⅲ～Ⅶ总共包含了原始影像 7% 的信息。舍弃那些只包含 7% 信息量的成分,大大减少了波段数量,去除了冗余信息,减小了图像数据集。主成分Ⅰ和Ⅱ保留了原始 7 个波段数据 94.91% 的信息量,这使得数据分析处理更加简洁有效。

表 8-2 主成分分析结果

项目	主成分						
	Ⅰ	Ⅱ	Ⅲ	Ⅳ	Ⅴ	Ⅵ	Ⅶ
	特征向量						
信息量(%)	80.94	13.97	3.78	0.53	0.41	0.29	0.08
特征值	868.48	149.91	40.51	5.71	4.35	3.13	0.85
	0.20	-0.56	-0.39	-0.14	0.65	0.01	-0.24
	0.14	-0.31	-0.20	-0.05	-0.11	0.12	0.90
	0.26	-0.45	-0.18	0.01	-0.71	0.27	-0.35
	0.41	0.55	-0.71	0.11	-0.06	-0.12	-0.02
	0.76	0.18	0.48	-0.24	0.15	0.29	0.01
	0.06	-0.04	0.07	0.89	0.19	0.40	0.02
	0.35	-0.23	0.22	0.33	-0.09	-0.81	0.03
	0.29	0.42	-0.08	-0.09	0.85	0.02	-0.02
序号	7 组波段数据						
1	0.562	0.519	0.629	0.037	-0.040	-0.160	-0.245
2	0.729	0.369	0.529	0.027	-0.307	-0.576	-0.177
3	0.707	0.528	0.419	-0.022	-0.659	-0.179	-0.046
4	0.903	-0.401	0.150	-0.017	0.020	0.003	-0.003
5	0.980	0.098	-0.166	0.01	-0.035	-0.008	-0.001
6	0.144	-0.150	0.039	0.969	0.063	0.038	-0.010
7	0.873	0.448	-0.062	-0.033	0.180	0.004	-0.002

主成分分析的效果如图 8-2 所示。它是某个地区 Landsat TM 影像数据集经主成分分析后的结果(特征值分别是 868.48、149.91、40.51、5.71、4.35、3.13、0.85)。图像的第一和第二主成分最有效地表现了原始影像 7 个波段的信息;第三、第四、第五、第六和第七主成分的信息内容逐渐减少,最后两幅图像只记录了很多系统噪声、大气散射及其他一些不必要的信息。如果在后续的图像分析处理中去除这些波段,就可以在保持精度的同时降低运算成本。

主成分分析这种方法并非特征选择的唯一方法,但各种特征提取方法的目标是一致的,即在降低波段数量、减少噪声和误差的同时尽可能地保留最大的信息量。

8.1.2 辐射校正

遥感图像在获取过程中,受到如大气吸收与散射、传感器定标、地形等因素的影响,且它们会随时间的不同而有所差异。因此,在遥感影像尤其是多时相遥感图像中,除地物的

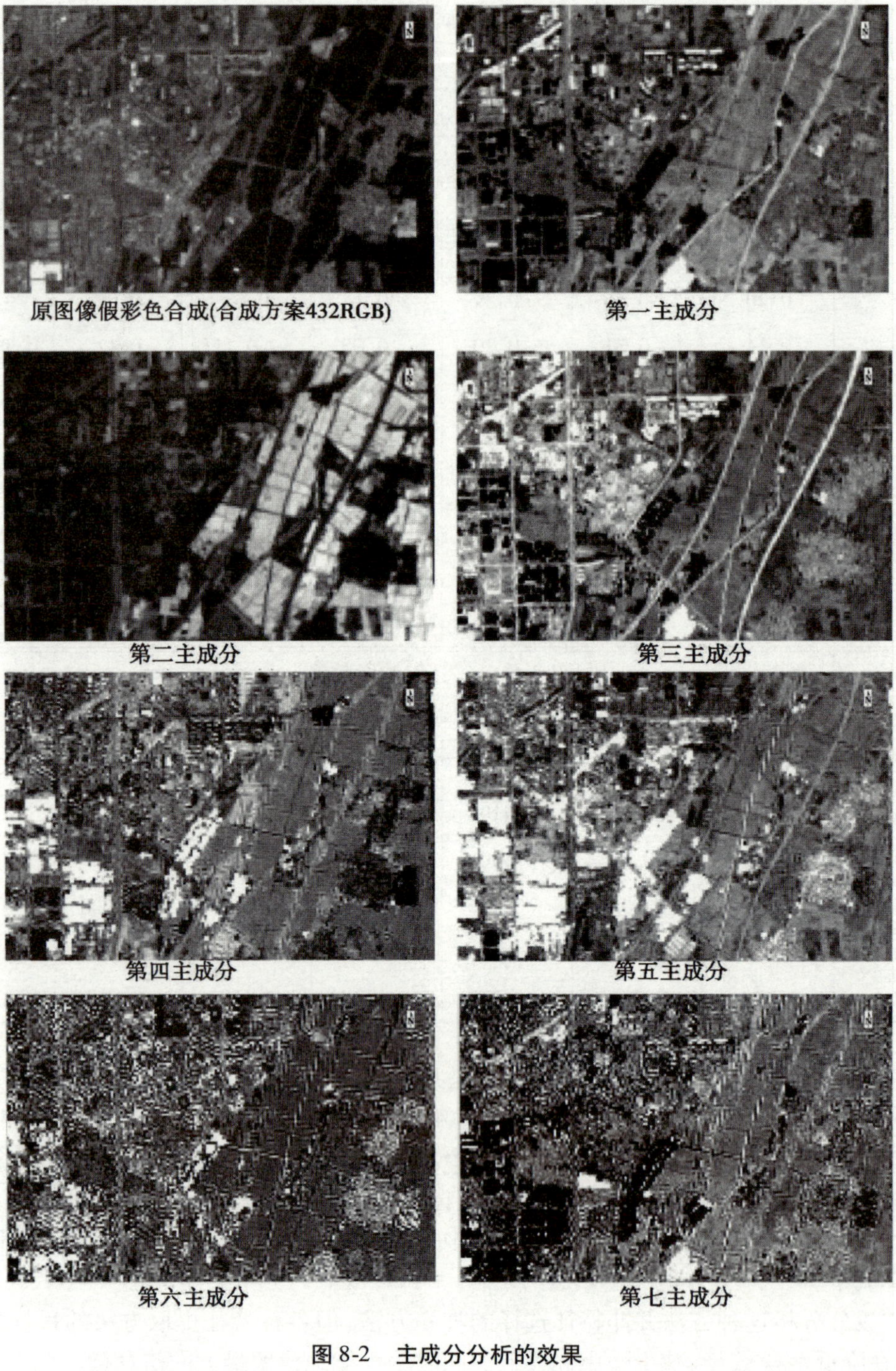

图 8-2　主成分分析的效果

变化会引起图像中辐射值的变化外，不变地物在不同位置、不同时相图像中的辐射值也会有差异。利用多时相遥感图像的光谱信息来检测地物变化状况的动态监测，其重要前提是要消除不变地物的辐射值差异。

辐射校正的目的是尽可能消除因传感器自身条件、薄雾等大气条件、太阳位置和角度条件及某些不可避免的噪声引起的传感器的测量值与目标的光谱反射率或光谱辐射亮度等物理量之间的差异;尽可能恢复图像的本来面目,为遥感图像的分割、分类、解译等后续工作做好准备。

8.1.2.1 辐射误差产生的原因

传感器所得到的目标测量值与目标的光谱反射率或光谱辐射亮度等物理量之间的差值称为辐射误差。辐射误差造成了遥感图像的失真,影响人们对遥感图像的判读、解译,因此必须消除。导致辐射误差产生的因素有传感器的响应特性和外界环境,其中后者包括大气(雾和云)和太阳辐射等。

1)传感器的响应特性

(1)光学摄影机引起的辐射误差。主要是由光学镜头中心和边缘的投射强度不一致造成的,它使同一类地物在图像的不同位置上有不同的灰度值。

(2)光电扫描仪引起的辐射误差。主要包括两类:一类是光电转换误差,即在扫描方式的传感器中,传感器收集到的电磁波信号经光电转换系统转换为电信号的过程中所引起的辐射量误差;另一类是探测器增益变化引起的误差。

2)大气

电磁波在大气中传输时,受到大气中分子和微小粒子的作用,这些分子和微小粒子对光波多次作用的结果随电磁波波长和散射体大小的不同而不同。

散射分为选择性散射和非选择性散射两种。这里的"选择"指的是对波长的选择,即波长越短,散射越强。散射所增加的亮度值不含有任何地面信息,却降低了图像的反差,反差降低则降低了图像的分辨率,因此必须进行校正。

低分辨率图像的空间范围比较大,不能认为图像中各处的大气散射是均匀的,其往往需要进行分区校正。

3)太阳辐射

由于太阳高度角和方位角的变换及地形部位的变化,不同地表位置接收到的太阳辐射是不同的。

(1)太阳位置。主要指太阳高度角和方位角。随着太阳高度角和方位角的不同,地物入射照度也发生变化(见图8-3),地物的反射率也就随之改变。计算公式为

$$E_{\tau(\theta,\lambda)} = E_{\tau(\lambda)} \cdot \sin\theta \tag{8-3}$$

式中,$E_{\tau(\theta,\lambda)}$ 为地面接收的照度;$E_{\tau(\lambda)}$ 为太阳透过大气后垂直太阳光的照度;θ 为太阳高度角。

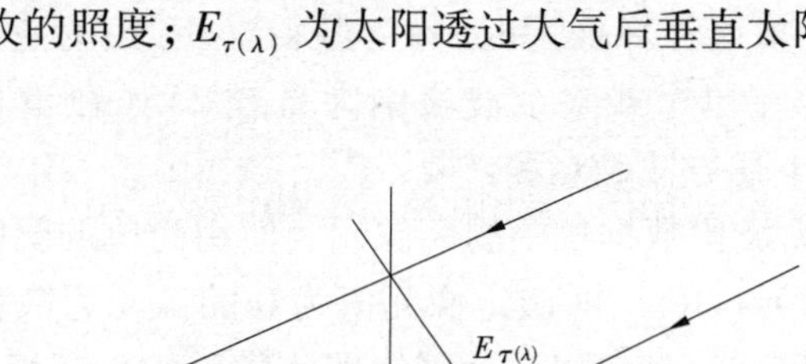

图8-3 地面照度与太阳高度角的关系

总照度为

$$E_{\tau(\theta)} = \int_0^{\infty} E_{\tau(\theta,\lambda)} \mathrm{d}\lambda \tag{8-4}$$

太阳高度角较低时，图像上会产生阴影压盖其他地物图像，造成同物异谱问题，影响遥感图像的定量分析和自动识别。

太阳方位角的变化也会改变光照条件，所引起的误差通常只对图像细部特征产生影响。

为尽量减少太阳高度角和方位角引起的辐射误差，遥感卫星大多设计在同一个地方时间通过当地上空，但由于季节的变化和地理经纬度的变化，太阳高度角和方位角的变化是不可避免的。

(2)地形起伏。传感器接收的辐射亮度和地面倾斜度有关。太阳光线垂直入射到水平地表和坡面上产生的辐射亮度是不同的。由于地形起伏的变化，在遥感图像上会造成同类地物灰度不一致的现象。

4)其他误差来源

遥感图像中有时因各检测器特性的差别、干扰、故障等引起不正常的条纹和斑点，它们不但造成错误信息，而且在统计分析中也会引起不好的效果，应该予以消除。

8.1.2.2 遥感探测器系统误差校正

通常情况下，传感器系统记录的各个波段的辐射能精确表达离开目标地物（如土壤、植被、水和城市地面覆盖）的辐射。然而，进入数据采集系统的噪声（误差）种类繁多。例如，若各个探测器工作不正常或定标不准，传感器系统本身就会引入辐射误差。比较常见的由遥感系统引入的辐射误差有：

(1)随机坏像元（散粒噪声）

(2)行或列缺失。

(3)行或列条纹。

数字影像处理技术有时可以修复误定标的光谱信息，使之与正确的实测数据一致。然而，对于那些没有获得数据的区域，有时只能做修饰性的调整。

1)随机坏像元（散粒噪声）

有时，一个探测器未记录某个像元的光谱数据，当这种情况发生时，该像元就称为坏像元。当影像中发现许多这种坏像元时，称为散粒噪声，因为它们的分布是分散而随机的。这些像元的值通常在单个或多个波段中为 0 或 255（在量化级别为 8 位的数据集中）。散粒噪声可通过下述方法确定和修复。

首先，需要定位第 k 波段数据集中的坏像元。使用简单的阈值算法，标出该数据集中所有的亮度值为零的像元（$BV_{i,j,k}$）（假定像元值为 0 的像元为散粒噪声，而不是真正的地面覆盖，如水体）。一旦确定，就可以评价围绕着该像元的 8 个相邻像元，如图 8-4 所示。

用式(8-5)计算相邻 8 个像元均值，并在校正的影像中计算值代替 $BV_{i,j,k}$的值

$$BV_{i,j,k} = \mathrm{Int}\left(\frac{\sum_{i=1}^{8} BV_i}{8}\right) \tag{8-5}$$

	列 $j-1$	列 j	列 $j+1$
行 $i-1$	BV_1	BV_2	BV_3
行 i	BV_8	$BV_{i,j,k}$	BV_4
行 $i+1$	BV_7	BV_6	BV_5

图 8-4　随机坏像元

对数据集中所有的坏像元(散粒噪声)执行该操作。

2)行或列缺失

若扫描系统(如 Landsat MSS 或 Landsat - 7 ETM +)的某个探测器不正常,就有可能产生一整行没有光谱信息的线。如果探测器的线阵列(如 SPOT XS,IRS - 1C,QuickBird)工作不正常,就会使整列数据都没有光谱信息。坏行或坏列就称为行或列缺失,其像元值为零。例如,若 Landsat TM 传感器系统 16 个探测器中有 1 个在扫描时工作不正常,就会导致某行(i)上所有像元(j)的亮度值为零。行缺失表现为第 k 波段影像上的一条黑线。这是个严重的问题,因为没有获取的数据是无论如何也不能恢复的。但是,对坏扫描线进行亮度插值,可以提高影像的目视解译效果。

首先,需要定位数据集中的每一条坏扫描行。使用简单的阈值算法,就可以标记出均值等于或接近零的坏扫描行。一旦确定了坏扫描行,就有可能根据前一扫描行($BV_{i-1,j,k}$)和后一扫描行($BV_{i+1,j,k}$)的像元平均值确定缺失行($BV_{i,j,k}$)的像元值:

$$BV_{i,j,k} = \mathrm{Int}\left(\frac{BV_{i-1,j,k} + BV_{i+1,j,k}}{2}\right) \tag{8-6}$$

对坏扫描行的所有像元都进行该操作,就可得到对每个第 n 行数据进行插值的影像,它的目视解译效果要比原影像(在整景影像上系统地出现水平扫描黑线)好得多。同样,这种数字处理技术可处理线阵列遥感系统出现的列缺失问题。

3)n 行条带

有时候,虽然探测器还在工作,但没有进行辐射调整。例如,某探测器记录的黑色深水区光谱数据可能比其他探测器同波段记录的亮度值大 20 W/(m^2 · sr · μm)左右。这会导致影像上出现系统的明显比邻近行更亮的行,这就是 n 行条带。这些失调的行包含有价值的信息,但应对其进行校正,使之与同波段其他定标正常的探测器所采集的数据具有基本一致的辐射等级。

为了修复系统的 n 行条带,首先需要确定数据的误定标扫描行,它是通过对整景影像(理想情况下发生在同质区域,如水体)采集数据的 n 个探测器的数据直方图进行计算来完成的。如果某探测器的均值或中值与其他探测器相差很大,就表明该探测器可能工作不正常。因此,由非正常工作的探测器所记录的所有像元值都需要进行偏置(加或减)校正或更严格的增益(乘)校正。这种 n 行条带校正:①调整所有坏扫描行的辐射等级,使之与正常数据具有基本相同的辐射等级;②改善影像的目视解译效果。

8.1.2.3　遥感大气校正

消除由大气散射引起的辐射误差的处理过程称为大气校正。在遥感图像中,卫星遥感图像需要进行大气校正。然而,在所有的遥感应用中都进行大气校正可能没有必要。

是否进行大气校正，取决于问题本身、可以得到的遥感数据类型、获取的历史与当前实测大气信息的数量和从遥感数据中提取生物物理信息所要求的精度。

按照校正后的结果可以分为两种，绝对辐射校正方法和相对辐射校正方法。绝对辐射校正方法是将遥感图像的 *DN*(Digital Number)值转换为真实地表反射率的方法，它需要获取图像过境时的地表测量数据，并考虑地形起伏等因素来校正大气和传感器的影响，因此这类方法一般都很复杂，目前大多数遥感图像都无法满足上述条件。相对辐射校正是将一图像作为参考(或基准)图像，调整另一图像的 *DN* 值，使得两时相图像上同名的地物具有相同的 *DN* 值，这个过程也叫多时相遥感图像的光谱归一化。这样我们就可以通过分析不同时相遥感图像上的辐射值差异来实现变化监测。因此，相对辐射校正就是要使相对稳定的同名地物的辐射值在不同时相遥感图像上一致，从而完成地物动态变化的遥感动态监测。

8.1.3 几何校正

遥感成像的时候，由于飞行器的姿态、高度、速度及地球自转等因素的影响，造成图像相对于地面目标发生几何畸变，这种畸变表现为像元相对于地面目标的实际位置发生挤压、扭曲、拉伸和偏移等，针对几何畸变进行的误差校正就叫几何校正。

8.1.3.1 几何畸变的原因

遥感图像的几何变形是指图像上像元在图像坐标中的坐标与其在地图坐标系等参考系统中的坐标之间的差异。遥感图像上的几何变形可分为静态变形和动态变形两大类。静态误差是指在成像过程中，传感器相对于地球表面呈静止状态时所具有的各种变形误差；动态误差则主要是由于在成像过程中地球的旋转所造成的图像变形误差。

在静态变形中，又可分为内部误差和外部误差两类。内部误差是由传感器结构等因素引起的，一般误差不大。外部误差是指传感器本身处在正常工作条件下，由传感器以外的各因素所造成的误差。

1)内部几何误差

内部几何误差一般由遥感系统本身或遥感系统与地球自转或地球曲率共同引起，它随传感器的结构不同而异。这些畸变通常是系统性的(可预测)，可通过发射前或飞行平台上的星历表(数据采集时遥感系统和地球的几何特征参数)来确定和校正。有时，影像的几何畸变可通过分析传感器特性和星历表数据来校正。由于误差较小，本书不做详细讨论。这样的几何畸变包括：

(1)地球自转引起的偏斜。

(2)扫描系统引起的标称地面分辨率变化。

(3)扫描系统一维高程投影差。

(4)扫描系统切向比例畸变。

2)外部几何误差

外部几何误差指的是传感器本身处在正常工作的条件下，由传感器以外的各因素所造成的误差。遥感数据几何误差的外部因素通常包括：

(1)传感器的外方位(位置、姿态)变化。

遥感数据几何误差的主要外部因素是数据采集时飞机(或传感器)的随机运动,主要包括:

高度变化。在理想情况下,遥感系统距地面的飞行高度应该不变,以保持影像比例尺沿飞行方向不变。例如,焦距为12 in(1 in = 0.025 4 m)的框幅式相机,在20 000 ft(1 ft = 0.304 8 m)高空拍摄的影像比例尺为1∶20 000,若飞机或航天器沿轨道方向逐渐改变其高度,那么影像比例尺就会随之发生变化。高度增加使影像比例尺减小(如1∶25 000),高度减小会使影像比例尺增大(如1∶15 000)。

然而,即使遥感系统距离水平地面飞行高度固定不变,影像比例尺也会变化,这种情况是由于地面有起伏变化,如图8-5所示。例如,飞机起点处在地面以上1 000 ft,终点处在地面以上2 000 ft,则影像比例尺在飞行过程中会变大。遥感平台不会随地面高度的逐步变化而调整。因此,影像中会存在比例尺变化,常通过几何纠正算法来减少这些影响。

姿态变化。卫星平台一般较为稳定,因为它们不受大气湍流或风的影响,但亚轨道飞行器在采集遥感数据时会受到向上气流、向下气流、顶风、顺风和侧风等的冲击。即使遥感平台距地高度保持不变,但它仍然可能分别沿着三轴随机旋转,这通常称为翻滚、俯仰和偏航。例如,有时机身是水平的,但飞机可能绕轴(飞行方向)侧向摆动一个角度,导致影像在垂直方向上一定范围内发生压缩或伸展。类似地,飞机可能按预期的方向飞行,但机头以一定的角度沿 y 轴出现俯仰。假设机头向下倾斜,则获取的影像在前方(机头方向)发生压缩,在后方(机尾方向)发生伸展;如果机头向上,则相反。遥感平台偶尔顺风或逆风飞行时,为了能够沿直线飞行,就必须做相应调整。飞行员可将飞机机身偏离 Z 轴一定角度,使航线正确,见图8-6。

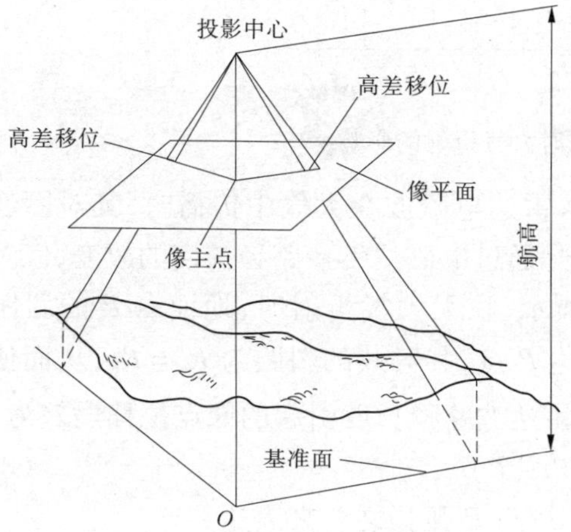

图8-5　地形起伏引起的投影差

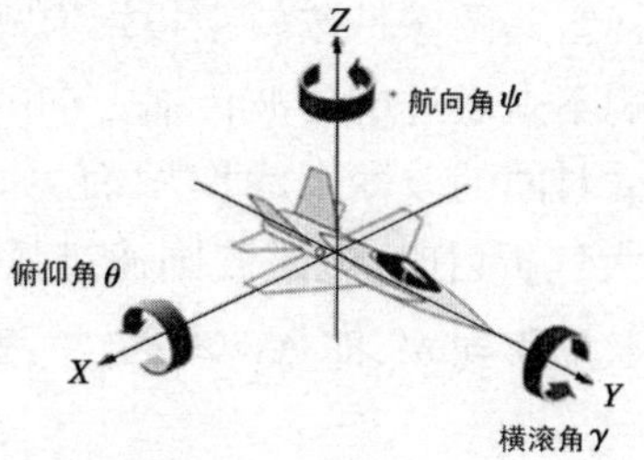

图8-6　平台姿态变化

高质量的卫星和航空遥感系统通常装有陀螺稳定仪,使遥感系统不受飞行器的翻滚和俯仰影响。没有安装稳定仪的遥感系统,会由于翻滚、俯仰和偏航而引入几何误差,且该误差只能利用地面控制点来校正。

(2)传感介质的不均匀(大气折射的影响)。

大气是一个非均匀的介质,它的密度是随离地面高度的增加而递减的,所以电磁波在大气中传播的折射率也随高度而变,从而使电磁波传播的路径不是一条直线而变成了曲线,进而引起了像点位移。

大气折射对方向投影成像和距离投影成像的影响不一样。中心投影和全景投影等都属于方向投影,其成像点的位置取决于地物点入射光线的方向。如图 8-7 所示,在无大气折射影响时,地物点 A 通过直线光线 $\overline{AS}$ 成像于 a_0 点;当有大气折射影响时,A 点通过曲线光线 $\overset{\frown}{AS}$ 成像于 a_1 点,因此而引起像点位移 $\Delta r = \overline{a_1 a_0}$。

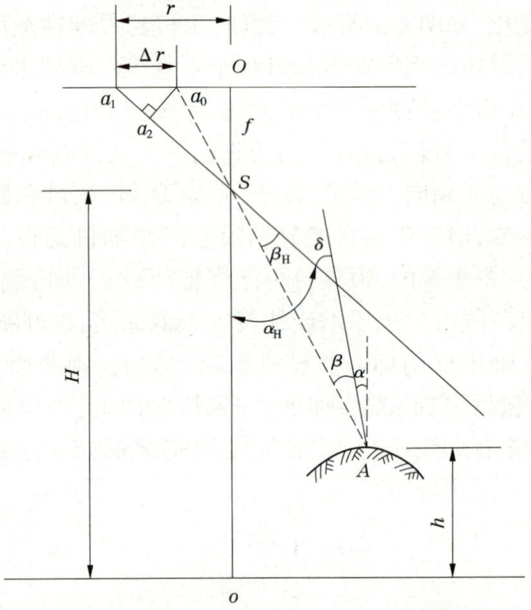

图 8-7　方向投影成像时大气折射的影响

侧视雷达图像是按斜距投影原理形成的。雷达电磁波在大气中传播时,其对图像的变形影响不是通过电磁波传播方向的改变,而是通过电磁波传播路径长度的改变,以及电磁波传播时间的改变来起作用的。如图 8-8 所示,在无大气折射时,地面点 P 的斜距是 R,而有大气折射时,电磁波则通过弧距 R_C 到达 P 点,其等效的斜距为 $R' = R_C$,从而使影像点从 p 位移到 p',即 $\Delta y = \overline{pp'}$。显然,由于雷达波路径长度引起的像点位移误差为

$$\Delta y = \lambda(R' - R) \tag{8-7}$$

式中,路径的长度改变 $\Delta R = R' - R$ 可用弧长 R' 与 R 弧长之差来表达。

(3)地球曲率。

地球曲率引起的像点位移类似地形起伏引起的像点位移。如图 8-9 所示,设地面点到传感器铅垂线 SO 的投影距离为 D,地球的半径为 R_0,则根据圆直径与弦线交割线段间的固定数学关系可得

$$D^2 = (2R_0 - \Delta h)\Delta h \tag{8-8}$$

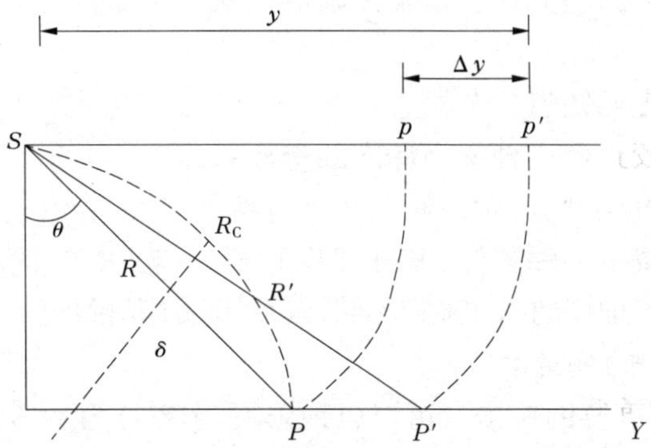

图 8-8　距离投影成像时大气折射的影响

考虑到 Δh 相对于 $2R_0$ 是一个很小的数值，对式（8-8）简化后可得

$$\Delta h \approx D^2/2R_0 \tag{8-9}$$

（4）地球自转的影响。

在静态传感器（常规框幅式摄影机）成像的情况下，地球自转不会引起图像变形，因为其几何整幅图像是在瞬间一次曝光形成的。地球自转主要是对动态传感器的图像产生变形影响，特别是对卫星遥感图像。以陆地资源卫星多光谱扫描仪为例，在卫星由北向南运行的同时，地球表面也在由西向东自转，由于卫星图像每条扫描线的成像时间不同，因而造成扫描线在地面上的投影依次向西平移，最终使得图像发生扭曲。图 8-10 显示了地球静止时的图像（*oncba*）与地球自转时的图像（*onc′b′a′*）在地面上投影的情况。由图可见，由于地球自转的影响，产生了图像底边中点的坐标位移 Δx 和 Δy，以及平均航偏角 θ。

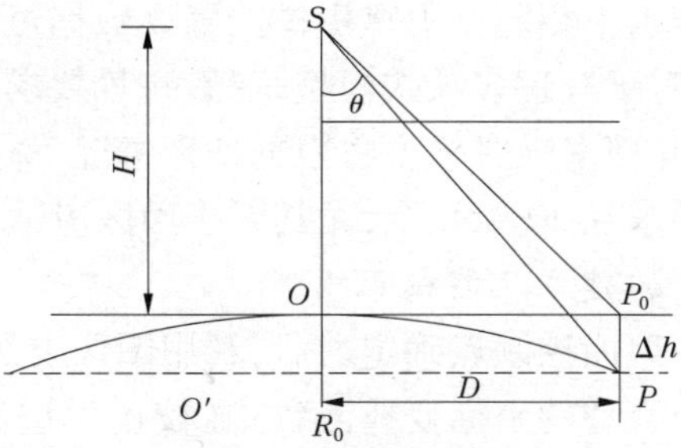

图 8-9　地球曲率的影响

8.1.3.2　几何校正

几何畸变和几何校正是遥感理论的一对派生词，几何校正是因几何畸变而产生的，是解决几何畸变的方法体系。

如果所有的遥感影像数据都在合适的几何位置（*x*，*y*），那就可以将每景影像当作地图来使用了。但实际情况并非如此，通常需要对遥感数据进行预处理，消除几何畸变，使图像单元（像元）位于合适的平面地图位置（*x*，*y*）。这样处理后，就可以建立遥感提取的信息与地理信息系统（GIS）或空间决策支持系统（SDSS）中其他专题信息之间的

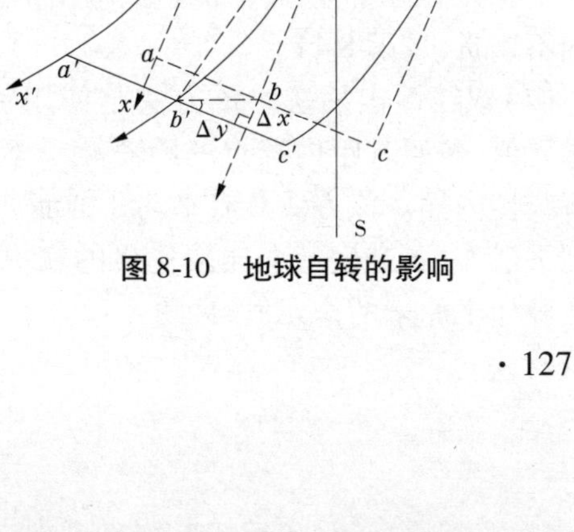

图 8-10　地球自转的影响

联系。几何校正后的影像可以用于提取精确的距离、多边形的面积及方向(方位)等信息。

在做几何校正前,先要知道几个概念:

地理编码:把图像校正到一种统一标准的坐标系。

地理参照:借助一组控制点,对一幅图像进行地理坐标的校正。

图像配准:同一区域里一幅图像(基准图像)对另一幅图像校准。

图像几何校正包括了地理编码和地理参照,以及部分图像配准的范畴,一般步骤如下:

1) GCP(地面控制点)的选取

这是几何校正中最重要的一步。可以以地形图(DRG)为参考进行控制选点,也可以野外 GPS 测量获得,或者从校正好的图像中获取。选取的控制点有以下特征:

(1)GCP 在图像上有明显的、清晰的点位标志,如道路交叉点、河流交叉点等。

(2)地面控制点上的地物不随时间而变化。

GCP 均匀分布在整幅图像内,且要有一定的数量保证,不同纠正模型对控制点个数的需求不相同。卫星提供的辅助数据可建立严密的物理模型,该模型只需 9 个控制点即可;对于有理多项式模型,一般每景要求不少于 30 个控制点,地形复杂的地区适当增加点位;几何多项式模型将根据地形情况确定,它要求控制点个数多于上述几种模型,通常每景要求在 30 ~ 50 个,尤其对于山区应适当增加控制点。

2)建立几何校正模型

地面控制点确定之后,利用图像上的像元坐标(x,y)及其参考地理坐标(X,Y),选择一个合理的坐标变换函数式(校正模型),并推算出变换函数。之后,推算的变换函数重新计算控制点得到(X',Y'),利用(X,Y)和(X',Y')计算控制点的误差,即 *RMS*,如果 *RMS* 太大,需要重新调整控制点。重复这个过程,最后得到一个比较精确的变换函数式,并作用于整个图像。

3)图像重采样

重新定位后的像元在原图像中分布是不均匀的,即输出图像像元点在输入图像中的行列号不是或不全是整数关系。因此,需要根据输出图像上的各像元在输入图像中的位置,对原始图像按一定规则重新采样,进行亮度值的插值计算,建立新的图像矩阵。常用的内插方法包括:

(1)最邻近法。该方法是将最邻近的像元值赋予新像元。该方法的优点是输出图像仍然保持原来的像元值,简单,处理速度快。但这种方法最大可产生半个像元的位置偏移,可能造成输出图像中某些地物的不连贯,见图 8-11。

(2)双线性内插法。该方法是使用邻近 4 个点的像元值,按照其距内插点的距离赋予不同的权重,进行线性内插。该方法具有平均化的滤波效果,边缘受到平滑作用,产生一个比较连贯的输出图像,其缺点是破坏了原来的像元值,见图 8-12。

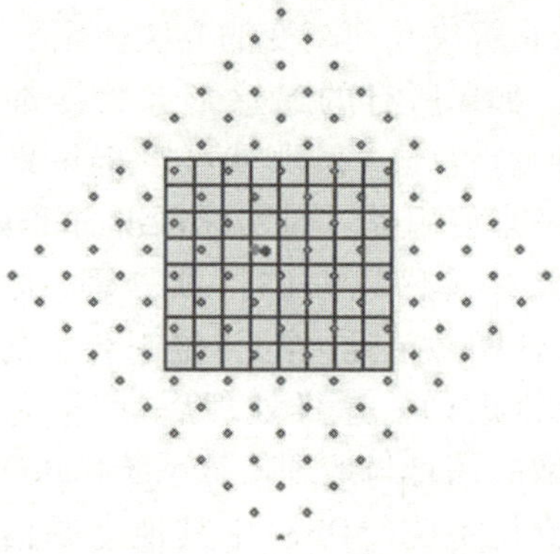

图 8-11　最邻近法示意图

(3)三次卷积内插法。这个方法较为复杂,它使用内插点周围的16个像元值,用三次卷积函数进行内插。这种方法对边缘有所增强,并具有均衡化和清晰化的效果,但它破坏了原来的像元值,且计算量大,见图8-13。

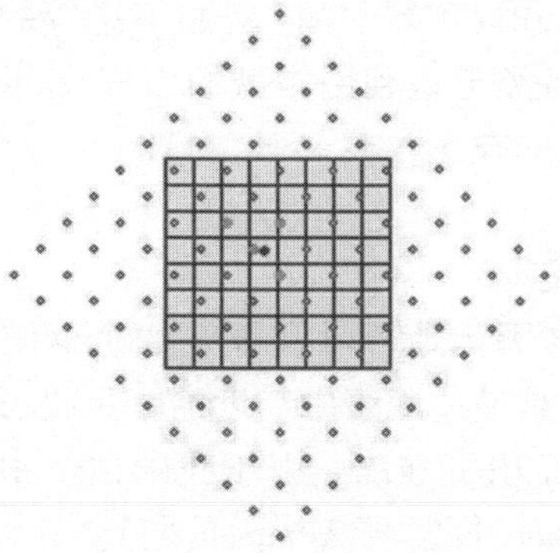

图8-12 双线内插法原理示意图

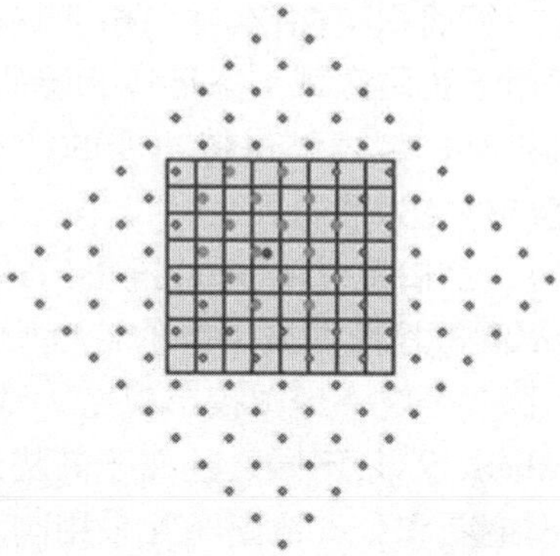

图8-13 三次卷积内插法示意图

一般认为最邻近法有利于保持原始图像中的灰级,但对图像中的几何结构损坏较大。后两种方法虽然对像元值有所近似,但也在很大程度上保留了图像原有的几何结构,如道路网、水系、地物边界等。

8.1.4 卫星影像的地图投影

通过卫星获取的遥感影像本身并不含有任何坐标信息,经过一系列的处理可以使影像上的地物获得地理坐标,即通过经纬度来表示地物的位置。地理坐标系是用经纬度表示球面的位置,但精确分析需要在平面上进行,这就要将地图从三维地理坐标通过投影转换成二维平面坐标,这样的坐标系叫投影坐标系(Coordinate Projection System),它是在地理坐标系上加上投影转换参数。超过了数平方千米范围的区域制图就必须使用地图投影。

常用的地图投影主要包括以下几个方面。

8.1.4.1 高斯-克吕格(Gauss-Kruger)投影(横轴等角切圆柱投影)

高斯-克吕格投影是地球椭球面和平面间正形投影的一种。高斯-克吕格投影精度高,变形小,而且计算简便(各投影带坐标一致,只要算出一个带的数据,其他各带都能应用),因此在大比例尺地形图中应用,可以满足军事上各种需要,并能在图上进行精确的量测计算。高斯-克吕格投影采用北京54坐标系和西安80坐标系的投影方式,我国基本比例尺地形图除1:100万以外均采用高斯-克吕格投影作为地理基础。

8.1.4.2 UTM投影(横轴墨卡托投影)

椭圆柱割地球于南纬80°、北纬84°两条等高圈,投影后两条相割的经线上没有变形,而中央经线上长度比为0.999 6。我国的卫星影像资料常采用UTM投影。某些国外的软件如ARC/INFO,或国外仪器的配套软件如多波束的数据处理软件等,往往不支持高斯-克吕格投影,但支持UTM投影,因此常有把UTM投影坐标当作高斯-克吕格投影坐标提交的现象。

8.1.4.3 阿伯斯(Albers)投影(正轴等积割圆锥投影)

阿伯斯投影的投影区域面积保持与实地相等。阿伯斯投影最适合于东西方向分布的大陆板块,不适合南北方向分布的大陆板块。在处理显示400万、100万的全国数据时,为了保持等面积特性,经常采用Albers投影。如Landsat卫星、中巴资源卫星等的影像产品经常用于我国区域生态环境状况研究,需要统计各类土地利用类型的面积,根据Albers投影其投影区域面积保持不变的特点,需要将影像的投影信息转换为Albers投影,以使得研究结果更为准确。

8.1.4.4 兰伯特(Lambert)投影(正轴等角割圆锥投影)

1∶100万地形图采用兰伯特投影,其分幅原则与国际地理学会规定的全球统一使用的国际百万分之一地图投影保持一致。兰伯特投影是最适用于中纬度的一种投影。它类似于Albers投影,不同之处在于其描绘形状比描绘面积更准确。由于我国位于中纬度地区,中国地图和分省地图经常采用割圆锥投影(Lambert投影或Albers投影)。

8.1.4.5 墨卡托(Mercator)投影(正轴等角圆柱投影)

墨卡托投影的设计思想是令一个与地轴方向一致的圆柱切于或割于地球,将球面上的经纬网按等角条件投影于圆柱表面上,然后将圆柱面沿一条母线剪开展成平面。这是一个广泛应用于航海、航空的重要投影。《海底地形图编绘规范》(GB/T 17834—1999)中规定1∶25万及更小比例尺的海图采用墨卡托投影,其中基本比例尺海底地形图(1∶5万,1∶25万,1∶100万)采用统一基准纬线30°,非基本比例尺图以制图区域中纬为基准纬线。基准纬线取至整度或整分。

一般地,不同的遥感卫星原始影像采用的投影各不相同,在实际应用中,需要根据应用领域的需求选择合适的投影坐标,并进行投影转换。遥感影像监测的应用领域类型,部分常用卫星影像及其使用的投影信息如表8-3所示。

表8-3 常用卫星影像及其使用的投影信息

应用领域	影像数据	投影
地形图更新	IKONOS卫星影像	Gauss - Kruger投影
	SPOT5卫星影像	
土地利用变化	Landsat卫星影像	Albers投影
	高分二号卫星影像	
植被覆盖变化	MDDIS影像	UTM投影
	Landsat卫星影像	Albers投影
气溶胶光学厚度	MODIS	Lambert投影

8.2 遥感图像的增强处理

卫星遥感图像受传统航空摄影技术及其他各种噪声的影响,造成遥感图像质量的退化,从而影响了后期遥感信息的提取和处理,遥感图像的增强处理,可以改善图像中某些特性的视觉效果。如要保证遥感图像判读的正确性,保证工作质量,就要求有一套能够提高遥感图像的可判读性的方法。

8.2.1 彩色合成

人眼对黑白密度的分辨能力有限,大致只有 10 个亮度级,而对彩色影像的分辨能力则要高得多。如果以平均分辨率 $\Delta\lambda = 3$ nm 计算,人眼可分辨出上百种颜色差别。这还仅仅是考虑了色别一个要素,如果加上颜色的其他两个要素饱和度和亮度,人眼能够辨别彩色差异的级数要远远大于黑白差异的级数。为了充分利用色彩在遥感图像判读和信息提取中的优势,常常利用彩色合成的方法对多光谱图像进行处理,以得到彩色图像。

彩色图像可以分为真彩色图像和假彩色图像。真彩色图像的颜色与人眼视觉所看到的颜色基本一致。假彩色图像是图像的色调与实际地物色调不一致的图像。TM 遥感数据具有适合中等尺度研究的空间分辨率,并且相对易于获取,在土地变化研究中应用最为普遍。TM 遥感数据为多光谱数据,最佳波段选取是遥感图像增强处理的关键部分,直接影响到目视解译和研究对象的信息提取。目前,目视判读在遥感图像解译中仍具有重要作用,人眼对彩色比较敏感且分辨能力强,而 TM 单波段图像为灰度图,不利于目视判读。根据彩色图像合成原理,如果在 3 个通道上安置 3 个波段图像,然后分别赋予红、绿、蓝色,叠合在一起即可得到彩色图像。因此,选择合适的波段数据合成彩色图像,可充分利用信息丰富的彩色合成图像进行目标判读。如何从 TM 影像的多光谱数据中选取最佳波段合成彩色图像,是遥感数字图像处理的基础问题。

彩色合成包括伪彩色合成、真彩色合成、假彩色合成和模拟真彩色合成 4 种方法。其中,伪彩色合成是将单波段灰度图像转变为彩色图像的方法,真彩色和假彩色合成是彩色合成方法,模拟真彩色合成是通过模拟产生近似真彩色的彩色合成方法。这些彩色合成方法往往又被称为彩色增强。

8.2.1.1 伪彩色合成

伪彩色合成是把单波段影像中的不同灰度级按特定的函数关系变成彩色,然后进行彩色图像合成的方法,主要通过密度分割的方法来实现(如图 8-14 所示)。

密度分割法是对单波段遥感图像按灰度分级,对每级赋予不同的色彩,使之变为一幅彩色图像。如图 8-14 所示,把单波段图像的灰度范围划分成 N 级 $C_i(i=1,2,3,\cdots,N)$ 并赋值,例如把灰度范围为 0 ~ 15 定为 C_1,赋值为 1;灰度范围为 15 ~ 20 定为 C_2,赋值为 2;灰度范围为 20 ~ 66 定为 C_3,赋值为 3 等。然后赋予每个级别不同的颜色(红、绿、蓝),以此类推,生成一幅彩色图像。由于计算机显示器的色彩显示能力很强,因此在理论上完全可以将每个灰度级映射为单独的颜色。密度分割中的彩色是人为赋予的,与地物的真实颜色毫无关系,因此称为伪彩色。

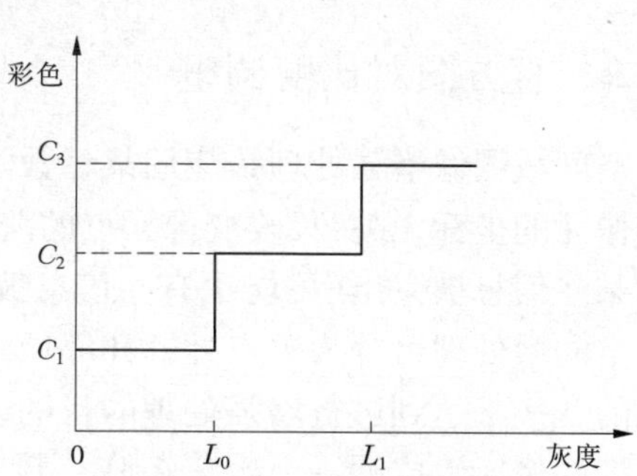

图 8-14　密度分割示意图

经过密度分割后,图像的可分辨率得到明显提高。如果分级与地物光谱特性的差异对应较好,可以较准确地区分出地物类别。例如,在近红外波段,水体的吸收率很高,在图像上的色调近于黑色,若取低灰度值为分割点即可分出水体。因此,只要掌握了地物的光谱特征,就可以较好地分割出地物类别。

8.2.1.2 真彩色合成

如果彩色合成中选择的波段的波长与红、绿、蓝的波长相同或近似,那么得到的图像的颜色与真彩色近似,这种合成方式称为真彩色合成。使用真彩色合成的优点是合成后图像的颜色更接近自然色,与人对地物的视觉感觉相适应,更容易对地物进行识别。

例如,将 TM 影像的 3、2、1 波段分别赋予红、绿、蓝三色,由于赋予的颜色与原波段的颜色相同,可以得到近似的真彩色图像,这种图像接近彩色照片,在多波段图像分析判读中经常使用。

8.2.1.3 假彩色合成

假彩色合成是最常用的一种方法。它与伪彩色合成的不同之处在于,假彩色合成使用的数据是多波段图像。

计算机显示器的彩色显示系统是根据三原色加色法合成原理,即由 3 个电子枪分别在屏幕上形成红、绿、蓝三原色像来合成彩色图像。因此,对于多波段遥感图像,选择其中的任意 3 个波段,分别赋予红、绿、蓝 3 种原色,即可在屏幕上合成彩色图像。由于三原色波段的选择是根据增强目的确定的,与原来波段的真实颜色不同,所合成的彩色图像并不表示地物真实的颜色,因此这种合成方法称为假彩色合成,在图像增强上称为假彩色增强。

假彩色合成选用的波段应该以地物的光谱特征作为出发点,不同的波段合成方式,用来突出不同的地物信息。

8.2.1.4 模拟真彩色合成

由于蓝光容易受到大气中气溶胶的影响,有些传感器舍弃了蓝波段,因此通过彩色合成无法得到真彩色图像。这时,可以通过某种形式的运算得到模拟的红、绿、蓝 3 个通道,然后通过彩色合成近似地产生真彩色图像。

8.2.2 直方图对比度调整

空间域图像增强处理是应用某种数学模式直接改变图像像元灰度值的变换。这种变换与像元的坐标无关,只改变像元点的灰度深浅程度,即改变了图像的对比度,这样图像中的某些信息被突出(可能也有些信息被压抑了),达到了图像增强的目的。

空间域处理可分为单点处理和邻域处理。所谓单点处理,指在处理过程中仅考虑像元点的变换来达到进行增强处理的目的,而数字图像的亮度值是离散的,它是由一系列依序排列的像元组成的一个数字矩阵。数字图像的亮度编码是从 0 ~ 255,即 256 级灰阶。对于一幅图像,可以统计出每一个亮度等级的像元数 m_i。如果整幅图像的像元总数为 M,则某一亮度值的频率为

$$P_i = \frac{m_i}{M} \tag{8-10}$$

以横坐标表示亮度级,纵坐标表示每一亮度级的像元数或频率,绘制出如图 8-15 所示的统计图,称为图像的亮度直方图,每幅数字图像都有不同的直方图形态。观察直方图的形态,可以粗略分析图像的质量。

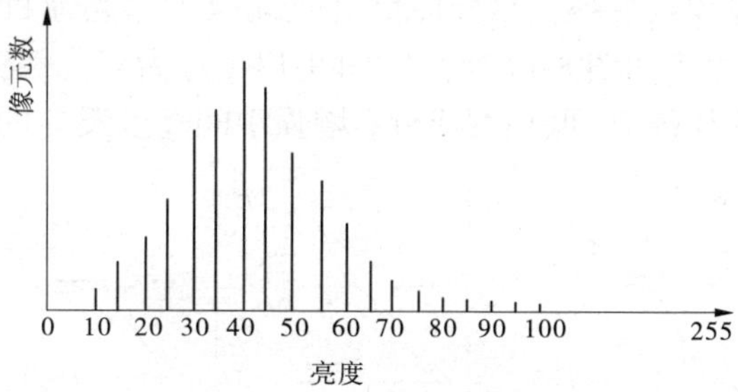

图 8-15 图像亮度直方图

按照统计规律,像元亮度值的分布是随机的,直方图应该呈正态分布,如图 8-16(a)所示。当直方图的峰值偏向坐标轴的左侧时,如图 8-16(b)所示,说明图像偏暗。当直方图的峰值偏向坐标轴的右侧时,如图 8-16(c)所示,说明图像偏亮。当直方图的峰值提升过陡,峰值范围过窄时,如图 8-16(d)所示,说明图像亮度过于集中。这些情况说明通过改变直方图的性质,就可以改善图像的质量。常用的方法有对比度的线性变换和非线性变换。

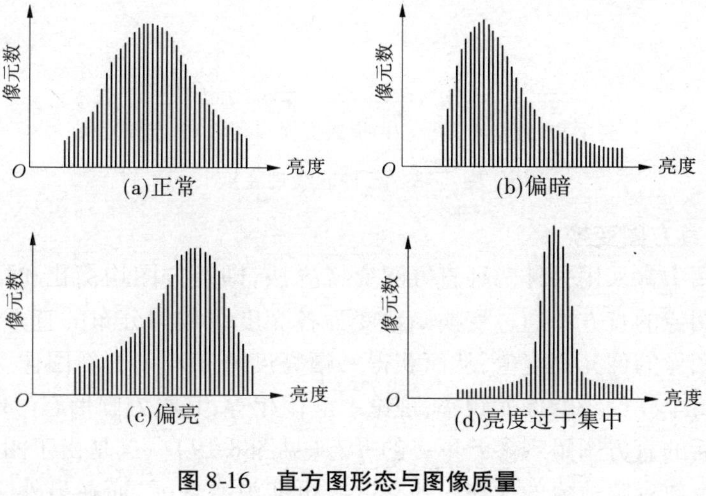

图 8-16 直方图形态与图像质量

8.2.2.1 线性变换

变换前图像的亮度范围与变换后图像的亮度范围是直线关系,叫线性变换。简单的线性变换是按比例扩大原始亮度等级的范围,通常为了充满显示设备的动态范围,使输出图像直方图的两端达到饱和。如有一图像直方图最小亮度值为 10,最大亮度值为 52,经简单线性变换后,输出的最小值为 0,最大值为 255,原图像上其他亮度值按等比例换算。

线性变换是通过一个线性函数进行变换,其数学表达式为

$$d'_{ij} = Ad_{ij} + B \tag{8-11}$$

式中，d'_{ij} 为经线性变换后输出像元的亮度值；d_{ij} 为原图像像元亮度值；A 和 B 为两个常数。

有时为了更好地调整图像对比度，需要在一些亮度段进行拉伸，在另外一些亮度段进行压缩，这种变换叫分段线性变换。这样能更有效地拉大感兴趣目标与其他地物之间的反差。分段线性变换的形式如图 8-17 所示。图 8-17（a）为双线性变换，图 8-17（b）为三线性变换，图 8-17（c）为压缩高、低亮度成分，增强中间亮度反差的三线性变换。

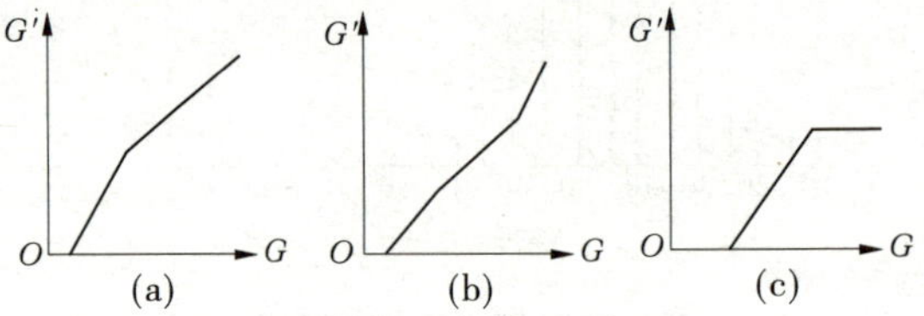

图 8-17　分段线性变换

8.2.2.2　非线性变换

变换前图像的亮度范围与变换后图像的亮度范围是非直线关系，这种变换叫非线性变换，如对数变换、指数变换等（见图 8-18）。不论采用哪种直方图变换方式，都是通过改变图像像元的亮度值来改变图像像元的对比度，从而改善图像质量的增强处理方法，使得目标地物更加容易识别和解译。

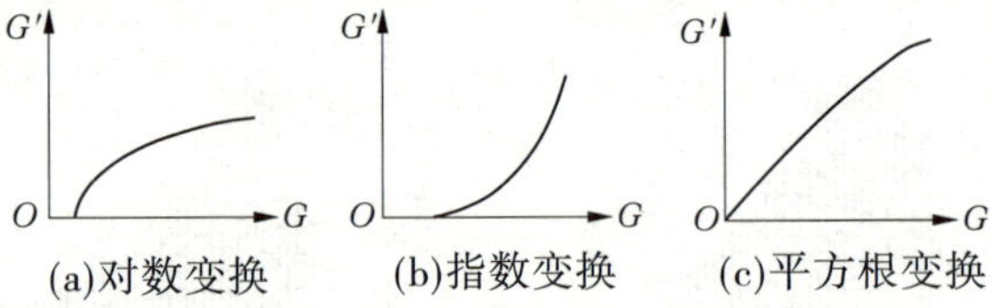

图 8-18　三种非线性变换

8.2.2.3　其他直方图变换

在实际应用中常采用另外两种直方图变换方法，即直方图均衡化和特定化。直方图均衡化是将原图像的直方图通过变换函数变为各亮度级均匀分布的直方图，然后按均匀直方图修改原图像的像元亮度值，从而获得一幅亮度分布均匀的新图像。直方图均衡化处理后的图像每个亮度级的像元频率，理论上应该相等，其直方图形态为理想的直线。而实际上均衡化后的直方图呈现参差不齐的形态（见图 8-19）。这是由于图像是离散的，各亮度级的像元个数有限造成的。在一些亮度级可能没有像元，而在另外一些亮度级却有大量像元。

直方图均衡化增强处理，合并了图像中频率小的亮度级，拉伸了频率高的亮度级，使亮度集中于中部的图像得到改善，增强图像上大面积地物与周围地物的反差。

直方图特定化（或规定化）是将随机分布的原图像直方图修改成特定形状的直方图，如高斯分布、某一参考图像的直方图等，如图 8-20 所示。特定化变换后的直方图只是尽可能地接近参考直方图的形状，而不可能完全相同。直方图特定化又称为直方图匹配，这种增强方法经常作为图像镶嵌处理或遥感图像进行动态变化研究的预处理，因为通过直

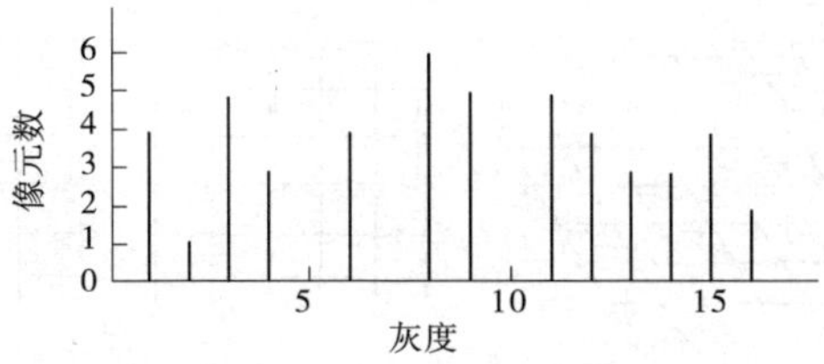

图 8-19　均衡化后的直方图

方图匹配可以调整两幅图像的色调差异，部分消除由于太阳高度角或大气影响造成的两图像色调差异。

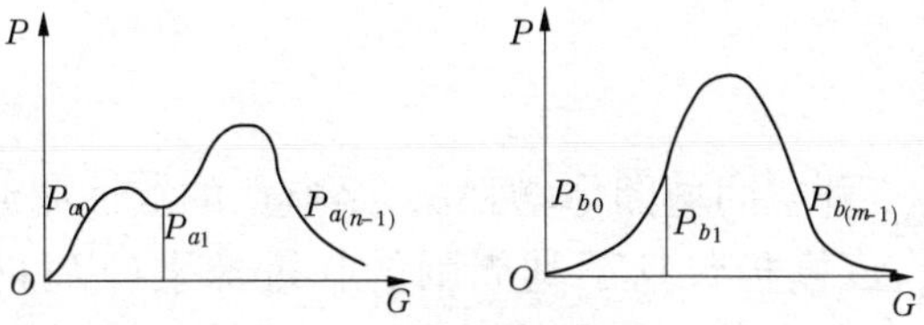

图 8-20　直方图特定化

8.2.3　密度分割和灰度颠倒

8.2.3.1　密度分割

亮度是卫星影像分析中最主要的参数。对图像的亮度进行密度分割，使一定亮度范围对应某一类或几类地物，从而用于图像增强、分类。密度分割的关键是确定分割级数和分割点。

卫星数字图像 $IA(I,J)$ 是一个二维数组，各数组元素 $KA(I,J)$ 的值即是各像元的亮度值。找出 KA 中的最大、最小亮度值，在该密度范围内定出要分割的级数和每一级分割点的界限值；根据各像元亮度值的大小确定其归属哪一类，即实现了密度分割。

8.2.3.2　灰度颠倒

灰度颠倒（灰度反转）是指对图像灰度范围进行线性或非线性取反，产生一幅与输入图像灰度相反的图像。

8.2.4　邻域法增强处理

邻域分析的计算是以待计算栅格为中心，向其周围扩展一定范围，基于这些扩展栅格数据进行函数运算，从而得到此栅格的值。邻域法增强处理需要在被处理像元的周围像元参与下进行，例如一个 3×3 像元的邻域窗口在数字图像上运算处理过程如图 8-21 所示。图 8-21(a)为邻域窗口投影叠合在数字图像上；图 8-21(b)为运算时在 x、y 方向上的移动方式，邻域窗口运算结果的值放在窗口中心像元的位置上。邻域法处理用于图像平滑、锐化和相关运算，这里介绍前两种方法。

8.2.4.1　图像平滑

图像在获取和传输的过程中，受传感器和大气等因素的影响会存在噪声。在图像上，这些噪声表现为一些亮点，或亮度过大的区域。为了抑制噪声、改善图像质量所做的处理

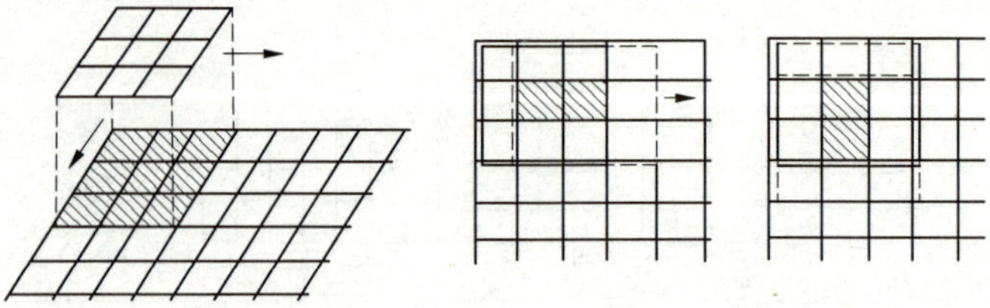

(a) (b)

图 8-21　邻域法处理

称为图像平滑。它使图像中的高频成分消退，即平滑图像的细节，使其反差降低，保存低频成分，在频域中称为低通滤波。在空间域处理中，是对邻域窗口 $M \times N$ 内的图像区域积分。

1）均值滤波

邻域均值滤波法是一种空间域图像增强法，是典型的线性滤波算法，它是指在图像上对目标像素给一个模板，该模板包括了其周围的临近像素（以目标像素为中心的周围 8 个像素，构成一个滤波器，即去掉目标像素本身），再用模板中的全体像素的平均值来代替原来的像素值，见图 8-22。

(a)

1	1	1
1	0	1
1	1	1

(b)

1	1	1
0	0	0
1	1	1

(c)

1	1	1
1	0	1
1	1	1

图 8-22　各种邻域算子（平滑）

一般是在 $M \times N$ 模板邻域窗口的每个元素中加正权，通过与窗口投影下的图像的各像元相乘再相加（称为空间卷积）的方法来运算。窗口的大小可以根据需要选择，加权后邻域窗口也称为邻域算子或模块。

假如邻域窗口为图 8-23（a），数字图像为图 8-23（b），则原图像中 128 的高亮值，就被邻域窗口的卷积运算结果所代替，新值为

$$(23 \times 1 + 26 \times 1 + 45 \times 1 + 32 \times 1 + 128 \times 0 + 55 \times 1 + 32 \times 1 + 22 \times 1 + 45 \times 1) \div 9 \approx 31$$

同样，图像中其他高亮度区域也可以用此处理方法来平缓亮度变化。这种算法的优点是简单，计算速度快，对整幅图像平滑的结果将使反差减小。但在去掉噪声的同时也造成图像模糊，特别使得图像的边缘和细节削弱很多。而且随着邻域范围的扩大，在去噪声能力增强的同时模糊的程度也相应增加。为保留图像的边缘和细节信息，通常对上述算法进行改进，即引入阈值 T，当原图像的亮度值与平滑后的均值之差的绝对值小于或等于阈值 T 时，图像取原值；大于阈值 T 时，图像取平滑后的均值。

2）中值滤波

中值滤波是一种最常用的非线性平滑滤波器，它将窗口内的所有像素值按大小排序后，取中值作为中心像素的新值。窗口的行列数一般取奇数。由于用中值替代了平均值，

1	1	1
1	0	1
1	1	1

(a)

23	26	45	32	33	30	29	23	26	25
32	128	55	48	50	42	44	33	55	43
32	22	45	43	40	49	52	49	53	48
39	52	55	49	46	89	90	78	45	43
43	33	54	56	97	88	94	88	99	41
27	30	29	44	33	97	100	98	56	48
37	32	26	33	36	44	99	47	36	39
48	57	55	43	44	46	54	47	39	40
23	26	45	32	33	30	29	23	26	25
32	22	45	43	40	49	52	49	53	48

(b)

图 8-23　均值滤波算法

中值滤波在抑制噪声的同时能够有效地保留边缘,减少模糊。

图 8-24 是一幅表示 5×5 的图像,采用 1×3 的模板做中值滤波的结果,其中最左和最右两列保留原值。例如,对于第一行第三列的中心滤波,原始像素值为 2、7、6,排列后为 2、6、7,所以滤波后,中心像素值 7 变为 6;对于第 5 行第 3 列的数据,通过中值滤波,噪声点 88 被去除,该值变为 6。

中值滤波与均值滤波的目的都是去除图像上尖锐的“噪声”,平滑图像,但两者之间又有区别,选用哪一种方法要根据图像特点和处理目的决定。

4	2	7	6	3
2	1	0	5	2
3	3	4	1	7
5	6	10	4	3
2	4	88	6	7

↓

4	4	6	6	3
2	1	1	2	2
3	3	3	4	7
5	6	6	4	3
2	4	6	7	7

图 8-24　中值滤波算法

8.2.4.2　图像锐化

为了突出图像中的地物边缘、轮廓或现状目标,可以采用锐化的方法。锐化是与平滑相反的增强处理方法,它增强图像中的高频成分,在频域处理中称为高通滤波,它提高了边缘与周围像素之间的反差,因此也称为边缘增强(检测)。通过锐化的图像,可以提取需要的地物信息。锐化后的图像已不再具有原遥感图像的特征,因而称为边缘图像。

1)线性锐化滤波器

线性高通滤波器是最常用的线性锐化滤波器。这种滤波器的中心系数为正数,其他系数为负数。该滤波器有时会导致输出的像素值为负数,因此还需要进行灰度变换,使结果保持在正数范围内。

线性高通滤波锐化可以通过原始图像减去低通图像得到。例如,原始图像减去均值滤波的图像，结果就是线性锐化的图像。这种操作又被称为掩模。

2）梯度法

梯度法是非线性锐化滤波器，是常用的微分方法。采用各种梯度算法求得各像元的梯度值后，代替原图像的亮度值。这样处理后的图像突出了边缘轮廓，而其他亮度变化均匀的区域则几乎为黑色。为了在边缘增强的同时，保留背景的信息，同样采用阈值法进行处理，或者有时采用二值方法，形成二值图像，如 255 表示边缘，0 表示背景。

图像 $f(x,y)$ 在像素点 (x,y) 处的梯度可定义为一个向量

$$\mathrm{grad}f(x,y) = \begin{bmatrix} f'_x \\ f'_y \end{bmatrix} = \begin{bmatrix} \dfrac{\partial f(x,y)}{\partial x} \\ \dfrac{\partial f(x,y)}{\partial y} \end{bmatrix} \tag{8-12}$$

梯度的模为各分量的平方和再求平方根，即为

$$|\mathrm{grad}f(x,y)| = \sqrt{\left(\frac{\partial f(x,y)}{\partial x}\right)^2 + \left(\frac{\partial f(x,y)}{\partial y}\right)^2} \tag{8-13}$$

从梯度的定义可知，梯度实际上反映了相邻像素之间灰度的变化率，图像中的边缘，例如河流和湖泊的边界、道路等处灰度的变化率较大，因此在边缘处一定有较大的梯度值；而大面积的平原、海面灰度变化较小，一定具有较小的梯度值；对于灰度级为常数的区域，梯度值为 0。因此，以梯度值代替像素的原灰度值生成梯度图像，在梯度图像上梯度值较大的部分就是边缘。

算法模块也可以根据需要来设计，如图 8-25 所示，为几种加不同权和邻域大小不同的模块。其中 8-25（a）是一维算子，图 8-25（b）称为拉普拉斯算子，3 ×3 模块，图 8-25（c）为方向算子，图 8-25（d）为 5 ×5 模块。

-1
2
-1

-1	2	-1

(a)

0	-1	0
-1	4	-1
0	-1	0

-1	-1	-1
-1	8	-1
-1	-1	-1

(b)

-1	-1	-1
0	0	0
1	1	1

-1	0	-1
-1	0	-1
-1	0	-1

(c)

-1	-1	-1	-1	-1
-1	-1	-1	-1	-1
-1	-1	24	-1	-1
-1	-1	-1	-1	-1
-1	-1	-1	-1	-1

(d)

图 8-25　各种不同的模块（锐化）

锐化模块在被处理像元邻域内是加负权，也可以看成被处理像元减去一个平滑模块的空间卷积值。锐化是高通滤波，因此高通滤波图像也就是原始图像减去低通滤波图像。锐化与平滑的关系见图 8-26。

$$\frac{1}{4}\times\begin{array}{|c|c|c|}\hline 0 & -1 & 0 \\ \hline -1 & 4 & -1 \\ \hline 0 & -1 & 0 \\ \hline\end{array} = \boxed{1} - \frac{1}{4}\times\begin{array}{|c|c|c|}\hline 0 & 1 & 0 \\ \hline 1 & 0 & 1 \\ \hline 0 & 1 & 0 \\ \hline\end{array}$$

图 8-26　锐化与平滑的关系

8.2.5　图像运算

8.2.5.1　加法运算

加法运算公式为

$$B = \frac{1}{m}\sum_{i=1}^{m} B_i \tag{8-14}$$

通过加法运算可以加宽波段，如绿色波段和红色波段图像相加可以得到近似全色图像；而绿色波段、红色波段和红外波段图像相加可以得到全色红外图像。

图像相加的一个重要作用是对所获取的同一场景的多幅图像求平均，常常用来有效地削弱图像的加性随机噪声。

8.2.5.2　减法运算

图像的减法运算，又称减影技术，是指对同一景物在不同时间拍摄的图像或同一景物在不同波段的图像进行相减。差值图提供了图像间的差异信息，用以指导动态监测、运动目标监测和跟踪、图像背景消除及目标识别等工作。

$$B = B_X - B_Y \tag{8-15}$$

式中，B_X、B_Y为两个不同波段的图像或者不同时相相同波段的图像。当为两个不同波段的图像时，通过减法运算可以增加不同地物间光谱反射率及在两个波段上变化趋势相反时的反差。而当为两个不同时相相同波段图像相减时，可以提取地面目标的变化信息。

当用红外波段与红色波段图像相减时，即为植被指数，即

$$I_{VI} = B_{IR} - B_R \tag{8-16}$$

8.2.5.3　乘法运算

乘法运算公式为

$$B = \left[\prod_{i=1}^{m} B_i\right]^{\frac{1}{m}} \tag{8-17}$$

通过乘法运算得到的结果与加法运算结果类似。乘法运算可用来遮掉图像的某些部分。例如使用一掩模图像（对需要被完整保留下来的区域，掩模图像上的值为1，而对被抑制掉的区域，则值为0）去乘图像，可抹去图像的某些部分，即使该部分为0。

8.2.5.4　除法运算

图像的相除又称比值处理，是遥感图像处理中常用的方法。

$$B = \frac{B_X}{B_Y} \tag{8-18}$$

通过比值运算能压抑因地形坡度和方向引起的辐射量变化，消除地形起伏的影响；也可以增强某些地物之间的反差，如植物、土壤和水在红色波段与红外波段图像上反射率是

不同的，通过比值运算可以加以区分。例如，有些地物在单波段图像内的亮度差异极小，用常规方法难以区分它们。像水和沙滩，第四波段和第七波段上的亮度非常接近，如表8-4所示，判读容易混淆。但如果把两波段图像相除，其比值的差异变大，就容易将它们区分开。

表8-4　地物亮度

波段	地物	
	水	沙滩
4	16	17
7	1	4
4/7	16	4.25

比值处理若与彩色合成技术相结合，增强效果更佳。目前，国内外已将比值彩色合成法成功地用于找铁、铀、铜等矿床。

8.2.5.5　逻辑运算

二进制数1和0在逻辑上可以代表"真"与"假""是"与"非""对"与"错""有"与"无"，这种具有逻辑属性的变量就称为逻辑变量。逻辑变量之间的运算称为逻辑运算。逻辑运算只有两种结果，用二进制表示就是0和1，表现在图像的显示上就是黑和白，0表示黑，1表示白。当然，在彩色图像上，会由于红、绿、蓝三种颜色的成分不同形成彩色，因为三种加色要么是两两等比例相加（都为1），要么是三种等比例相加，因此显示的色彩除了红、绿、蓝三种颜色，还有青、品、黄、黑、白。逻辑运算不会出现其他颜色。

在逻辑运算中，不为0则为真，都用1表示。进行逻辑与运算时，只有全为真时结果才为真；而逻辑或运算中，只要一个为真结果就为真。如25与0进行逻辑与运算，25不为0，为真(1)，0为0，为假(0)，逻辑与运算结果为0。若25与0进行逻辑或运算，25不为0，为真(1)，0为0，为假(0)，逻辑或运算只要有一个为真就为真，因而运算结果为1。

8.2.5.6　异或运算

$$C(x,y) = A(x,y) \oplus B(x,y) \tag{8-19}$$

一般在图像中每个像素有R、G、B三个通道，各个通道可以表示0~255级灰度，每个通道可以用八位二进制表示，如，R:00000000，G:00000000，B:00000000，表示一个呈现为纯黑色的点。

所谓异或运算是指相应位相异则取1，否则取0，如图像a和b进行异或运算得到图像c：

图像$a(m,n)$为R:00000000，G:00000000，B:00000000

图像$b(m,n)$为R:01010101，G:01010101，B:01010101

则异或结果为：

图像$c(m,n)$为R:01010101，G:01010101，B:01010101

*ENVI*中异或运算可用下列函数表达：

$$\text{not}((b_1 \text{ and } b_2)\text{or}((\text{not } b_1)\text{and}(\text{not } b_2))) \tag{8-20}$$

8.2.6 数据融合

遥感数据具有不尽相同的空间分辨率、波谱分辨率和时相分辨率，如果能将它们各自的优势综合起来，便可以弥补单一图像上信息的不足，这样不仅扩大了各自信息的应用范围，而且大大提高了遥感影像分析的精度。多源遥感影像融合通过多级影像处理技术来复合多源遥感信息，其将多源信道所采集的关于同一目标的图像经过一定的处理，提取各自通道的信息，最后综合成统一图像或综合图像特征以供观察或进一步处理，以改善解译的精度、可靠性及使用率，形成对目标的完整一致的信息描述。

数据融合可以应用于不同类型的遥感数据，如多光谱数据与雷达影像数据融合，或多光谱影像与数字高程数据融合，但典型的数据融合还是同一地区低空间分辨率的多光谱影像与高分辨率的影像数据进行的融合。如将 SPOT 多光谱数据（20 m 的空间分辨率）与同一地区相应的 SPOT 全色波段的数据（10 m 的空间分辨率）融合，或者 TM 的多光谱数据与航空摄影数据的融合。

融合技术是假设同一天内或在很短的时间间隔内获得的不同影像数据之间是兼容的，同时影像可以相互配准。融合前必须对影像进行校正，使它们具有相同的几何特征，同时还必须确保在空间上是配准的。数据融合的基本任务就是用高分辨率影像的空间细节代替某一多光谱波段的低分辨率空间细节，然后应用某种技术恢复由于融合而丢失的多光谱影像中的光谱信息。融合一般分为以下 3 类。

8.2.6.1 光谱域处理方法

光谱域处理方法是把多光谱波段转换到光谱数据空间，找到与全色波段相关程度最高的新波段，把新波段的光谱分配到高分辨率的全色波段影像上。这种方法主要适用于相同传感器的低分辨率多波段数据与高分辨率全色波段的融合。主要有两种处理技术。

（1）色彩变换（IHS）技术是一种光谱域处理技术。明度、色调、饱和度（IHS）指的是多光谱数据的三个维度，也就是我们日常所说的“颜色”的性质三要素。明度就是亮度；色调是与光谱波长有关的，对不同波长的可见光光谱，我们正常的眼睛会感受到不同的颜色，因此色调又与颜色类别有关；饱和度指的是颜色的纯度。对于色彩变换融合技术，首先将低分辨率影像的三个波段红、绿、蓝（RGB）空间变换到明度、色调、饱和度（IHS）空间，将高分辨率影像进行拉伸，使得它与低分辨率影像的明度均值和方差相接近。用拉伸后的高分辨率影像替代原来影像的明度，然后把影像转回到 RGB 空间。该技术的关键在于高分辨率影像明度分量的替换，这样处理后使得影像不仅具有低分辨率影像的明度特征，而且具有高分辨率影像的空间细节。

（2）主成分变换技术（PCT）是对原始的低分辨率影像先进行主成分分析，将高分辨率影像进行拉伸，使得它与第一主成分的均值和方差相接近。用拉伸后的高分辨率影像替代低分辨率影像的第一主成分。然后用替代后的高分辨率影像作为第一主成分，再把该影像变回到原来的形式。主成分变换（PCT）方法的关键在于多光谱影像的第一主成分中通常包含了原始多波段影像 90% 以上的亮度信息。

8.2.6.2 空间域处理方法

空间域处理方法是提取高分辨率影像的高频变化信息，再将提取出的高频信息引入到低分辨率的多光谱影像中的方法，如高通滤波技术(HPF)。用高通滤波将高分辨率影像中的高频信息提取出来，这些高频信息正是包含地面空间细节程度的信息。该高频信息被引入到低分辨率影像具有补偿空间分辨率的作用，既保留了低分辨率影像的亮度值，又融合了高分辨率影像的空间细节。Ranchin 和 Wald(2000)提出的 ARSIS 技术就是运用了小波变换方法实现了在低分辨率影像中模拟高分辨率影像的空间细节。

8.2.6.3 代数运算方法

代数运算方法是对影像中的每个像元进行处理，计算多光谱影像中的三个波段的光谱信息比例，用高分辨率影像代替三个波段中的某个波段，这样的替换使得高分辨率影像被赋予了正确的光谱亮度值。Brovey 变换就是计算高分辨率影像亮度的波段替换比例。这个方法的目的就是保留原始多光谱影像的光谱完整性，要做到这一点只要全色影像的光谱范围等于多光谱影像三个波段综合的光谱范围就可以了。但很多多光谱影像并非如此，因此这个处理方法并不总是能保留原始多光谱影像的光谱值。

乘法模型(MLT)是把一个多光谱像元与相应的高分辨率影像的像元进行相乘。为将亮度调节到近似原始影像的亮度范围，要通过计算多波段综合亮度的平方根。计算得出的结果是一种组合亮度，需要进行权重计算才能恢复各波段的亮度近似值。虽然这些权重是任意选的，但许多人发现这个处理方法能产生让人满意的结果。

通过影像融合而成的合成影像是为目视解译服务的。由于对不同组合的融合数据的评价标准和方法有很大不同，因此很难对这些方法作出明确的评价。Chavez 等(1991)发现，对于 TM 和高空摄影影像的融合，高通滤波技术优于彩色变换和主成分变换技术。而 Carter 认为彩色变换(IHS)和高通滤波技术 (HPF)方法能产生很好的融合效果。Wald 等(1997)提出了一个对融合后的影像质量进行评估的框架，并强调在融合过程中也要考虑影像记录的地物特征。由于融合后的影像是对数据的任意操作组合而来的，所以它们只适合目视解译，而不适合进一步的数字分类或分析。

8.2.7 多波段压缩处理

8.2.7.1 多光谱影像多波段压缩处理

遥感多波段图像的波段较多，如 LandsatTM 图像有 7 个波段。如此大量的数据，在数据分析和处理过程中会影响运算速度和方法。而实际上多波段图像的各波段之间有一定的相关性，各波段之间往往存在信息冗余。因此，通过对多波段的变换处理，去除相关性很高的波段，保留信息量大的某些波段，可以压缩波段数和数据量，使得遥感图像后续分析处理效率更高，目视解译效果更好。这种波段压缩的处理既是一种图像增强处理方法，又是一种图像预处理方法，因此这类处理又叫特征提取。实现多波段压缩的变换方法目前主要有两种：主成分分析和 K－T 变换。主成分分析方法在遥感数据预处理一章中已经介绍，这里主要介绍 K－T 变换的方法。

K－T 变换与主成分分析一样，也是一种线性组合变换，又称为“缨帽变换”。它是 Kauth 和 Thomas 于 1976 年发现的，这种变换使坐标空间发生旋转，但旋转后的坐标轴不是指向主成分的方向,而是指向另外的方向,这些方向与地面景物有密切的关系,特别是与植物生长过程和土壤有关。这样既可以实现信息压缩,又可以帮助解译分析农业特征,因此有很大的实际应用意义。目前,对这个变换的研究主要集中在 MSS 与 TM 两种遥感数据的应用分析方面。

8.2.7.2 高光谱影像多波段压缩处理

遥感技术在 20 世纪 80 年代进入了高光谱遥感时代,由于高光谱遥感影像能够提供更为丰富的地表信息,在军事侦察和国民经济等领域得到了广泛应用。纳米量级的光谱分辨率使得高光谱图像从可见光到近红外的光谱区间波段数达到上百个,数据量不断增大的原因主要来自于光谱、空间、时间及辐射分辨率的不断增加。目前,高光谱遥感正在向航天高光谱遥感方向发展,军用卫星上搭载高光谱成像仪的趋势正在增长。对于卫星数据链路,庞大的数据量给星上存储和传输带来了负担,严重制约着航天高光谱遥感技术的发展。因此,研究高效的星载高光谱图像压缩方法势在必行。星载高光谱数据的获取成本较高,无损压缩是其首选方案。

传统的高光谱遥感图像的无损压缩方法主要包括两个步骤:①去除图像数据的相关性,如用 DPCM(它是利用声音信号的相关性找出可反映信号变化特性的一个差值编码),正交变换等,用以减小图像分布的方差,从而减小信息熵值。对于多波段遥感图像既要去除谱间相关又要去除空间相关。②对去除相关结果进行编码,常采用 Huffman 编码(Huffman 编码是一种编码方式,是一种用于无损数据压缩的熵编码/权编码算法)和算术编码(算术编码是一种无损数据压缩方法,也是一种熵编码的方法)等,用以实现由熵值的减小所带来的数据压缩潜力。

8.3 遥感数据处理的软硬件配置

一个完整的遥感数字图像处理系统应该包括硬件和软件两大部分。硬件是指进行遥感图像数字处理所必须具备的硬器件设备。这些设备由光学器件、电子器件和机械部件设计组装而成。主体是电子计算机,并配有必要的输入、储存、显示、输出和操作等终端及外围设备。软件是指进行遥感图像处理时所编制的各种程序。一整套图像处理程序构成图像处理的软件系统。该系统运行于特定的操作系统之上。

8.3.1 遥感数字图像处理的硬件系统

遥感数字图像处理硬件系统主要由以下几部分构成:输入设备、输出设备、电子计算机存储设备及系统操作台。随着计算机硬件的快速发展,有些原来作为独立的硬件设备现在也变成了电子计算机的一个构成部分,所以硬件系统的划分界限也变得模糊起来。

8.3.1.1 输入设备

遥感数字图像处理系统常用输入设备有磁带机、磁盘机(包括光盘)、胶片扫描仪、析像仪、数字化仪等。输入设备主要完成遥感数据输入计算机的功能。根据遥感数据类型的不同,输入设备也不相同。磁带机、磁盘机直接将存储在磁带、磁盘或光盘上的遥感数字图像输入计算机;胶片扫描仪、析像仪主要将光学遥感图像转换成数字遥感图像,然后输入计算机进行处理;数字化仪将线划地图变换成数字形式输入计算机进行处理。胶片扫描仪、析像仪及数字化仪统称为数字化器。最常用的数字化器有平台式图像数字化器、滚动式图像数字化器、固态阵列数字化器、飞点扫描器、摄像管数字化器、地图数字化桌等。

平台式图像数字化器几何精度高,辐射分辨率高,可处理大像幅遥感图像,但采样速度较低。平台式图像数字化器 PDS - G,平面精度达 5 μm,采样窗口在 5 μm×5 μm 以上时,灰度可用 32 bit 进行编码,在 0 ~ 4 D 密度值间的辐射分辨率为 ±0.01,扫描速度为 200 m/s,处理像幅面积达 50.8 cm×50.8 cm。

滚动式图像数字化器采样速度高,但几何精度低于平台式图像数字化器,也可处理大像幅遥感影像。例如 Joyce - loebl Scanding(Colour Film Scanner)彩色胶片扫描仪,处理像幅最大为 400 mm×300 mm,采样窗口分 25、50、100、200、500、1 000 μm 几种,分红、绿、蓝和黑白四个通道,每个通道用 8 bit 编码,采样数据率为 500 ~ 20 万个像元/s。

固态阵列数字化器,使用 CCD 线阵列器件作为数字化器的探测器,它的采样速度快、几何精度高,但由于各个 CCD 元素的光敏特性不同,其辐射测试性不如前两种。

飞点扫描器和摄像管数字化器是只适用于小像幅影像的数字化器。

地图数字化器是将地图要素的坐标数字化后输入计算机。手扶跟踪地图数字化器通过测标将地图任一点的坐标输入计算机。目前也可将地图直接数字化成栅格地图,然后用软件进行自动识别和跟踪,将地图要素形成矢量形式的数字化地图。

8.3.1.2 输出设备

遥感图像处理系统常用的输出设备有磁带机、磁盘机(包括光盘)、彩色显示器、绘图仪和打印机等。磁带机、磁盘机将处理结果以数字形式存储在磁带、磁盘或光盘上。彩色显示器、绘图仪和打印机完成数字图像向光学图像的转换,处理结果以图像形式直观表现出来。同时,显示器还作为人机交互的工具实现人对计算机遥感图像处理的控制。

8.3.1.3 电子计算机

电子计算机是遥感图像处理系统的心脏。计算机性能的高低决定了处理的速度及效果。计算机的发展日新月异,适合遥感图像处理的计算机也越来越多。

现在的遥感图像处理系统按照处理规模的大小采用不同类型的计算机,原因有两个方面:一方面,计算机朝着计算能力高速化发展,如各种超级计算机,这些计算机也被气象、地质等部门作为图像处理和分析工具使用;另一方面,体积越来越小、功能越来越强的微型计算机也得到迅猛发展。基于微型计算机的遥感图像处理系统也越来越普遍,介于两者之间的计算机有工作站,基于工作站的遥感图像处理系统目前应用也较广。

遥感图像处理系统主机的选择主要根据处理的规模来定。对于数据量特别大、处理速度要求很高的情况,应选择大型机或巨型计算机。而对于一般的用户而言,工作站和微机足以满足通常的遥感图像处理的要求。特别是微机的发展,使得以前需要大型计算机来完成的处理工作,现在微机也可胜任。

8.3.1.4 其他设备

其他设备包括存储设备、操作台等。随着计算机技术的发展,存储设备也得到了很快的发展,现在大容量的存储设备已成为计算机配置的一部分。而操作台随着微机的发展已逐渐消失,而代之以键盘和鼠标及简捷、实用的操作界面。操作终端与显示设备合二为一。

8.3.2 遥感数字图像处理的软件系统

遥感数数字图像处理的软件系统是建立在一定操作系统之上的应用软件。各种遥感图像处理软件的功能有比较大的区别,但是都包含一些基本的、常用的功能。不同之处在于,不同的系统实现方式各不相同,功能也不相同。大型的软件系统,如 PCI、ERMapper、ERDAS、ENVI 等,不仅能完成通常的各种遥感处理,还能提供与 GIS 的集成和数字影像测量系统的集成,功能非常强大。

遥感数字图像处理系统的软件功能:这里归纳的软件功能主要是指一些比较基础的遥感图像处理功能,是每一个遥感数字图像处理系统所基本共有的,主要存在以下几个方面。

(1)图像文件管理。包括各种格式的遥感图像或其他格式的输入、输出、存储及图像文件管理等功能。

(2)图像处理。包括影像增强、图像滤波及空间域滤波、纹理分析和目标检测等。

①影像增强,如分段线性拉伸,对数变换、指数变换、直方图均衡、直方图规定化和正态化等。

②图像滤波,空间域滤波,如锐化、平滑等;频域滤波、高通滤波和低通滤波等。

③纹理分析及目标检测,如纹理能量提取、基于边缘信息的纹理特征提取,线性算子检测、霍夫曼变换等。

(3)图像校正。包括辐射校正和几何校正。

辐射校正包括太阳高度角照度变化校正、大气校正、传感器成像误差校正等。

几何校正包括粗校正和针对各种传感器的精校正、图像匹配、图像镶嵌等。

(4)多影像处理。包括图像运算、图像变换及信息融合。

图像运算包括逻辑运算、逻辑比较运算和代数运算等。

图像变换包括傅立叶变换、傅立叶逆变换、彩色变换及逆变换、主分量变换、"穗帽"变换、阿达玛变换、生物量指标变换等。

信息融合包括加权融合、HIS 变换融合等。

(5)图像信息获取。包括图像直方图统计、多波段图像的相关系数矩阵、协方差矩阵、特征值和特征向量的计算、图像分类的特征统计、多波段图像的信息量及最佳波段组合分析等。

①图像分类。包括分类前的样本区分析、训练样本区合并及非监督分类(如 ISODATA 聚类法、K-均值聚类法等)和监督分类(最大似然法、最小距离法等)方法、分类后处理(类别合并、类别统计、面积统计、边缘跟踪等)等。

②遥感专题图制作。如黑白正射影像图、彩色正射影像图、基于影像的线划图制作、真实感三维景观图、其他类型的遥感专题图(土地利用分类图、植被分布图、洪水淹没状况图、水土保持状况图等)。

③与 GIS 系统的接口。包括 GIS 数据的输入及输出、栅格—矢量转换、GIS 图形层数

据与影像的叠加等。

思考题

1. 简述几何纠正的概念及方法。
2. 理解遥感图像处理基本过程。
3. 通道与波段一样吗？
4. 为什么用假彩色合成？
5. 如何提高图像分类精度？
6. 结合自己的专业简述开展一项遥感应用研究工作的基本步骤和思路。

第9章　遥感影像的分类

遥感影像分类是将图像中的每个像元根据其在不同波段的光谱亮度、空间结构特征或者其他信息,按照某种规则或者算法划分为不同类别的过程。最简单的分类是仅利用不同波段的光谱亮度值进行单像元自动分类。较复杂的分类方式既采用像元的光谱亮度值,还需利用像元和其周围像元之间的空间关系,如图像纹理特征、大小、形状、方向性、复杂性和结构等实现像元的分类。因此,它比单纯的单像元光谱分类复杂,计算量大,相应的分类精度较高。在遥感图像分类过程中,依据图像的时间特征和其他辅助信息,可以提高影像分类的精度和效率。

根据分类过程中分析人员参与程度的不同分为监督分类和非监督分类。监督分类过程中分析人员参与大量的交互工作,通过影像上已知类别的区域来引导分类。而非监督分类过程中与分析人员的交互很少,仅要求寻找影像上像元的自然分组。在实际分类中,以上两种方法的界限不明确,不存在一个单一"正确"的分类形式,分类方法的选取取决于图像的特征、应用的要求及能利用的硬软件环境等。

9.1　遥感影像的目视解译

遥感影像解译(Imagery Interpretation)是从遥感影像上获取目标地物信息的基本过程,即根据各专业(部门)的要求,运用解译标志和实践经验与知识,从遥感影像上识别目标,定性、定量地提取目标的分布、结构、功能等有关信息,并把它们表示在地理底图上的过程。

目视解译是许多遥感应用项目的先遣工作,是遥感应用的基础。目视解译需要的设备少,简单方便,可以随时从遥感影像中获取许多地理信息,为社会经济发展、环境监测等提供定性、定量和定位的服务。但是,目视解译速度慢、定量精度受到限制,且往往带有解译者的主观随意性。为了提高图像解译的水平,解译者需要具备较强的综合性知识和能力,如遥感基础知识、地学背景知识、地图能力等,才能从遥感影像提供的大量信息中去伪存真,提取所需要的专题特征信息。

9.1.1　目视解译标志

遥感影像上能具体反映和判别地物或现象的影像特征称为判读标志或解译标志,分为直接解译标志和间接解译标志两种。

直接解译标志指根据地物或自然现象本身所反映的影像特征可以直接判断目标地物及其性质的影像标志,包括色调、形状、阴影、大小、纹理、位置、布局、图案等。间接解译标志指运用某些直接解译标志,根据地物的相关属性等地学知识,间接推断出某一地物属性及自然现象的影像标志。

9.1.1.1 直接解译标志

(1)色调或色彩(Tone or Color)。指地物电磁辐射能量在影像上的模拟记录,在黑白影像上表现为灰度,在彩色影像上表现为色彩。目视解译对于目视解译人员的专业知识要求较高,并且仅依赖地物色调/色彩判别地物具有不稳定性。

(2)形状(Shape)。指目标地物反映在像片上的外貌轮廓。遥感上记录的多为地物的平面、顶面形状,依据影像的形状特征,就可以辨认出其相应的地物。地物高度、成像方式、飞行姿态或者地形起伏的变化,都会造成同一目标地物呈现出不同的形状。

(3)阴影(Shadow)。指由于倾斜照射,电磁波被地物遮挡后在该地物背光面形成的暗色调区域。它反映了地物的空间结构特征,可以通过其阴影挖掘图像上隐含的地物信息。阴影的形状和轮廓显示了地物的高度和侧面形状,有助于地物的识别,但是会造成阴影覆盖区地物信息的丢失,给解译工作带来麻烦。

(4)大小(Size)。指地物影像的(尺寸)大小,直观地反映地物(目标)相对于其他目标的大小。同一地物在不同空间分辨率(或比例尺)的扫描图像上表现出尺寸大小不同,解译时需要合理结合像片的比例尺进行地物判读。

(5)纹理(Texture)。指遥感图像中目标地物内部色调有规则变化造成的影像结构。它是由成群、细小,具有不同色调、形状的地物多次重复所构成,给视觉造成粗糙或者平滑的印象,是区分地物属性的重要依据。

(6)位置(Site)。指目标地物的地理位置,反映了地物所处的地点与环境。地物与周围地理环境总是存在着一定的空间联系,并在一定程度上受地理环境的制约,如机场多在大城市郊区平坦地区,冲积扇、洪积扇总是位于沟口。利用地物的位置特征可以在遥感图像上正确判断地物的属性。

(7)布局(Layout)。指多个目标地物之间的空间配置关系。依据地物间的密切关系或相互依存的关系,可以从已知地物推断另一种目标地物的存在和属性。如学校,相关布局有教室、运动操场;再如火车站,有站台和候车厅。

(8)图案(Pattern)。指目标地物有规律排列的空间形式,一般由点、线、斑、块、链、格、栅、环等形状有规律排列组合构成,反映了地物的空间分布特征。以图案为线索可以帮助判别出目标物,如住宅区的建筑群、果园排列整齐的树冠、水系的树枝状图形等。

总之,地面各种目标地物在遥感图像中存在着不同的色、形、位的差异,构成了可供识别的目标地物特征。目视解译人员依据目标地物的特征,作为分析、解译、理解和识别遥感图像的基础。

9.1.1.2 间接解译标志

间接解译标志因地域和专业而异,它是指借助某些直接解译标志,根据地物的相关属性等地学知识,间接推断与某地物的属性相关的其他现象,主要包括以下 3 个方面:①与目标地物成因相关的指示特征。像片上水系呈辐射型,表明该水系有可能位于火山附近;水系呈向心型,可能位于盆地附近;水系呈长方格子状是推断地质断层存在的间接标志。②指示环境的代表性地物。如根据代表性的植物类型推断它存在的生态环境,暖温带阔叶林的存在说明该地区属于暖温带气候。③成像时间作为目标地物的指示特征。例如,东部季风区夏季炎热多雨,冬季寒冷干燥,因此其土壤含水量具有季节性变化,河流与水库的水位也有季节性变化。

各种地物处于复杂多变的自然环境中,所以解译标志也随着地区的差异和自然景观的不同而变化,绝对稳定的解译标志是不存在的。解译标志的可变性还与成像条件、成像方式、响应波段、传感器类型、洗印条件和感光材料等有关。一些解译标志往往带有地区性或地带性,常常随着周围环境的变化而变化。色调、阴影、图形、纹理等标志总是随着摄影时的自然条件和技术条件的变化而变化,这也决定了解译标志的局限性。在遥感解译过程中,既要认识解译标志的稳定性,又要意识到其可变性。在应用中,应该随时总结工作区的解译标志,归纳出一些具有普遍意义和相对稳定的解译标志,以便在随后的解译工作中有效地应用。

9.1.2 目视解译方法

遥感影像目视解译方法(Visual Interpretation Method on Image)就是研究如何利用遥感图像上的各种影像特征与成像规律,来达到解译地物的目的。遥感影像目视解译常用的方法有以下几种:

(1)直接判读法:指直接运用解译标志就能确定地物属性与范围的方法。一般针对形状独特、色调特征明显的地物和自然现象。如道路、建筑物、河流、树木、岩体、火山锥、褶皱、断层等均可用直接判读法识别。

(2)对比分析法:指对不同的遥感影像、卫星图像不同波段、不同时相的图像进行对比分析,以及与其他已知资料、方法获得的结果或实地进行对比分析,确定地物属性的方法。包括与同类地物对比法、空间对比分析法和时相动态对比法,此方法常用于岩性、植被的判读。

(3)逻辑推理法:指借助各种地物或自然现象之间的内在联系所表现的现象,运用相关分析、逻辑推理的方法,通过间接判读标志来推测、判断某一地物或自然现象的存在和属性。例如通过不同的水系形式来识别不同的岩石类型。

(4)信息复合法:指利用透明地形图、土壤类型图等透明专题图与遥感图像重合,根据专题图提供的多种辅助信息,识别遥感图像上目标地物的方法。例如 TM 影像图覆盖的区域大,影像上土壤特征表现不明显,为了提高土壤类型解译精度,可以使用信息复合法,利用植被类型图增加辅助信息。

(5)地理相关分析法:根据地理环境中各种地理要素之间的相互依存、相互制约的关系,借助专业知识,分析推断某种地理要素性质、类型、状况与分布的方法。如风沙地区的土壤,沙丘反射率高,在遥感影像上为灰白色,沙丘之间的土壤含有少量水分,图像为浅灰色。

9.2 计算机分类基础知识

遥感图像的计算机分类利用计算机对地球表面及其环境在遥感图像上的信息进行属性的识别和分类,从而达到识别图像信息所对应的实际地物、提取所需地物信息的目的。它是模式识别技术在遥感技术领域的具体应用。与遥感图像的目视解译技术相比较,目视解译是直接利用人类的自然识别能力，而计算机分类则是利用计算机技术来模拟人类的识别功能。

9.2.1 基本原理

遥感图像分类的主要依据是地物的光谱信息，同类地物在相同的条件下（光照、地形、纹理等），具有相同或相似的光谱信息特征和空间信息特征，从而表现出同类地物的某种内在的相似性，即同类地物像元的特征向量将集群在同一特征空间区域；而不同的地物其光谱信息特征或空间信息特征不同，集群在不同的特征空间区域。根据这些差异，将图像中的所有像素按其性质分为若干个类别的过程称为遥感影像分类。

假设多光谱图像有 M 个波段，则(i,j)位置的像元在每个波段上的灰度值可以构成一个矢量 $X=(x_1,x_2,\cdots,x_m)^{\mathrm{T}}$，$X$ 称作该像元的特征值，包含 X 的 M 维空间称为特征空间。M 个波段的多光谱图像可以用 M 维空间中的一系列点来表示。在遥感图像分类问题中，常把图像中的某一类目标称为模式，而把属于该类中的像素称为样本，多光谱矢量 $X=(x_1,x_2,\cdots,x_m)^{\mathrm{T}}$称为样本的观测值。

多光谱图像上的每个像素用特征空间中的一个点来表示，这样多光谱图像和特征空间中的点集具有等价关系。通常情况下，同一类地面目标的光谱特性比较接近，因此在特征空间中的点聚集在该类的中心附近，多类目标在特征空间中形成多个点族。如图 9-1 所示，设图像上只包含两类地物，记为 A、B，那么在特征空间中形成 A、B 两个相互分开的点集，这样将图像中两类地物区分开来等价于在特征空间中找到若干条曲线（对于多光谱图像，需要找到若干个曲面）将 A、B 两个点集分隔开。

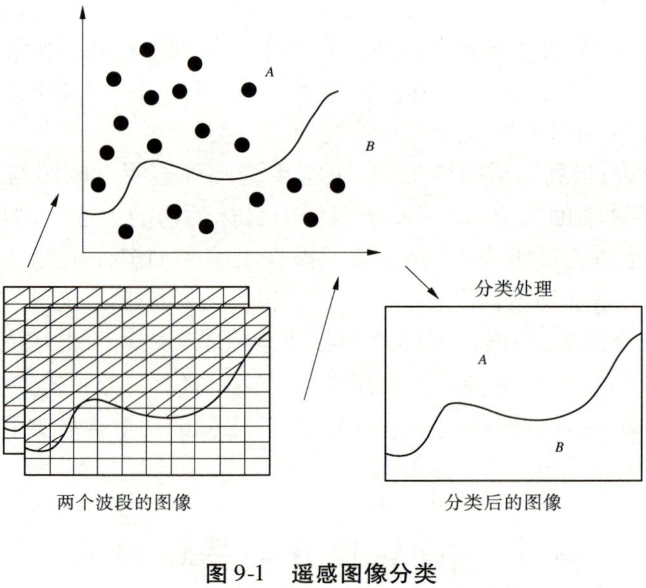

图 9-1　遥感图像分类

设分割 A、B 两个点集的曲线表达式为 $f_{AB}(X)$，则方程

$$f_{AB}(X)=0 \tag{9-1}$$

称为 A、B 两类的判别界面。在判别界面已经确定后，可以很方便地判定特征空间中的任

意一点属于 A 类还是 B 类。根据几何学的知识可知：

当 $f_{AB}(X)>0$ 时，$X\in A$，那么当 $f_{AB}(X)<0$ 时，$X\in B$。

上式为确定未知类别样本所属类别的判别准则，称为判别函数。遥感图像分类算法的核心就是确定判别函数和相应的判别准则。为了保证所确定的各类地物在特征空间中能够较好地分割开来，通常是在一定准则的基础上求解判别函数和相应的判别准则。但是在多光谱和高光谱遥感图像分类中，实际情况要复杂得多。

9.2.2 信息类别和光谱类别

信息类别是用户使用的对地面事物的信息分类。例如，地质单元的不同类型、森林的不同类型，或土地利用的不同类型等，都是信息类别，它并没有直接记录在遥感影像中，只能根据影像记录的亮度信息间接得到。

光谱类别通常是以地物在多光谱图像上的亮度体现出来的，亮度信息相似度大的像元归在一个组内。信息类别通常由多个光谱子类组成，即多个不同的光谱类别集合起来的像元组可形成一个信息类别。如数字分类过程中将光谱子类看作单元，用同一种符号归类若干个光谱类别，最后形成信息类别的影像或地图，提供给规划者或管理者使用。

遥感影像分类就是进行光谱类别与信息类别的匹配。如果光谱类别与信息类别无法对应，影像提供的分类信息不能作为参考信息源。实际上光谱类别与信息类别完全匹配的情况很少，因为信息类别的光谱会随着地表自然属性的变化而变化，这就出现了同物异谱和同谱异物现象。

(1)同物异谱。同一物体或性质相同的物体在不同条件(或相同条件)下具有不同的反射率，从而表现出不同的光谱特征。如图 9-2 所示，信息类别是“森林”的区域中，由于树的年龄、树种组成、密度、长势等方面的不同而使其光谱类别不同，但信息类别仍然是“森林”。

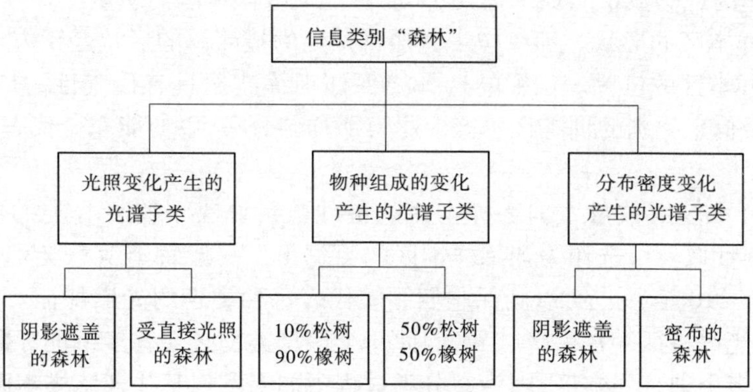

图 9-2 森林的同物异谱现象

(2)同谱异物。不同地物可能具有相同或相似的光谱特征，如不同的地物由于生长环境影响光谱曲线，使得不同植被具有相同或相似的光谱特征。

9.3 监督分类

解译人员对样本区的地物类别具备了先验知识后,可以利用已知地物的信息对未知地物进行分类的方法称为监督分类。其基本思想为:首先根据已知的样本类别和类别的先验知识,确定判别函数和相应的判别准则,然后将未知类别的样本的观测值代入判别函数,再依据判别准则对该样本的所属类别进行判定。其中,利用一定数量的已知类别的样本的观测值求解判别函数的过程称为学习或训练。

9.3.1 训练样本区

监督分类的前提是已知遥感图像上样本区内地物的类别,该样本区又称为训练区或者感兴趣区。计算机对训练样本区内的像元计算其统计特征信息,用来指导分类算法,然后对影像的每个像元和训练样本区的特征进行比较,将其划归为最相似的训练样本区。因此,训练样本的选择是监督分类的关键。

为确保选择的训练样本区的合理性和有效性,选择训练样本区时应该遵循以下几个方面的原则:

(1)训练样本的数目。选择训练样本区时,要考虑每一类别选择的像元个数,其数目至少要能满足建立分类的判别函数要求,以克服各种偶然因素的影响。依据光谱特征情况,确定训练样本区的数目,一般情况下,每种信息类别的所有训练样本区的总像元至少在100个以上。

(2)训练样本区的大小。每个训练样本区必须足够大,保证精确地统计每种信息类别的特性,因此每种信息类别的训练样本区需有足够多的像元统计类别的光谱特征(最少100个像元)。但是,训练样本区过大会产生光谱不一致问题。因此,依照地物的属性特征,选择合理的足够数量的训练像元,才能保证训练样本区的质量。

(3)训练样本区的形状。训练样本区通常采用的最简单的形状是正方形或矩形。

(4)训练样本区的位置。位置的选择要保证训练数据具有代表性,具有明显的地物标志,并且每个信息类别的训练样本区应尽可能均匀分布,以便能充分代表整幅影像的光谱特征。

(5)训练样本区的数量。训练样本区的最佳数量取决于监督分类的信息类别的多少、类别的多样性以及可选作为训练样本区的数据量。一般每个信息类别要有多个训练样本区(最少5~10个)表示,以确保它们能够代表每种类别的光谱特征。同一个信息类别在影像上的光谱特征存在一定差异,因此每个信息类别必须有多组训练数据。同时,确实也需要选择多个训练样本区,因为在分类过程中如果发现某些训练样本区不符合要求,需要有更多的训练样本区来替换它。一般的经验是,选用多个小面积训练样本区比只选用少数几个大面积训练样本区要好。

(6)训练样本区的均质性。均质性的特征是指训练样本区内的数据在每个波段上都表现为单峰频率分布,它是好的训练样本区的最重要特征。对于监督分类,每个信息类别各个波段的平均值、光谱变化特征及波段间的相互关系要与训练样本区的统计值近似。

训练样本区的统计特征值应该代表影像上各类别的光谱特征，从而为训练样本区以外的像元分类提供基础。实际应用中，不同地区的分类复杂程度变化很大，有些信息类别的光谱特征具有不一致性，并且分析人员对分类地区的了解程度及选择训练样本区的能力也不尽相同，因此不能仅借助一个训练样本区的数据代表一个信息类别的光谱特征。

选择训练样本区时，应注意以下问题：

(1)训练样区必须具有代表性。训练样区应在面积较大的地物中心部分选择，并且所含类型应与研究地域所要区分的类别一致。

(2)训练样区必须具有准确性。确保选择的样区与实际地物的一致性。使用的图件在时间和空间上要保持一致性，以便于确定数字图像与地形图(或土地利用图、地质图、航片等)的对应关系。

(3)训练样区必须具有统计性。训练样本数据用来计算平均值和协方差矩阵。根据概率统计，协方差矩阵的导出至少需要 $K+1$ 个样本，K 是多光谱空间的分量数或经过选择的特征数。实际上，考虑到各种地物光谱辐射的复杂性和干扰因素的多样性，确保计算出的类别参数符合统计规律，样本数应适当增加。在具体分类时，需要根据对工作地区的了解程度和图像本身情况确定样本数量。

训练数据选择的一般步骤如下：

(1)收集信息，包括分类地区的地图和航片等。

(2)进行野外调查获取研究区域的实地信息。

(3)设计野外调查路线、野外记录表格和调查内容，再进行实地调查，记录实地调查的内容，并标注在地图或航片上。

(4)数字影像预分析。定位训练样本区的标志性地物、评价影像的质量和分析影像的频率直方图，以及确定是否要进行预处理。

(5)找出潜在的训练样本区。依据训练样本区选择的原则，找出潜在训练样本区。训练样本区必须位于影像和地图中容易识别的地物要素上，而航空像片可以作为校正信息。

(6)定位和绘制训练样本区。确保训练样本区在地块边界内，从而避免训练样本区内包含混合像元。该步骤完成后，将影像上的所有训练样本区以行列坐标的形式进行定位和标注。

(7)检查每个训练样本区的各波段频率直方图。通过检查各波段频率直方图及其平均值、方差和协方差等，确定训练数据的可用性。

(8)调整和去除双峰频率分布。通过调整训练数据的边界，去除双峰频率分布的训练样本区。如果无法调整为单峰频率分布，需要重新指定新的训练样本区位置。

(9)合并训练数据信息并用于分类程序，进行计算机监督分类过程。

9.3.2 监督分类的方法

监督分类包括利用训练区样本建立判别函数的“学习”过程和把未知类别像元代入判别函数进行判别过程。监督分类中常用的具体分类方法包括以下几种。

9.3.2.1 平行管道分类法

平行管道分类法又称盒式分类法，其基本思想是根据训练样本的亮度值范围形成一个多维的特征空间，然后通过训练样本区的数据找到每个类别在特征空间的位置和形状，如果落在训练样本的亮度值所对应的区域，就被划分到其对应的类别中。如图 9-3 所示，A、B 两个类别的训练样本在第 1 波段上的最小、最大值分别为 A_{min1}、A_{max1}、B_{min1}、B_{max1}，在第 2 波段上为 A_{min2}、A_{max2}、B_{min2}、B_{max2}，所有的像元在这两个波段的亮度值如果落在 A，则这个像元就划分为 A 类；如果落在 B，则这个像元就划分为 B 类。这个过程可以扩展到两个以上的波段和类别。另外，区域 A 和 B 也可以不用其最大值和最小值，而用其平均值和其标准差。

平行管道分类法的优点是分类标准简单、计算速度快，几乎所有像元都会划归为训练数据的某个类别，无法确定其类别的像元很少。但容易产生以下分类问题：①信息类别的光谱区域可能会重叠；②训练数据的亮度范围可能比实际分类的亮度范围小，数据空间上表现为一大片空白区域，影像上就有一些区域未被指定其信息类别；③数据空间的盒式（矩形）决策区域内各类别的像元分布不均；④落在类别决策边界附近的像元可能划分为别的类别。在分类过程中，如果训练数据没能涵盖影像内全部亮度值范围（这种情况常常遇到），那么影像上会有大片区域不属于任何一类，只能将这些无法分类的像元划分为逻辑类别。

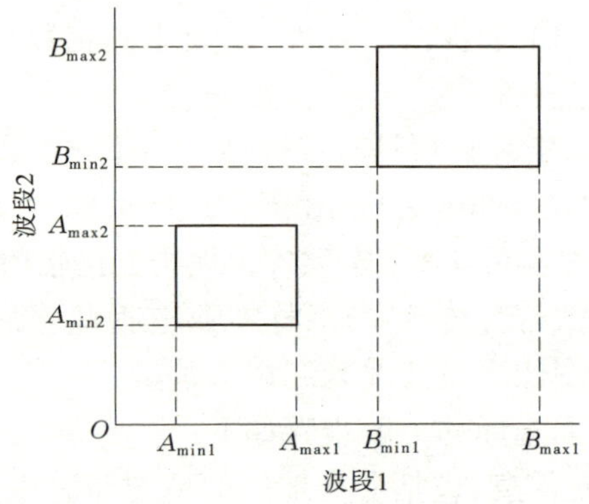

图 9-3　平行管道分类法

9.3.2.2　最小距离分类法

最小距离分类法的前提是地物的光谱特征在特征空间中按照集群的方式分布。基本思想是利用训练数据各波段的光谱均值，根据像元距各类中心距离的远近决定其归属，最终将像元划分到距离最短的信息类别中。训练样本区的光谱数据可以绘制在多维数据空间中，形成训练样本的类别群，每个类别群可以用它的类别中心点来表示，它通常是训练样本的平均值。

最小距离分类法的概念和处理都很简洁，计算量小，但在遥感图像分类中使用并不广泛。因为最小距离分类没有考虑不同类别内部方差的不同，从而造成有些类别在边缘处会重叠，引起分类误差。因此，需要通过运用更高级更复杂的距离算法来改进这一问题。

9.3.2.3　最大似然分类法

最大似然分类法是基于贝叶斯准则的分类错误概率最小的一种非线性分类，是应用比较广泛、比较成熟的一种监督分类方法。最大似然分类的前提是认为每一波段数据的分布都是正态分布，基本思想是根据训练样本的均值和方差，通过求出每个像元对于各类别的归属概率（似然度），把该像元分到归属概率（似然度）最大的类别中。

最大似然分类法在多类别分类时，常采用统计学方法建立起一个判别函数集，然后根据这个判别函数集计算各待分像元的归属概率（似然度）。这里，归属概率（似然度）是指：对于待分像元x，它从属于分类类别的后验概率。

设$g_i(x)$为判别函数，像元x出现在类w_i的最大概率$p(w_i|x)$表示为

$$g_i(x) = p(w_i \mid x) \tag{9-2}$$

$p(w_i|x)$又称为后验概率，根据贝叶斯公式，有

$$g_i(x) = p(w_i \mid x) = p(x \mid w_i)p(w_i)/p(x) \tag{9-3}$$

式中，$p(x|w_i)$为在w_i观测到x的条件概率；$p(w_i)$为类别w_i的先验概率；$p(x)$为x与类别无关情况下的出现概率。当待分类图像存在多个类别时，需要计算并比较多个$p(w_i|x)$，根据贝叶斯准则，取其中最多者所代表的类别为待判像素的归属类别。比如$p(A|100)=0.3$，$p(B|100)=0.7$，当灰度值为100时，像元为A类地物的概率为0.3；当灰度值为100时，像元为B类地物的概率为0.7，于是可以将该像元归为B类地物。在计算并比较多个$p(w_i|x)$的过程中，$p(x)$是若干计算式中都出现的公共项，为简单起见可以省略。$p(x|w_i)$可以通过选择合适的训练区来计算。

最大似然法可以同时定量地考虑两个以上的波段和类别，是一种应用广泛而且有效的分类技术。但分类过程更复杂，计算时间较长，而且对训练数据的方差变化比较敏感。当影像数据服从正态分布或联合正态分布，训练数据服从单峰分布的时候，最大似然法的分类效果较好。一般情况下，遥感影像中得到的数据并不严格服从正态分布，当选择合适的训练数据时，最大似然法仍然适用且分类误差较小。

9.3.2.4 光谱角分类方法

光谱角分类方法是一种光谱匹配技术，它通过估计像素光谱与样本光谱或是混合像素中端元成分光谱的相似性来分类。端元成分是混合像素中最纯的类型，它的光谱代表纯地物类光谱，并可作为分类中的标准光谱。通过光谱分解方法，可以从训练区中提取出端元成分。

光谱角分类方法的原理是把光谱作为向量投影到N维空间上，其维数为选取的所有波段数。N维空间中，像素值被看作有方向和长度的向量，不同像素值之间形成的夹角叫光谱角。它主要的侧重点在于光谱向量的方向而非光谱向量的长度，使用余弦距离作为地物类的相似性测度。

光谱角分类步骤与其他监督分类方法一样，首先选择训练样本，然后比较训练样本与每一像素之间的光谱向量之间的夹角，夹角越小，表明越接近训练样本的类型。因此，分类时还要选取阈值，小于阈值的像素与训练样本属于同一地物类型，反之不属于该类。

除了上面提到的4种方法，还有许多其他分类方法，包括特征曲线窗口法、ISODATA分类方法和ECHO分类方法等。分类的准确程度不仅取决于方法的选择，还与训练数据的代表性、有关参数的选择、应用人员的经验、地区的特点等信息相关。因此，分类方法的选择需要分析人员结合具体影像分情况而定。

9.3.3 监督分类的步骤

在监督分类的实现过程中，分析人员必须评估每个步骤的执行情况，如果发现某个步骤的执行结果需要改进和提高，那就必须返回到前面的步骤重新进行，以确保最后的分类精度。监督分类的一般步骤如下：

(1)确定分类的类别数:根据影像的区域特征和研究内容,确定需要分类的地物,建立这些地物的先验知识,然后可根据感兴趣地物的特征进行有针对性的特征选择。

(2)选择训练样本区:分析人员需要在影像上确定每个训练样本区的边界,并仔细地比较训练样本区在地图、航片与数字影像上的位置。

(3)选择或构造分类算法:一旦训练样本区被选定,相应地物的光谱特征便可以用训练区中的样本数据进行统计。然后根据分类要求从训练数据中提取图像数据特征,对监督分类方法进行比较研究,选择合适的图像分类方法和算法。

(4)实施分类:每个影像分析系统会执行一系列命令来实施分类,但分析人员只需为程序提供有效的训练数据和要分类的影像,最后的分类结果可以直接显示在计算机屏幕上。

(5)评估分类效果:应用分类的误差和精度评价方法来进行评估。如果分类中错误较多,需要重新选择训练区再重复以上各个步骤,直到结果满意为止。

9.3.4 监督分类的特点

监督分类的主要优点:

(1)可根据应用目的,有选择地决定分类类别,避免出现一些不必要的类别。

(2)可控制训练样本的选择。

(3)通过检验训练样本数据可确定分类是否正确,避免分类中的严重错误。

(4)避免了非监督分类中对光谱集群类别的重新归类。

监督分类的缺点和局限:

(1)人为主观因素较强。在进行分类体系和训练样本区的选择时,分析人员定义的类别可能并不能代表影像中存在的自然类别。

(2)训练样本区的代表性问题。由于图像中同一类别的光谱差异,如选择的纯森林训练样本区对于森林信息类别来说似乎非常精确,但由于区域内森林的密度、年龄、阴影等有许多差异,从而导致训练样本区的代表性不高。

(3)训练数据的选取是一项费时、费力且乏味的工作,特别是当分类区域的面积很大、用地类别非常复杂时。

(4)只能识别训练样本所定义的类别,对于某些未被分析人员定义的类别不能识别,则监督分类不能识别。

9.4 非监督分类

非监督分类,指人们事先对分类过程不施加任何的先验知识,仅依据影像上地物的光谱特征分布规律,顺其自然地进行分类。基本思路来源于多变量聚类分析(Clustering Analysis),其理论依据是地物光谱理论。其分类的结果,只是对不同类别达到了区分,不确定类别的属性。长期以来,已经发展了近百种自然类别的分类算法,如 K-均值算法和 ISODATA 算法等。这里仅简述常用的 ISODATA 算法。

9.4.1 ISODATA 算法

ISODATA 意为迭代自组织数据分析算法,可简称迭代法。ISODATA 算法是利用合并和分开的一种著名的聚类方法,它从样本平均迭代来确定聚类的中心,在每一次迭代时,首先在不改变类别数目的前提下改变分类。然后将样本平均矢量之差小于某一指定阈值的每一个类别对合并起来,或根据样本协方差矩阵来决定其分裂与否。主要环节是聚类、集群分裂和集群合并等处理。

ISODATA 算法是个循环过程,分类步骤如图 9-4 所示。

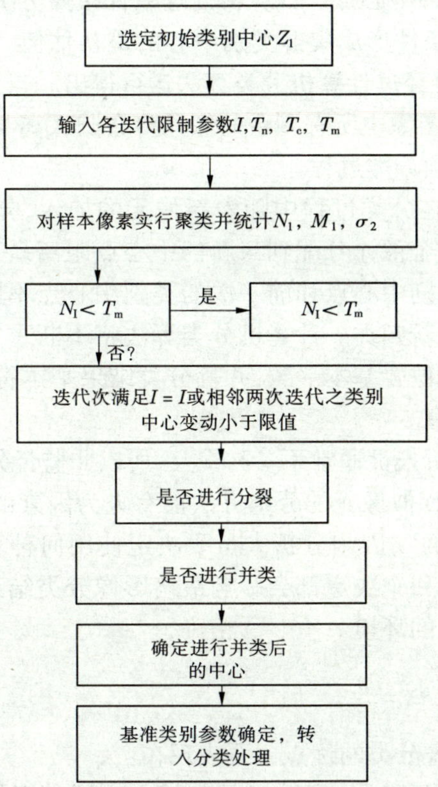

图 9-4 ISODATA 算法分类步骤

第一步:给出初始控制参数。如期望得到的类别数、一个类中样本的最小数目、类的分散程度的参数、类间距离的参数、每次允许合并的类的对数和允许迭代的次数等。

第二步:适当选取类别数的初始中心。

第三步:在多维数据空间中,依据像元距离训练样本类别中心(平均值)最短距离划分像元的类别。

第四步:根据第三步的像元分类结果,重新计算每种类别的平均值。

第五步:如果第三步和第四步产生的类别平均值相同或相近,即采用第四步的分类结果;如果前两步的类别平均值不同,这个过程就返回第三步重复进行计算和判断,直到类别的新中心点位置和其前一次的位置相同或相近,分类才结束。

9.4.2 非监督分类的步骤

非监督分类方法的核心是初始类别参数的选定,以及迭代次数的调整问题。其主要步骤如下:

(1)确定分类数量。非监督分类从分析人员指定分类数量开始。分类数量取决于分析人员对分类区域的了解,以及用户需求。

(2)选择集群类别中心点。通常这些像元是随机选择的,以确保分析人员不影响分类,而且所选择的像元值在整个图像上有代表性。

(3)计算机处理运算类别中心点。计算机处理软件按照分类算法计算出像元间的距离,并根据分析人员给出的条件形成集群类别中心的最初估值。类别可以用单个点来表示,称为“类别中心点”,需要经过计算机分类算法运行得出。

(4)计算机像元归类。图像中所有剩余的像元将会归入离某个类别中心点最近的集群类别中,这是影像分类的预分类过程。

(5)计算机重新分类。在分类过程中随着新像元的加入,分类算法将再次计算每个类别新的中心点。然后将每个像元分配到与新的中心点距离最近的类别中,从而将整个图像重新分类。如果新的类别中心点和前一次的类别中心点不同,计算机将再一次重新计算类别中心点和像元的重新归类。计算机分类算法将不断重复这样的分类过程,直到新的类别中心点与前一次的位置基本一致,并且分类结果基本符合操作人员提出的约束条件,计算机分类过程才结束。

在整个分类过程中,分析人员通常不参与交互,所以非监督分类相对客观。非监督分类识别影像的“自然”结构,相似像元的分组方法没有人为因素的影响。但是,严格地说,整个分类过程并不是“客观的”,因为分析人员要决定使用何种算法、分类的数量或类别的相似度和区分度等。而每一个决定都会影响最终影像分类结果的特征和精度,所以非监督分类并不处于完全孤立的环境。

9.4.3 非监督分类的特点

与监督分类相比,非监督分类的优点主要表现在:

(1)非监督分类不需要预先对所要分类的区域有广泛的了解和熟悉,但分析人员仍需要一定的知识来解释非监督分类得到的集群组。

(2)人为误差的概率减小。在进行非监督分类时,需输入的初始参数较少,分析人员只需要设定分类的数量,如集群数量、计算迭代次数、分类误差的阈值等。监督分类中所要求的决策细节在非监督分类中都不需要,因此大大减少了人为误差。即使分析人员对分类区域有不准确的理解或是很强的看法偏差,也不会对分类结果有很大影响。

(3)独特的、覆盖量小的独立地物均能被识别,而不会像监督分类那样由于分析者的失误而丢失数据。

非监督分类的主要缺点和限制有两个方面,一是对“自然”分组的依赖性,二是很难将分类的光谱类别与信息类别进行完全匹配。具体表现在以下几个方面。

(1)非监督分类形成的光谱类别并不一定与信息类别对应。因此,分析人员面临着将分类得到的光谱类别与用户最终所要的信息类别相匹配的问题,而实际上两种类别几乎很少有一对一的对应关系。

(2)分析人员很难对产生的类别进行控制和识别。因此,运用非监督分类产生的分类结果不一定会让分析人员满意。

(3)由于信息类别的光谱特征随着时间而变化,不同图像及不同时段的图像之间的光谱集群组无法保持其连续性,因此信息类别与光谱类别间的关系并不是固定的,而且一幅影像中某种光谱类别与信息类别间的关系不能运用于另一幅影像,因此使得光谱类别的解译识别工作量大而复杂。

9.5 其他分类方法

前面介绍的主要是传统的分类方法,近年来随着高光谱和高分辨率影像的涌现,针对提高分类精度方面进行了不少研究,下面简单介绍较为常用的分类方法。

9.5.1 模糊聚类方法

虽然传统的分类方法都设法使分类的正确性最大化,但它们只允许像元和类别之间直接进行一一对应。而事物之间的界限,有些是确切的,有些则是模糊的。例如,人群的面貌相像程度之间的界限是模糊的,天气阴、晴之间的界限也是模糊的。所以,当聚类涉及事物之间的模糊界限时,需运用模糊聚类分析方法,它是用数学方法定量地确定样本的亲疏关系,从而客观地划分类型,广泛应用在气象预报、地质、农业、林业等方面。

模糊分类(Fuzzy Clustering)允许部分隶属关系的存在,因为部分隶属关系的问题和混合像元的问题非常接近。隶属关系用隶属度衡量,隶属度的值通常从0~1不等,0表示不属于某一类,1表示完全属于某一类,而介于0~1的值则意味着与某一类别的隶属关系(见表9-1)。如"环岛型"或者"镶嵌型"的草地和水域混合土地利用类型,在单位像元内,属于草地的占0.6,属于水域的占0.4,而将这个像元划分为草地或者水域都是不合理的。模糊分类方法就很好地解决了上述问题。

表9-1 不同土地利用类型的隶属度(一)

类型	像元						
	A	B	C	D	E	F	G
水体	0	0	0	0	0	0	0
城市	0	0.01	0	0	0	0	0.85
交通	0	0.35	0	0	0.99	0.79	0.14
森林	0.07	0	0.78	0.98	0	0	0
草地	0	0.33	0.21	0.02	0	0.05	0
农田	0.92	0.30	0	0	0	0.15	0

运用模糊分类的关键是确定像元的隶属度。像元隶属度可以由普通的相关关系确

定，或者由数据和类别之间的相关关系确定。在遥感图像模糊分类中，隶属关系更多是从特定研究区域的经验数据得来，例如可以采用最大似然分类算法来确定像元属于各类的隶属度。

图 9-5 表示单个波段内 3 种类别简单的隶属度，同时这种隶属关系还能用于多个波段的情况。横轴表示了像元的亮度；纵轴代表了隶属于某个类别的程度(%)，“水体”类别由亮度值小于 20 的像元组成，而像元值小于 8 的为纯水体。“农田”类别的亮度值为 22 ~ 33，但其中代表纯农田的像元的亮度值是 27 ~ 29。比如，亮度是 28 的像元只会是“农田”，而亮度是 24 的像元是由部分森林和部分农田组成。亮度值不在图中亮度范围内的像元不属于任何类别。

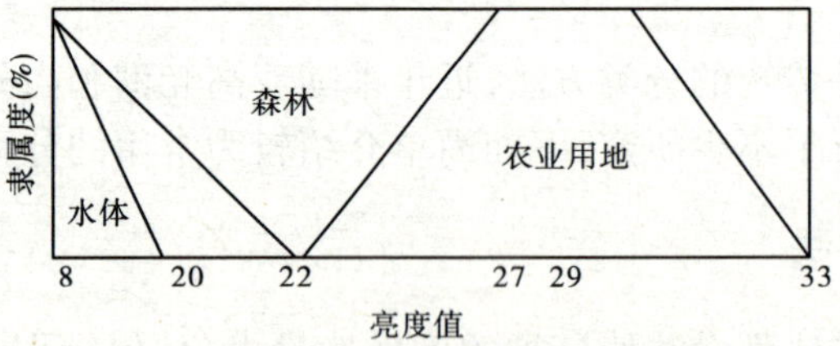

图 9-5　单个波段内三种类别的隶属度

如表 9-2 所示，将像元对于某种类别的隶属度最高的设置为 1.00，可以对其他类别的隶属度设置为 0 进行增强。类别增强后的像元分类等同于传统的分类方法，可以针对像元进行分类。

表 9-2　不同土地利用类型的隶属度(二)

类型	像元						
	A	B	C	D	E	F	G
水体	0	0	0	0	0	0	0
城市	0	0	0	0	0	0	1.00
交通	0	1.00	0	0	1.00	1.00	0
森林	0	0	1.00	1.00	0	0	0
草地	0	0	0	0	0	0	0
农田	1.00	0	0	0	0	0	0

9.5.2　人工神经网络方法

人工神经网络(Artificial Neural Network，简称 ANN)是大量处理单元(神经元)相互连接的网络结构，是人脑的某种抽象、简化和模拟。人类在其分类识别过程中必须考虑到空间位置、光谱特征等构成图像类别特征的多种因素，而且人类具有学习的能力，能够建立分类识别的联系。人在对图像进行目视解译的过程中，可以辩证地综合运用多种判读标志对图像进行识别分类。并且，人脑还可以从以往的实践中总结经验教训，在以后工作中自觉地运用这些经验。所以,人工神经网络模拟类似于人类学习的过程,经过反复实践,不断地建立输入和输出训练之间的联系或者路径,从而使得在没有训练数据的情况下,这些联系或者路径也可以用来确定输入和输出之间的关系。

目前,已发展多种神经网络模型,应用最广的是反向传播(BP)训练。BP算法的思路为:在学习过程中,计算模型输出值与理想输出值之间的误差,如不符合要求,则系统将对各层数值和偏置值进行调整,直至误差小于预定值。一般影像分类所建立的训练数据是"前向传播"的结果,而反向传播(BP)可以多因子输入,多类别输出,通过正反二向传播对网络进行调节,反复多次进行训练,直到所得的输出分类类别与实际的类别相符或误差减至最小。这个过程建立了转移函数(Transfer Function),即输入层和输出层的定量关系,用来确定输入层和输出层之间最有效关联的权重。输入层到隐含层权值的调整量为

$$\Delta\omega_{ji} = -\eta \frac{\partial E}{\partial \omega_{ji}} \tag{9-4}$$

隐含层到输出层之间权值的调整量为

$$\Delta\omega_{kj} = -\eta \frac{\partial E}{\partial \omega_{kj}} \tag{9-5}$$

遥感数据神经网络识别分类的过程主要包括两个阶段,第一个阶段是根据训练样本数据进行学习;第二阶段是利用学习的结果对整幅遥感图像进行分类。整个学习、分类的过程如图9-6所示。

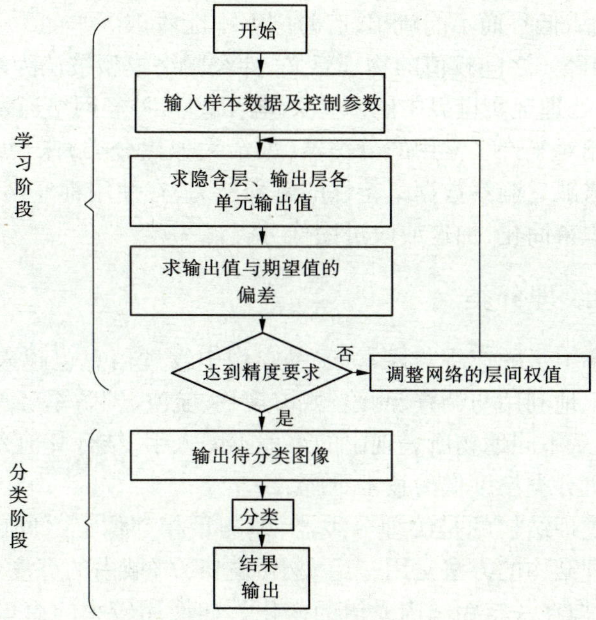

图9-6 人工神经网络学习分类过程

(1)样本数据及控制参数的输入:样本数据通过选择典型训练样区得到,同时要给每类一个0~1的系数,称为期望值。控制参数主要包括单个类和所有类预计达到的精度值、隐含层个数、每一层的节点数及最大循环数。

(2)计算各层之间的权系数:分别由式(9-4)和式(9-5)求隐含层和输出层的全系数。

(3)精度判断:在循环次数还没有达到给定的最大循环次数之前,先判断单类样本是否达到精度要求,如果没有就返回上一步,对权值进行调整;如果已达到则进一步判断所有类别的精度是否都达到要求,若没达到,返回调整权值大小,若已达到要求再继续往下执行。当循环次数已经超过最大循环次数而未达到预计要求时,则应重新设置最大循环次数或降低精度要求。

(4)分类:网络根据在学习过程中所积累得到的各层权值,对待分图像的每个像元一一计算,将输出结果与每类期望值比较,与哪类相比精度高就划分为哪类。

神经网络识别分类法的优点主要体现在:

(1)神经网络是在模拟大脑神经系统存储、处理信息过程中抽象出来的一种数学模型,具有良好的容错性,可通过学习获得网络的各种参数,无需向统计模式识别那样对原始类别做概率分布假设,这对于解决类别分布复杂、背景知识不够清楚的地区尤其有效。

(2)在输入层和输出层之间增加了隐含层,节点之间通过权重来连接,且具有自我调节能力,能够方便地利用各种类型的多元数据进行综合研究,有利于提高分类精度。

(3)判别函数是非线性的,能在特征空间中形成复杂的非线性决策边界,从而能够解决非线性可分的特征空间划分。

神经网络虽然具有许多优点,但从真正实用化角度衡量还存在许多的不足:

(1)对训练数据集的选择较为敏感。

(2)相关的参数多且需不断调整,需要花费大量时间,才能得到较好的分类结果。

(3)学习容易陷入低谷而不能跳出,有时网络不能收敛。

(4)很难给出神经元之间权值的物理意义,神经网络模型被认为是黑箱的。

由于上述原因,处理现实世界中的一些关键问题时,神经网络通常被认为是不可信赖的。人工神经网络相对于许多常用的分类器(如最大似然分类)来说,它的统计假设并不严密。因为神经网络缺乏洞察数据集特性的解释能力,在使用神经网络时,分析人员可能很难整合专业化知识来简化、加速或改进图像分类。

9.5.3 空间结构纹理分类

随着对高分辨率卫星的应用与探索,遥感影像中纹理信息也越来越丰富。高分辨率的遥感影像已经在土地利用与调查、测绘、城市规划、航空、国防军事等众多领域发挥重要的作用。因此,可以从不同地物所表现出的纹理不同入手,结合其他光谱信息和结构知识解决遥感图像计算机分类精度低的技术难题。

用于测量影像纹理结构的是纹理分类器,即测量相邻像元之间的空间和光谱关系。简单的测量影像纹理结构的方法是用一定大小(窗口)邻域内的亮度值标准差,系统地移过整个影像,量测影像在一定距离内光谱的变化。如使用较小的窗口,如用5像素值×5像素值大小的窗口内像元的亮度值标准差和像元之间的空间关系,系统地移过整个影像,可以量测影像简单的纹理结构;而使用较大的窗口,如32像素值×32像素值或64像素值×64像素值,分类效果会比较好,精度会明显提高。但与此同时,大的窗口在跨越不同类别边界时会产生问题,也会降低分类图的分辨率。

对于遥感图像光谱模式识别技术来说,空间分辨率的提高所带来的并不是分类精度的提高,而是降低。这是因为随着空间分辨率的提高,地物的内部结构越来越清晰,在遥感图像中表现为地物的纹理结构越来越明显,从而导致同一种地物并不是由同一种光谱信息所表示的,而是由多种光谱信息所表示的。此时,仅依靠影像中地物的光谱信息进行分类显然会出现更多的误分和错分。面向对象的分类方法充分利用了影像中纹理和空间结构信息的作用,并结合光谱信息,进行有效的分类,可以解决传统分类方法存在的上述问题,是当前提高遥感图像分类精度的最有效技术途径之一。

9.5.4 决策树分类法

决策树分类法(Decision Tree Classifier)是以各像元的特征值为设定的基准值,分层逐次进行比较的分类方法。其基本思路是:首先计算所有类别之间的距离,合并距离最近的两类形成一个新类,然后计算新类与其他类别之间的距离,重复前面的工作,直到最终所有类别都合并为一个大类,形成整个树结构的根部。每一次的合并就会产生一个结点,分类树由多个结点和分枝组成,最下面一层的结点叫作根结点,最上面一层的结点叫作终端结点。图 9-7 用决策树表示各分类类别的基准值和分层分割的顺序。

决策树分类法主要是决策树学习和分类两个过程。决策树学习过程是通过对训练样本进行归纳学习,生成以决策树形式表示的分类规则的机器学习过程,其实质是从一组无次序、无规则的事例中推理出决策树表示形式的分类规则。决策树学习算法的输入是由属性和属性值表示的训练样本集,输出是一棵决策树。决策树的生成通常采用自顶向下的递归方式,通过某种方法选择最优的属性作为树的结点,在结点上进行属性值的比较,并根据各训练样本对应的不同属性值判断从该结点向下的分支,在每个分支子集中重复建立下层结点和分支,并在一定条件下停止树的生长,在决策树的叶结点得到结论,形成决策树。图 9-8 展示了决策树学习和分类的基本过程与框架。

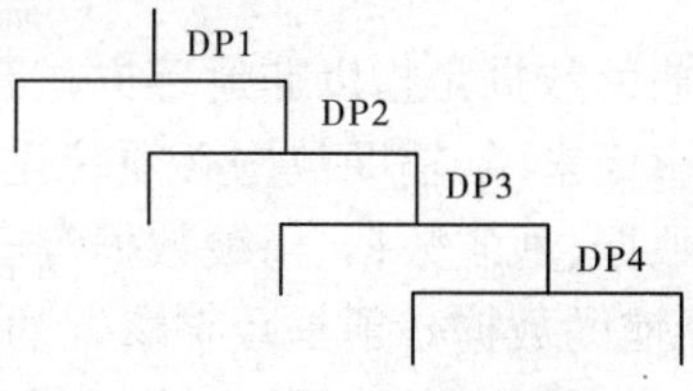

图 9-7 树状图

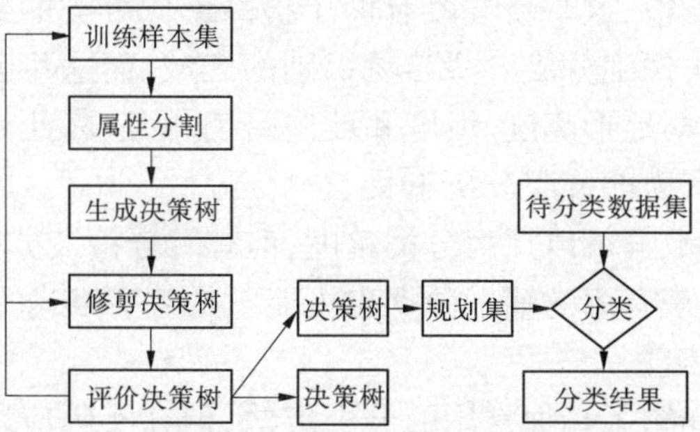

图 9-8 决策树学习和分类的基本过程与框架

决策树分类作为一种基于空间数据挖掘和知识发现的监督分类方法,突破了以往分类树或分类规则的构建,需要利用分类者的生态学和遥感知识先验确定,通过决策树的学习过程得到分类的规则并进行分类。其结果往往与经验和专业知识水平密切相关。其中,分类样本属于严格“非参数分类”,不需要满足正态分布,可以充分利用 GIS 数据库决策树分类法中的地学知识辅助分类,大大提高了分类精度。

9.5.5 分层分类方法

分层分类方法是指基于一个分类层级(分类树)逐步进行分类的过程,在每个相对独立的层级步骤中需要应用不同的数据子集。分层结构策略是首先将难以分类的类别与其他容易分类的类别区分开来,然后收集最有效的分类数据对难以分类的类别作出分类决策。这种数字分类策略模拟了人工目视解译方法中的从易到难的筛选分类特征。这种建立分类树的方法常被用于处理复杂的景物、现象或一组复杂的数据等。只有分类逻辑层次结构组织合理,使决策树上层的误差最小化,分层分类方法才有用。分层结构的顶层误差会传递给较低的层级,影响分类的最终结果。

9.6 分类中常用的辅助数据

辅助数据是指以非遥感方式获得的辅助影像分类或遥感影像分析的数据。对于数字遥感影像来说,辅助数据必须转化为数字格式才能融入分析中,如数字格式的地形数据、土壤数据、地质数据、植被数据等。数字影像分析中使用的辅助数据必须满足 3 个先决条件:①辅助数据必须是数字格式的;②辅助数据与研究的问题有关;③辅助数据与遥感影像有很好的兼容性。兼容性主要是数字格式的匹配、比例尺的匹配、分辨率的匹配、获取日期一致性,以及数据精度的兼容性等。如果这些数据与遥感数据兼容性不高,它们的辅助分析作用就会减弱。

随着越来越多的数字化辅助数据增多,尤其是各种地理信息库的建立,选择哪种辅助数据也成为一个重要的决策问题。如对于山区的植被分类,利用高程数据作为辅助信息非常有效,但在地势平坦的地区,高程数据对植被的分类就没有太大帮助。

辅助数据主要有两方面的应用:①数字化的辅助数据作为一个图层,简单地与遥感图像复合而产生一个新的波段,这个新波段有助于提高影像分类的效果。②分层分类。分层是指使用辅助信息把影像细分成一些容易识别的区域,而这些区域仅仅用遥感数据是很难确定的,如植被分类与地形高度、坡度和坡向密切相关,因此将高程数据和遥感数据相结合就形成了一个强有力的分层分析工具。

总之,虽然使用辅助数据可以提高分类精度,但有时分析人员很难获得对研究问题最有用的辅助数据。此外,最有用的辅助数据也可能不是数字格式的,分析人员必须投入大量精力数字化这些辅助信息。

在前面我们简单地介绍了几种常用的分类方法,但在实际应用中远远不止这些。目前,多数分类软件具备多种分类方法,在选择何种分类方法时应依据具体应用目的和算法的方便性进行判断。不论选择何种分类方法,均无法避免出现分类误差,因此分类后需要对分类精度进行评价。

9.7 分类精度评价

图像的精度指的是一幅不知道其质量的图像与一幅假设标准的图像(参考图)之间的吻合度,通常把分类图与标准数据(图件或地面实测调查)进行比较,然后用正确分类的百分比来表示分类精度。实际工作中,多采用抽样方式,以部分像素或者部分类别来代替整幅图像进行精度分析。

遥感图像分类精度分为位置精度和非位置精度。位置精度分析将分类的类别与其所在的空间位置进行统一检查。目前,普遍采用混淆矩阵(Confusion Matrix)的方法,即Kappa系数评价整个分类图的精度,以条件Kappa系数评价单一类别的精度。非位置精度是以一个简单的数值,如面积、像素数目等表示分类精度,由于未考虑未知因素,类别之间的错分结果彼此平衡,在一定程度上抵消了分类误差,使分类精度偏高。

9.7.1 混淆矩阵与精度指标

混淆矩阵是由 n 行 n 列组成的矩阵,用来表示分类结果的精度。这里的 n 代表类别数。有时,该矩阵称为误差矩阵。

混淆矩阵中,检验用的实际类别数来源有3种:一种是分类前选择训练样区和训练样本时确定的各个类别及其空间分布图;另一种是类别已知的局部地段的专业类型图;最后一种是实地调查的结果。

混淆矩阵的列方向(左右)依次排列着实际类别(检验数据)的第1类,第2类,…,第 m 类的代码或名称;矩阵的行方向(上下)依次排列着分类结果各类别的第1类,第2类,…,第 m 类的代码或名称。矩阵中的元素是分属各类的像素数或其占总像素数的百分比。矩阵主对角线上(从左上到右下的对角线)的数字就是分类正确的像素数或其百分比。主对角线上的像素数越大或百分比越高,分类的精度就越高。主对角线以外的数字就是错分的像素数或其百分比。这些数字或百分比越小,错分率就越小,精度就越高。主对角线上像素数的和除以参与计算混淆矩阵的像素总数,就是分类精度的初步估计。

对于表9-3中混淆矩阵可以计算不同的精度估量值。

表9-3 混淆矩阵

图像类别	检验数据			
—	X	Y	Z	行和
X	A	E	F	G
Y	B	—	—	—
Z	C	—	—	—
列和	D	—	—	—

对于类别 X,各个误差和精度表示如下:

(1)运行误差(Commit Error):又称错分误差,是图像的某一类地物被错分到其他类别的百分比。

$$运行误差 = (E + F)/G$$

(2)用户精度(Use's Accuracy):表示从分类结果图中任取一个随机样本,其所有的类型与地面实际类型相同的条件概率,表示分类结果中各类别的可信度,即这幅图的可靠性。

$$用户精度 = A/G = 100\% - 运行误差$$

(3)结果误差(Omission Error):又称错分误差,是实际的某一类地物被错误地分到其他类别的百分比。

$$结果误差 = (B + C)/D$$

(4)生产者精度(Producer's Accuracy):又称制图精度。表示实际的任意一个随机样本与分类图上同一地点的分类结果相一致的条件概率,用于比较各分类方法的好坏。

$$生产者精度 = A/D = 100\% - 结果误差$$

混淆矩阵也可以为了选择训练样区和确定训练样本而计算。对初选的训练样区进行一次试分类,以确定训练样本各类的混淆程度。通常要求不混淆的像素数至少达 80% 以上的类才可以作为训练样本类。

9.7.2 Kappa 系数分析

Kappa 系数是一个测定两幅图之间的吻合度或精度的指标。Kappa 统计表可以表示为

$$K = \frac{N\sum_{i=1}^{m} x_{ii} - \sum_{i=1}^{m}(x_{i+}x_{+i})}{N^2 - \sum_{i=1}^{m}(x_{i+}x_{+i})} \tag{9-6}$$

式中,m 是误差矩阵中的总列数(即总的类别数);x_{ii} 是混淆矩阵中的第 i 行第 i 列上像素数量(即正确分类的数目);x_{i+} 和 x_{+i} 分别是第 i 行和第 i 列的总像素数量;N 是用于精度评估的总像素数量。

分类总体精度与 Kappa 的区别在于总体精度只用到了位于对角线上的像素数量,Kappa 则考虑了对角线上被正确分类的像素,又考虑了不在对角线上的各种漏分和错分错误。

研究认为,分类质量与 Kappa 系数有如表 9-4 所示的关系。

表 9-4　分类质量与 Kappa 统计值

K(Kappa 系数)	分类质量
<0.00	很差
0.00 ~ 0.20	差
0.20 ~ 0.40	一般
0.40 ~ 0.60	好
0.60 ~ 0.80	很好
0.80 ~ 1.00	极好

在统计学中，一般把 Kappa 系数列为非参数统计（检验）方法，用来衡量两个人对同一个物体进行评价时，其评定结论的一致性。1 表示有很好的一致性，0 表示一致性不比可能性（偶然性）更好。大于 0.75 表示评价人之间有很好的一致性，而小于 0.40 则表示一致性不好（见表 9-5）。

表 9-5 Kappa 系数值的意义

K（Kappa 系数）	意义
1	评价者间的意见完全一致，说明两次判断的结果完全一致
0	评价者间的意见一致程度依据是偶然的，说明两次判断的结果是偶然造成的
<0	评价者间的意见一致程度还不如偶然的，说明一致程度比偶然造成的还差，两次检查结果很不一致，在实际应用中无意义
>0	说明有意义。Kappa 系数越大，说明一致性越好
>0.75	说明已经取得相当满意的一致程度
<0.4	说明一致程度不够理想

思考题

1. 遥感图像解译标志包括哪些？对照影像指出对应的解译标志在图上的体现和具体的地物特征。

2. 常用的遥感影像目视解译的方法有哪些？试举例说明它们的应用。

3. 选一幅遥感影像图，按照遥感目视解译的步骤做遥感目视解译，体会目视解译的关键点。

4. 计算机遥感图像分类的基本原理是什么？

5. 什么是训练区？选择训练区时需要注意哪些问题？

6. 监督分类的方法有哪些？各有什么特点？

7. 简述监督分类与非监督分类的区别及优缺点。

8. 简述神经网络概念，神经网络作用于遥感图像的分类有何优缺点。

9. 简述分类精度评价的概念与基本方法。

第 10 章　遥感应用

遥感技术在应用方面,自 20 世纪 70 年代中后期开始取得巨大成就。遥感应用研究涉及的领域广、类型多,既有专题性的,也有综合性的,包括农业作物估产,国土资源调查,土地利用和土地覆盖,水土保持,森林资源、矿产资源、草场资源、环境评价和监测,土地利用动态监测,水灾和火灾监测,气象监测及港口、铁路、水库、电站等工程勘测与建设的遥感研究,涉及许多业务部门,从而极大地扩展了遥感应用领域,推动了我国遥感应用的全面发展。

遥感在应用领域取得了良好的经济效益和社会效益,根据土地利用遥感调查资料,航空遥感与常规地面调查相比,时间仅为 1/8,资金投入为 1/3,人力投入仅 1/16。遥感在天气预报,尤其是灾害性的天气预报,如热带强风暴、台风、霜冻、干旱等的预报中,对国民经济、人民生活产生了巨大作用。

10.1　测绘遥感

当前的测绘工作主要包括环境监测、灾害防治、地质勘测及资源测绘等,而遥感技术以其大面积的监测范围、动态实时的监测优势及高度精确与客观性的监测数据使得其在各种测绘技术中脱颖而出,在测绘行业中受到越来越多测绘工作者的青睐。随着计算机技术及测绘技术的发展,目前的测绘已经远远超出传统模拟产品的固有模式,向多品种(模拟及数字产品)、多用途、多种成果形式及高度集成化的方向迈进。目前,遥感技术在测绘工作中应用领域比较广泛。与传统测绘工具相比,遥感技术具有明显的优势,极大地规避了传统测绘工作的弊端。

(1)遥感技术覆盖范围比较广,能够全面了解测绘区域的地理情况,获得全面的资料数据。

(2)遥感技术能进行全天候、全方位、动态实时的监测。遥感技术以全球定位系统做支撑,完成空间导航和定位之后,可以全天候 24 h 对所监测区域进行动态实时的监测,比如在对流域环境的测绘中,可以获取全面动态的监测数据和画面,从而为流域环境监测和防治提供有效的研究数据。

(3)遥感技术受人为干预比较少,能够比较客观地反映所监测区域的实际情况。传统测量手段受主观因素干扰比较大,因而测量的数据会出现误差累积、偏差较大等问题,但是运用遥感技术会有效规避人力测量的劣势,测量数据精度较高。例如在矿区资源测绘工作中,运用遥感技术可以准确定位资源所在范围,避免资源浪费及不科学开采导致的生命安全问题。

遥感技术的上述优点使其在许多测绘领域展现出其独一无二的技术优势,拓展了遥感技术的应用范围。在气象、地质灾害、环境污染、资源等方面遥感技术都能体现出其明显的优越性，对地面事物进行动态监测，科学揭示其内在规律。在矿山测量、交通、海洋勘测等测绘方面，遥感技术得到大力推广。比如大型工程的规划选址、工程地质稳定性的评价勘测，还有铁路、高速公路、桥梁的选址建设等都是必不可少的测量手段。作为人力难以开发的区域，海洋以及道路交通领域，遥感技术也显示了其强大的功能，它利用航天飞机或人造卫星从空中拍摄所在区域的监测图，大大提高了工作的便利性，降低了人力监测的风险和弊端，因而在上述领域得到普及。

10.1.1 遥感在测绘领域的产品

10.1.1.1 数字栅格地图

数字栅格地图 DRG(Digital Raster Graphic，简称 DRG)是模拟产品向数字产品过渡的中间产品，一般用作背景参照图像，与其他空间信息相关。可用于数字线划图的数据采集、评价和更新，还可与数字正射影像图、数字高程模型等数据集成使用，派生出新的可视信息，从而提取、更新地图数据，绘制纸质地图和作为新的地图归档形式。

10.1.1.2 数字线划地图

以外业数据采集、航片、高分辨率卫片、地形图等为原始资料，采用数字摄影测量、三维跟踪立体测图、解析或机助数字化测图、人机交互等方法得到数字线划地图。该产品能较全面地描述地表现象，目视效果与同比例尺地形图一致但色彩更为丰富。能满足各种空间分析要求；可随机地进行数据选取和显示；与其他信息叠加，可进行空间分析、决策。其中部分地形核心要素可作为数字正射影像地形图中的线划地形要素。

10.1.1.3 卫星遥感数字正射影像图

遥感影像是通过遥感技术所获取的地球表面客体或事物(地物)的影像资料。在应用了专业的地理信息遥感软件后，通过对原始遥感影像经过辐射校正、几何校正后，消除各种畸变和位移误差，然后进行地理配准和图像融合、增强等处理，之后生成具有地理信息和各种专题的卫星遥感数字正射影像地图。DOM 是具有一定几何精度的影像，在城市及区域规划、土地利用、土地覆盖制图、地质和土壤制图、测绘(地形图的修补测绘及专题地图的制作)等方面应用广泛，以及在农、林、牧、渔业、资源专题、湿地制图、野生动植物生态学、环境评价、考古学和地形分析、城市虚拟景观的制作及评价等方面应用也越来越普遍。

10.1.1.4 数字高程模型

数字高程模型根据航空或航天影像，通过摄影测量途径获取，如立体坐标仪观测及空三加密法、解析测图、数字摄影测量等。DEM 是在一定范围内通过规则格网点描述地面高程信息的数据集，用于反映区域地貌形态的空间分布。目前，我国已建成覆盖全国陆地范围的 1∶100 万、1∶25 万、1∶5万 DEM 数据库。

1∶100 万 DEM 数据库于 1994 年建成，格网间距 600 m，总图幅数 77 幅。1∶25 万 DEM 数据库于 1998 年建成，格网间距 100 m，总图幅数 816 幅。1∶5万 DEM 数据库于 2002 年首次建成，2011 年更新精化一次，格网间距 25 m，总图幅数 24 182 幅。

10.1.1.5 测绘地形图

在测绘生产过程中，利用遥感技术来获取地面的三维信息，常规的方法是立体摄影测量。由于雷达卫星具有全天候、全天时、不受夜暗和云雾等恶劣天气影响的特性,合成孔径雷达(SAR)在立体摄影测量中的应用十分广泛。然而,由于斑点和噪声的原因,合成孔径雷达的使用受到了一定程度的限制。但是,伴随着雷达技术的快速发展,获取地面三维信息有了全新的方法,就是利用干涉雷达技术(INSAR)提取地形数字高程模型。此方法大大改进了获取数字高程模型的传统模式。

10.1.2 遥感在测绘领域的应用

10.1.2.1 光学遥感立体测绘

具备立体测图或高程测量能力的卫星称为测绘卫星,测绘卫星系列(见表10-1)包括高分辨率光学立体测绘卫星、干涉雷达卫星和重力卫星等,而采用光学传感器的高分辨率测绘卫星是当前测绘应用的主要数据来源,且光学遥感以其可视性好、技术实现性好而得以迅速发展。光学遥感立体测绘技术主要包括测绘相机与时间同步技术、卫星定轨定姿技术、影像压缩、质量评价技术、几何定标及立体测图技术。

表10-1 部分光学遥感测绘卫星的基本参数与性能指标

遥感卫星	发射时间(年)	成像模式	地面分辨率	平面精度	
				有控制	无控制
印度 CartoSat-1	2005	双线阵推扫	2.5 m 全色	5	80
日本 ALOS	2006	三线阵推扫	2.5 m 全色	4~6	15
美国 Worldview-1	2007	线阵推扫	0.41 m 全色; 8 m 多光谱	2	7.6
美国 GeoEye-1	2008	线阵推扫	0.41 m 全色; 1.64 m 多光谱	2	单片:3 立体:4
美国 Worldview-2	2009	线阵推扫	0.46 m 全色; 1.84 m 多光谱	2	4
法国 SPOT6	2012	双线阵 推扫/复原	1.5 m 全色; 6 m 多光谱	—	—

随着航天事业和卫星制造技术的蓬勃发展,卫星测绘应用能力得到进一步加强,主要体现在测绘卫星地面应用服务体系得到全面发展,信息化测绘体系建设的步伐进一步加快,卫星产品应用的深度和广度得到进一步增强,将形成强大的卫星测绘应用产业化能力。光学遥感立体测绘可以应用在环境监测、地质灾害监测和城市变化监测中,2003年意大利 Fella 河流域由于暴雨导致泥石流,并最终引发山洪,而罗马尼亚 Buzau 县更是频繁受到泥石流的侵害,由测绘卫星影像处理得到的受灾区域测绘图(见图10-1),为受灾范围和受灾人口状况的快速评估与分析提供了极大的帮助及支持。

10.1.2.2 高光谱遥感测绘

伴随着高光谱影像分析研究的不断深入,成像光谱仪获取影像的空间分辨率逐步提

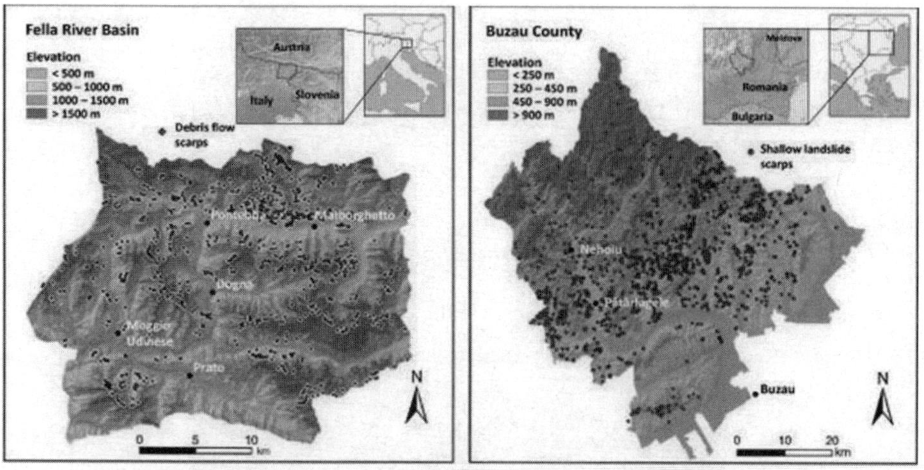

图 10-1　意大利 Fella 河流域和罗马尼亚 Buzau 县山体滑坡测绘图

高，由航空遥感为主转为航空和航天遥感相结合阶段，从遥感定性分析阶段发展到定量分析阶段，在测绘领域的应用范围越来越广，应用研究日益深入。

高光谱遥感在对地观测、环境调查和军事领域应用广泛，主要体现在以下几个方面：

(1)测绘地形图，制作专题图。在实现高精度定位的基础上，高光谱图像可直接用于测绘 1∶5万甚至更大比例尺的地形图，并广泛用于制作各类专题图。例如精细农业中的农作物、森林、草场等植被分布图，地质探测中的矿物、土壤、冰川等专题分布图等。

(2)地表环境信息探测。高光谱影像精确获取地理环境空间信息，能识别场景内的具体构成(如矿藏、植被类型和疏密度，地形要素的类型以及状况、构成结构等)。由于高光谱影像对地表含水量的变化敏感，它通过分析光谱特性的微小变化，可以探测到不同含水量的地表的细微差别，用于地表含水量和地质探测。由此可以实现精细地理空间环境可视化分析(见图 10-2)，使得地理环境地面特征更加精细和真实，用于地理环境立体景观虚拟显示的纹理特征，从精度、真实感、时效性和适应能力等方面全方位提升地理环境建模、显示和分析水平。不仅如此，高光谱遥感可以实现资源环境调查与灾害评估。例如土地利用动态监测、矿物分布调查、大气污染物监测、植被覆盖度和生物量调查、地质灾害评估等。

10.1.2.3　无人机遥感测绘

随着无人机技术的不断发展，无人机测绘测量在遥感测绘中有非常重要的作用。无人机可以搭载多种遥感设备，如高分辨率 CCD 数码相机、激光扫描仪、轻型光学相机等，获取信息并通过相应的软件对所获取的图像信息进行处理，按照一定精度要求制作成图像。在现代测绘测量中，为适应测绘测量的发展需求，提供相应的资源信息，需获取正确、完整的遥感影像资料，无人机遥感测绘可直接获取相应的遥感信息，已成为遥感测绘的重要手段。它具有机动灵活、续航时间长、成本低、影像实时传输等优点，已在多种领域中得以应用。

(1)无人机测绘测量遥感在突发事件处理中的应用。在突发事件中，要用常规的方法进行测绘地形图制作，往往达不到理想效果，且周期较长，无法实时进行监控。在 2008

图 10-2　高光谱遥感影像特征提取

年汶川地震救灾中，卫星遥感系统或载人航空遥感系统无法及时获取灾区的实时地面影像，因而不便于及时救灾。而无人机的航空遥感测绘技术则可以避免以上情况，迅速进入灾区，对震后的灾情、地质滑坡及泥石流等实施动态监测，并对汶川的道路损害及房屋坍塌情况进行有效的评估，为后续的灾区重建工作等提供了更有力的帮助。在 2010 年舟曲县特大泥石流灾后，无人机遥感测绘的 1∶1 000 高分辨率影像图（见图 10-3）为地质灾害突发事件处理和灾区重建工作提供了高效的图像分析数据。

图 10-3　2010 年舟曲灾后 1∶1 000 高分辨率影像图

（2）测绘无人机在特殊目标获取方面的应用。主要是军事测绘目标的获取等。例如,在军事测绘中需要针对某个特殊目标获取该地区高清影像资料数据,可以利用无人机遥感对该地区及特殊目标进行获取,所获得的影像精度高,且特殊目标位置准确,对快速制作大比例尺图幅有很大的帮助,大大节省了人力和物力。

10.1.2.4 成像雷达遥感测绘

在光学遥感大量挖掘其空间和光谱信息的同时,采用微波波段的雷达遥感也为地球观测提供了不可替代的信息来源。合成孔径雷达(SAR)是一种高分辨率成像雷达,可以在能见度极低的气象条件下得到类似光学照相的高分辨率雷达图像。合成孔径雷达的首次使用是在20世纪50年代后期,经过近60年的发展,合成孔径雷达技术已经比较成熟,各国都建立了自己的合成孔径雷达发展计划,各种新型体制合成孔径雷达应运而生。

由于合成孔径雷达采用了许多先进技术,因而具有许多常规雷达不具有的能力,如远距离全天候成像能力、高分辨能力、自动目标识别能力、穿透丛林能力以及机上处理能力。合成孔径雷达的D-InSAR技术用来监测地表形变是一个非常有效的方法。通过对火山运动规律的分析,可以进行火山爆发的预测研究,目前相关学者已成功地利用合成孔径雷达技术研究了大量火山形变情况(见图10-4)。

图10-4　利用合成孔径雷达技术研究火山形变情况

10.2　城市遥感

城市遥感,就是遥感在城市中的应用,就是为城市规划、建设和管理提供多方面的基础地理信息和其他与城市发展有关的资料,诸如城市土地利用现状分析、城市演变、城市及区域的自然现状、城市人口及其分布情况、城市道路与交通状况、城市热岛效应分析、城市变化监测、城市绿化分析、城市大气污染监测、通信受地理限制的因素等。

城市遥感的优势:航空像片和高分辨率的卫星图像可以快速、真实地提供规划方面的大量信息,这是传统方法所不能比拟的。城市规划人员和城市建设管理人员能够了解城市基本布局,或了解城市建成区的居民住房、工厂、商店、学校等各种建筑物,广场、街道、公园、绿地和河湖水面的分布现状,这对于提高城市规划水平、监测城市规划的实施、总结城市规划的经验教训、搞好城市建设等有着重要意义。

10.2.1 城市遥感原理

通过航空像片和高分辨率的卫星图像,从宏观的角度出发,根据地物在遥感影像上的光谱特征(见图 10-5),对遥感影像进行解译与判读。例如,不同的物体在遥感影像上具有明显的灰阶、色调、纹理、特征、差异。因此,利用高分辨率的遥感图像就可以对城乡接合部的固体废弃物进行解译与识别。另外,根据特定时期的城市大气环境在遥感影像的电磁波辐射强弱特征,结合实地环境监测数据,评估城市大气污染的现状与空间分布;研究者可通过对热红外影像的分析判读,揭示城市热岛强度和空间分布范围,并对其分布特征、形成规律等进行深入研究。

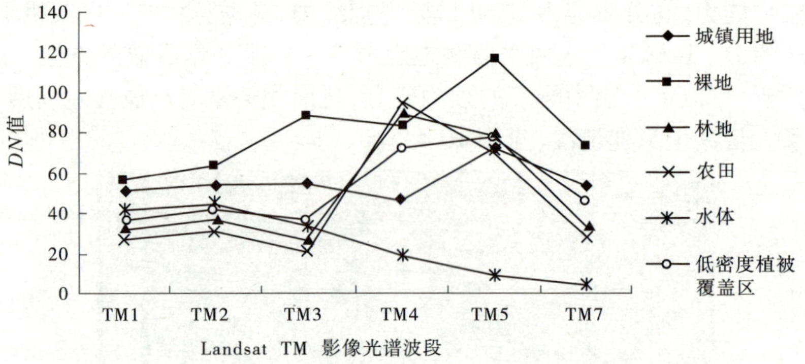

图 10-5 典型地物在 Landsat TM 影像上的光谱曲线

10.2.2 城市遥感信息提取方法

城市是由自然及社会的众多要素组成的结构复杂、功能综合的人工生态大系统,城市遥感调查与自然生态系统的遥感调查有很大不同。城市主要为经人类加工形成的物质所覆盖,诸如水泥、沥青、碎石、瓦材、金属材料等,其光谱特征与天然的植物、水、土壤等的光谱特征有较大差异,且针对这些物质的研究较少,因此城市遥感研究的主要方式仍是目视图像判读。而且,城市是典型的“非均质”地区,这样就必然会增加图像分类的错误率。这里主要就常用的目视解译手工数字化、城市扩张遥感监测的指数方法进行介绍。

10.2.2.1 目视解译手工数字化

目视解译手工数字化指专业人员通过直接观察或借助解译仪器在遥感图像上获取特定目标地物信息并通过手工绘制等方法将遥感图像转换为数字矢量图等的过程(见图 10-6)。

10.2.2.2 城市扩张遥感监测的指数方法

1)归一化建筑用地指数 *NDBI*

受 *NDVI* 的启发,在 TM4 和 TM5 波段之间除了城镇用地 *DN* 值走高,其他地物 *DN* 值都变小,因此图像上 *NDBI* 值大于 0 的地物认为是城镇用地(见图 10-7)。其公式如下:

$$NDBI = (TM5 - TM4)/(TM5 + TM4) \tag{10-1}$$

图 10-6 高分辨率遥感影像图

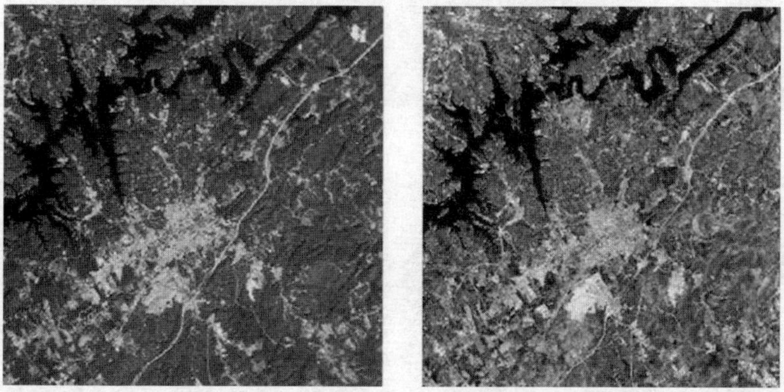

图 10-7 原始图和 *NDBI* 结果图

2）改进的归一化裸露指数 *MNDBI*

MNDBI（Modified Normalized Difference Barren Index）是将 *NDBI* 和（1 − *NDVI*）相加，相加后可以更加突出城市信息，使其与周围地物反差增大，因此称为改进的归一化裸露指数。其计算公式为

$$MNDBI = NDBI + (1 - NDVI) \tag{10-2}$$

3）城镇用地指数 *ULI*

在 *NDBI* 基础上引入 *NDVI*，通过对图像的二值化求交（相乘）运算，利用这两个指数各自的优势来提取城镇用地，称为城镇用地指数 *ULI*（Urban Landuse Index）。

10.2.3 城市遥感应用

10.2.3.1 城市扩张的时空分析

城市扩张是指由于城市人口增长，城市的居住和生产用地不断扩大的过程。采用城市遥感的调查方法，对城市的空间、建筑形态、景观设计、绿化与水污染等问题，进行历史信息的分析，可以深入了解城乡变化、景观结构和环境质量等问题。下面以 2000 ~ 2013 年郑州市的城市遥感图像为例，从数据源、研究目的、研究方法等方面进行简单说明。

(1)数据源。采用 Landsat TM 影像。

(2)研究目的。分析城市扩张的面积、方位等特征,对未来城市扩张进行预测。

(3)研究方法。根据历年数据利用 Arcgis 等软件首先进行数据预处理,对多时相影像进行几何校正,削减遥感影像的几何畸变所引起的误差。选取研究区矢量边界,对多时相影像进行裁剪,获得研究区影像。再进行叠置分析等数据处理,得到结果如图 10-8 所示。

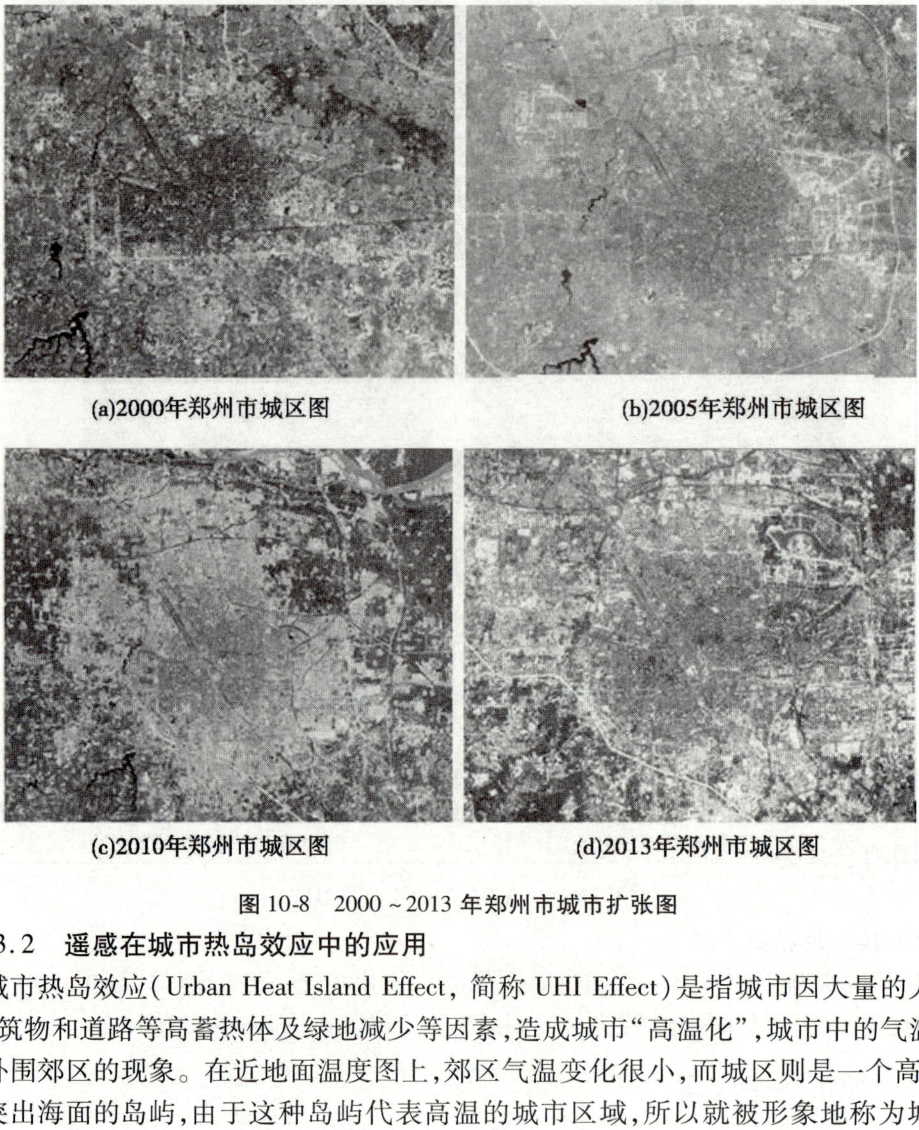

图 10-8　2000 ~ 2013 年郑州市城市扩张图

10.2.3.2　遥感在城市热岛效应中的应用

城市热岛效应(Urban Heat Island Effect, 简称 UHI Effect)是指城市因大量的人工发热、建筑物和道路等高蓄热体及绿地减少等因素,造成城市“高温化”,城市中的气温明显高于外围郊区的现象。在近地面温度图上,郊区气温变化很小,而城区则是一个高温区,就像突出海面的岛屿,由于这种岛屿代表高温的城市区域,所以就被形象地称为城市热岛。形成城市热岛效应的主要因素有城市下垫面、人工热源、水汽影响、空气污染、绿地减少、人口迁徙等。下面以基于 ETM + 遥感数据的北京市城市热岛效应研究为例进行说明。

(1)数据源。北京市 1999 年 7 月 1 日和 2003 年 2 月 18 日的 DEM 数据,以及 ETM + 两期影像。

(2)研究目的。分析北京市城市热岛的平面布局、内部结构等特征。

(3)研究方法。根据史蒂芬－波尔茨曼定律,地物温度的微小差异就会引起热红外辐射的明显变化。本方案利用 ETM + 热红外亮温计算公式将第六波段影像灰度值转换成像元亮温值。导入 Arcgis 进行图像处理,得出热场分布图(见图 10-9),进行模型分析。

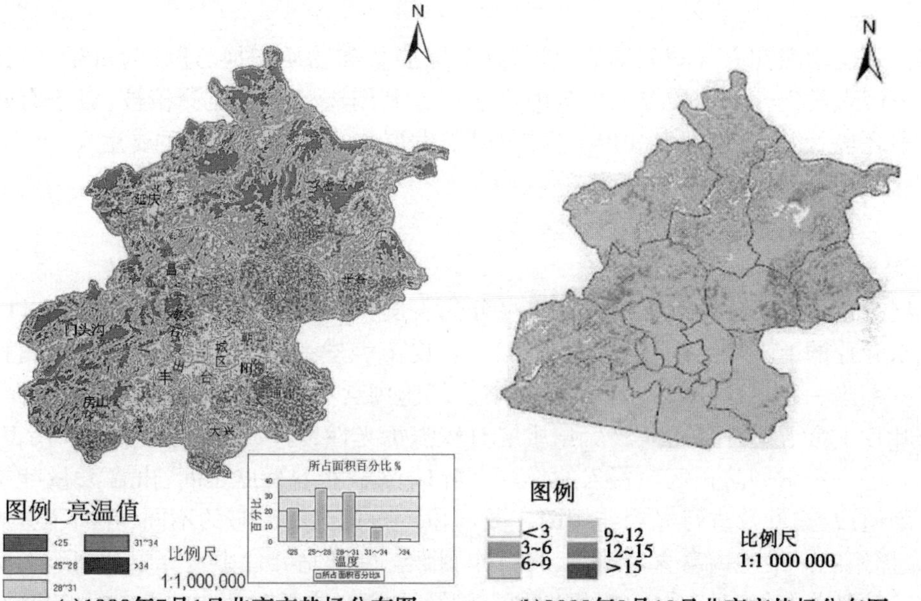

(a)1999年7月1日北京市热场分布图　　(b)2003年2月18日北京市热场分布图

图 10-9　北京市城市热岛效应热场分布图

10.2.3.3　遥感在智慧城市建设中的应用

随着城市化和信息化的稳步推进,智慧城市建设被各地纳入议程。城市遥感在海量数据获取和处理方面具有强大优势,体现在提供城市基础地理信息、提供多时相数据、提供专题数据、地图更新速度上,因而成为智慧城市建设的核心技术之一。

下面以上海市的智慧城市建设为例进行说明:

应用上海市历年高分辨率遥感影像并结合大数据进行各种普通地图、专题地图的绘制和三维空间地理信息平台的构建(见图 10-10),为智慧城市建设提供大量基础性数据。

图 10-10　某智慧交通应用查找路线、路况

在智慧城市建设的基础上，结合互联网及某行业的大数据，衍生出一系列智慧城市产业链。

10.3 植被遥感

植被是土壤圈和大气圈联系的纽带，是全球能量和物质交换、迁移的桥梁，掌握植被状况是了解人类生存环境质量的关键因素之一。利用遥感技术监测植被，对于有效评估区域生态环境状况、合理开发和保护生态环境、发展农牧业生产具有重要意义。

10.3.1 植被遥感的原理

10.3.1.1 叶片结构

典型绿色植物的叶片结构由表及里可分为表皮、叶肉、叶脉三部分（见图10-11）。表皮是位于叶片的上下表层的初生保护组织。表皮由表皮细胞、气孔器和表皮附属物等组成。表皮细胞一般不含叶绿体，有的植物表皮细胞内含有花青素，使叶片呈现红、紫、蓝等颜色。叶片上常覆有一层角质层。角质层有较强折光性，可减少强光对植物的伤害，还有减少水分过度蒸腾和防止病菌侵入的作用。叶肉位于上下表皮之间，由含大量叶绿体的薄壁细胞组成，是叶片进行光合作用的主要部位。根据细胞形态的不同，叶肉可分为栅栏组织、海绵组织。细胞内富含叶绿体，光合作用强。叶脉是叶片中贯穿于叶肉组织间的脉纹结构。叶脉分布如茎枝系统，有粗细和主侧脉之分。位于叶片中央最粗大的叶脉称为主脉（中脉）；主脉的分支为侧脉，侧脉的分枝称为细脉或小脉，细脉仍可再分枝。

图10-11 绿色植被叶片结构

10.3.1.2 植被结构

植株通常由叶、叶柄、茎、枝、干、花等组成。传感器接收到的信息一般是植被群体与光相互作用的结果。影响植被遥感信息的植被结构主要有叶子的形状、大小及植被冠层的形状、大小和植被覆盖度。

植被结构是随着植被种类、生长阶段和分布方式的变化而变化的。植被结构可以通过一系列特征参数来描述和表达，例如单位地表面积上植物叶片面积的总和通常用叶面积指数（*LAI*）来表示；而叶倾角分布（*LAD*）是指不同的光线入射方向和观测角度下叶片的平均投影面积，通常用分布函数来表示；间隙率是指光子不被截获而穿透冠层的概率，其与*LAD*、叶片透过率及入射/（观测）方向等因素相关，可以通过野外测量和间隙率模型来获取。

10.3.1.3 绿色植被的光合作用

植被的光合作用是叶绿素利用光能将无机物转化为有机物的过程。它所利用的光能集中于太阳光的可见光（380 ~ 760 nm）部分，称为光合有效辐射，它是能被吸收的光能最大值。实际中被叶绿素吸收的光和有效辐射大小取决于太阳辐射的强度和植物有效光合作用面积，这与植被叶面积指数、叶倾角分布、太阳高度角等因素有关。

绿色植被在光合作用中转换和消耗大部分蓝光、红光和少部分的绿光，这也是形成绿色植被独特光谱特征的重要原因。

10.3.1.4 植被的光谱特征

植被的光谱特征可使其在遥感影像上有效地与其他地物相区别。色素吸收决定可见光波段的光谱反射率，细胞结构决定近红外波段的光谱反射率，而水汽吸收决定短波红外的光谱反射率特性。如图 10-12 所示，一般情况下，植被在 350 ~ 2 500 nm 具有如下典型反射光谱特征：在可见光的 0.55 μm 附近有一个反射率为小反射峰；在 0.45 μm 和 0.65 μm 附近有两个明显的吸收谷；在 0.7 ~ 0.8 μm 是一个陡坡，反射率急剧增高；在近红外波段 0.8 ~ 1.3 μm 形成一个高的、反射率可达 40% 或更大的反射峰。在 1.45 μm、1.95 μm 和 2.65 μm 处有三个吸收谷。

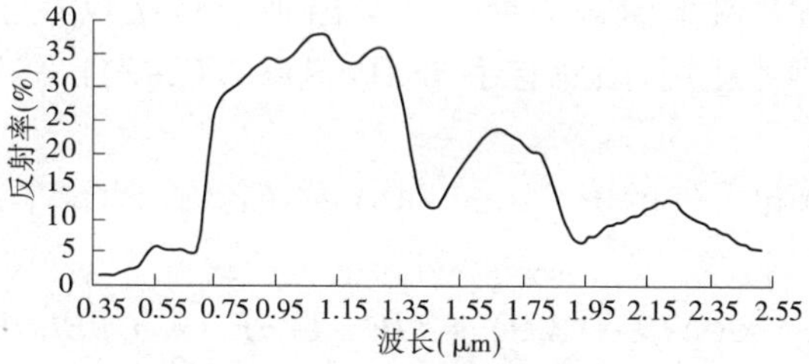

图 10-12 绿色植被光谱曲线

10.3.2 常见的植被指数

植被指数是利用卫星不同波段探测数据组合而成的，是能反映植物生长状况的参数。植物叶面在可见光红光波段有很强的吸收特性，在近红外波段有很强的反射特性，这是植被遥感监测的物理基础，通过这两个波段测值的不同组合可得到不同的植被指数。常见的植被指数有归一化植被指数、差值植被指数、比值植被指数、增强型植被指数和土壤调节植被指数等。

归一化植被指数被定义为近红外波段与可见光红色波段数值之差与这两个波段之和的比值，计算公式为：$NDVI = (NIR - RED)/(NIR + RED)$。该指数值介于 $-1 \sim 1$：0 代表该区域基本没有植被生长；负值代表非植被覆盖的区域；取值 0 ~ 1，数字越大代表植被的覆盖面积越大，植被的量越多。云、水体和冰雪在红色及近红外波段均有较大反射，其 *NDVI* 值为负值；土壤和岩石在这两个波段的反射率基本相同，因此其 *NDVI* 值接近于 0。对于 Landsat 8 OLI 传感器来说，其红外及红光波段分别为第 5 和第 4 波段。

NDVI 可以部分消除与太阳高度角、卫星观测角、地形、云和阴影及大气条件有关的辐照度条件变化等的影响，能够很好地反映植被生长状态，在估算光合植被覆盖度方面有优势。*NDVI* 的局限性表现在，用非线性拉伸的方式增强了 *NIR* 和 *R* 的反射率的对比度。对于同一幅图像，分别求 *RVI* 和 *NDVI* 时会发现，*RVI* 值增加的速度高于 *NDVI* 增加的速度，即 *NDVI* 对高植被区具有较低的灵敏度。

比值植被指数(RVI)被定义为两个波段反射率的比值,广泛采用的是近红外和红色波段的反射率比值,计算公式为

$$RVI = NIR/R$$

绿色健康植被覆盖地区的 RVI 远大于1,而无植被覆盖的地面(裸土、人工建筑、水体、植被枯死或严重虫害)的 RVI 在1附近。植被的 RVI 通常大于2。RVI 是绿色植物的灵敏指示参数,与 LAI、叶干生物量(DM)、叶绿素含量相关性高,可用于检测和估算植物生物量。当植被覆盖度较高时,RVI 对植被十分敏感;当植被覆盖度 $<50\%$ 时,这种敏感性显著降低。RVI 还受大气条件影响,大气效应大大降低对植被监测的灵敏度,所以在计算前需要进行大气校正,或用反射率计算 RVI。土壤调节植被指数公式为:

$$SAVI = (1 + L)(NIR - R)/(NIR + R + L)$$

其中,L 是随着植被密度变化的参数,取值范围为0~1。$L=0$ 时,表示植被覆盖度为零;$L=1$ 时,表示土壤背景的影响为零,即植被覆盖度非常高,土壤背景的影响为零,这种情况只有在被树冠浓密的高大树木覆盖的地方才会出现。$SAVI$ 仅在土壤线参数 $a=1, b=0$(非常理想的状态下)时才适用,因此有了 $TSAVI$、$ATSAVI$、$MSAVI$、$SAVI\ 2$、$SAVI\ 3$、$SAVI\ 4$ 等改进模型。

为了同时校正土壤和大气的影响,Liu 和 Huete(1995)构建了增强型植被指数,其计算公式为

$$EVI = 2.5 \times (NIR - RED)/(NIR + C_1 RED - C_2 BLUE + L)$$

其中,NIR、RED、$BLUE$ 分别代表经过大气校正之后的近红外、红色和蓝色波段反射率。$L=1$,为土壤调节参数,C_1 和 C_2 分别取值6.0和7.5。EVI 对基础数据进行了全面的大气校正,并借鉴大气抵抗植被指数($ARVI$)对气溶胶影像进行了进一步的处理,在很大程度上解决了植被指数易于饱和的问题。同时,EVI 对土壤背景影像进行了校正,减少了土壤背景造成的干扰。

10.3.3 植被遥感的应用

早期的植被遥感研究主要集中于植被及土地覆盖类型的识别、分类、专题图制作等,并提出了多种植被指数用以进行植被的宏观监测和生物量估算。随着定量遥感的深入发展,植被指数与植被生理参数、地表环境参数之间的关系成为研究的热点。另外,植被遥感的理论模型、几何光学模型和辐射传输模型的研究也在不断深入。下面从农作物遥感估产的角度,说明植被遥感的应用。

农作物遥感估产的基本原理是根据生物学原理,在收集分析各种粮食作物不同光谱特征的基础上,通过遥感传感器记录的遥感信息,辨别作物类型,监测作物长势,并在作物收获前,预测作物的产量。它包括两项重要内容:作物识别和播种面积提取、长势监测和产量预报。作物长势包括了群体特征和个体特征两个方面,利用遥感技术监测作物的长势包括作物的苗情、生长状况及其变化等,从中可及时获取作物产量信息。现有的监测方法有直接监测法、同期对比法、作物生长过程监测法、作物生长模型法和诊断模型方法等。作物产量的遥感预测一般采用“总产 = 单产 × 种植面积的思路”。农作物单产的获得需要建立一定的模型,其实质是将遥感信息作为输入变量或参数,直接或间接表达作物生长

发育和产量形成过程中的影响因素,单独或与其他非遥感信息相结合,依据一定的原理和方法构建单产模型,进而驱动模型运行的过程。农作物种植面积的遥感提取是在收集分析不同农作物光谱特征的基础上,通过遥感影像记录的地表信息,识别农作物的类型,统计农作物的种植面积。

(1)确定研究区划。农作物估产具有大面积同时应用的特点,需要将自然条件、地形条件及作物类型不同的地区进行区分归类,以便于作物估产模型的建立。

(2)信息的获取及处理。包括遥感信息和野外实测数据的获取。常用的遥感数据源有陆地卫星系列、MODIS 等,国产风云气象卫星资料也是重要的数据源。根据研究区划和遥感数据源合理布设地面样点,获取实测数据。

(3)背景数据库的建立。背景数据的应用,首先可以为遥感信息分类提供先验知识,提高分类精度;其次,从历史资料中获取的信息可以与实测数据进行综合分析,避免遥感信息源的不足带来的问题。如表 10-2 所示,对研究区气候、主要农作物及其物候历等信息进行分析,可以有效提高作物种植面积提取精度,实现高精度的产量估算。

表 10-2　河南省主要秋收作物物候一览表

作物类型	播种时间	收获时间
花生	4 月底至 5 月上旬	8 月中旬至 9 月上旬
玉米	6 月中旬	10 月上旬
夏大豆	6 月中旬	9 月至 10 月上旬
夏红薯	6 月上旬	10 月中下旬
棉花	4 月下旬	10 月下旬
西瓜	7 月	10 月前后

(4)种植面积的提取。农作物种植面积提取是农作物估产中的关键,是由单产估测总产的必需参量。可以根据作物成像时光谱信息与其他植被和地物类型的差异进行种植面积的提取。在进行农作物种植面积提取过程中,通常选取较低空间分辨率而高时间分辨率的遥感影像(如 MODIS 和 MERSI 等)进行农作物种植空间分布提取,并结合较高空间分辨率的遥感影像(如 Landsat TM、OLI、SPOT 等)对农作物种植空间分布进行验证和修正,从而提高提取精度。

(5)长势动态信息监测。作物的产量是其光合作用的产物,叶绿素对其产量形成起至关重要的作用。作物叶绿素含量是随生育阶段的不同而不断变化的,因此其不同生育期的反射光谱特性亦有差异。利用高时间分辨率的遥感卫星数据(如 NOAA、MODIS、FY3A/B 等)对农作物的不同生长发育期进行动态监测。农作物长势监测指标的确定对农作物的监测和估产至关重要,常见的监测指标包括 *NDVI*、*RVI*、*EVI* 等。如图 10-13 所示,显示了河南省冬小麦不同生育期 *NDVI* 分布情况。

(6)建立遥感估产模型。农作物遥感估产模型的构建是遥感估产的核心问题,其基本思路是根据遥感信息归纳出能够反映农作物生长状况的一系列指标,然后与历史数据进行对比和拟合,建立其与产量之间的关系。例如用某一生育期 *NDVI* 与冬小麦单产量进行拟合,建立冬小麦产量估算的线性模型:

$$y = a + k \times NDVI$$

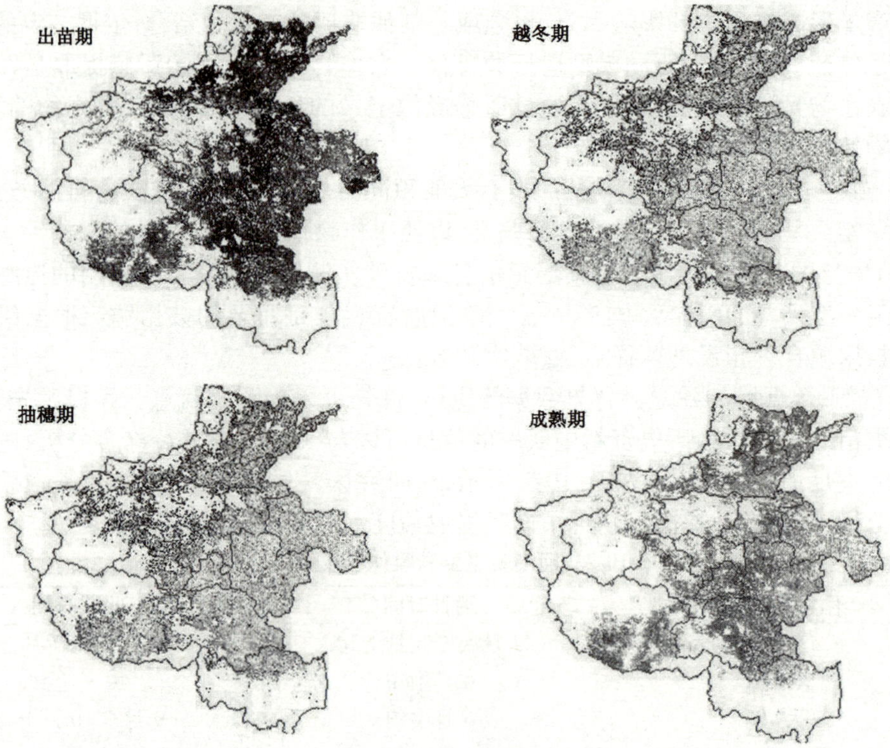

图 10-13　河南省冬小麦不同生育期 *NDVI* 分布情况

$$Y = y \times S$$

式中，a、k 为拟合过程中确定的系数；y 为冬小麦单位面积产量；S 为冬小麦种植面积；Y 为冬小麦总产量。

在基于 *NOAA* - *NDVI* 的河南省冬小麦遥感估产试验中，利用 1982 ~ 2006 各年 5 月的 *NDVI* 和产量数据，构建了河南省冬小麦产量估算回归模型：$y = 0.824\,9 \times \ln(NDVI) + 0.930\,8$。通过误差分析发现其相对误差为 -2.63%。

10.4　水体遥感

"数字流域"建设已成为水利现代化的重要组成部分，其感测范围广，可周期性获取的卫星遥感数据成为流域下垫面信息的重要数据来源。遥感技术的引入为研究和解决江河水利与水害问题提供了新的技术手段。其中，水体信息的快速有效提取成为水利界和遥感界共同关注的研究热点之一。水体的面积监测是水资源调查的重要内容，也是洪水灾害监测的重要组成部分。因此，利用遥感影像的波谱特征和水体在影像上的特征，研究自动化半自动化提取水体信息的方法，获取它的范围及其他特征，是十分必要的工作。

10.4.1　水体遥感原理

从宏观的角度出发，水体专题信息分为湖泊和河流两类。在卫星遥感影像上，湖泊大致表现为一块等值区域，河流为一线结构。在黑白遥感影像上，水体的纹理较均匀但色调较复杂，主要与水体的深浅、含沙量、受污染程度及河流的流速等因素有关。一般情况下，水体越深，色调越深；水体的含沙量越大，反射率越高，色调越浅，如图 10-14 所示；静止的水体色调相对较深，湍流的河水色调相对较浅。

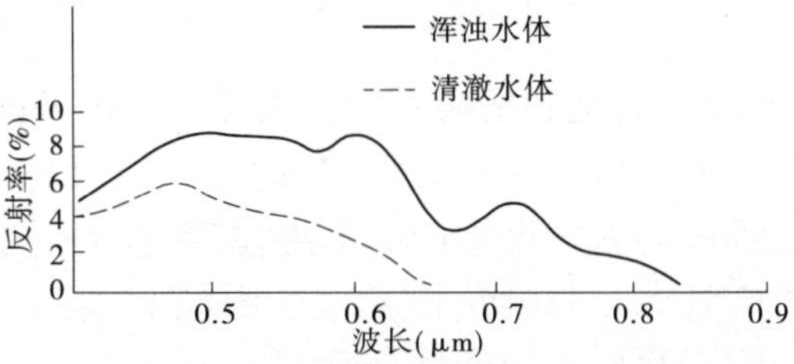

图 10-14　水体光谱特征随泥沙含量变化

众所周知，不同地物由于其物质结构和组成成分不同，电磁波谱特征也不尽相同。水体的光谱特征主要由水本身的物质组成决定，同时又受到各种水状态的影响。主要表现为：天然水体对 0.4 ~ 1.1 μm 的电磁波反射率明显低于其他地物，在遥感图像上表现为暗色调；在近红外波段的反射比可见光波段更低，这一特征与植被和土壤光谱形成十分明显的差异，因此在红外波段识别水体是较容易的。

地物光谱数据测试是在地面的高度进行的室内或室外光谱试验，而现代遥感数据主要是利用传感器从地球轨道高度探测到的地面物体的光谱响应。以可见光遥感为例，水体的光谱特征还会受到水面入射辐射、水的光学性质、表面粗糙度、日照角度与观测角度、气 - 水界面的相对折射率等的影响，在某些情况下还涉及水底反射光等。其中，水面反射辐射带有少量水体本身的信息，如表面粗糙度、水面悬浮物等；进入水下的光谱还会受到水中污染物、浮游生物等物质的影响。正是这种"影响"改变了水体在遥感影像上的显示特征，也是利用这种特征变化来反演真实的水利信息。

10.4.1.1　表面粗糙度

表面粗糙度的不同会引起水体光谱特征的差异。研究表明，在可见光 - 近红外波段内，平静水面光谱反射率明显低于波浪引起的粗糙水面。这是因为平静光滑的水面仅有体反射辐射部分的能量进入传感器，而粗糙波浪水面有表面反射和体反射两部分能量进入传感器，因此在遥感图像上，前者一般会比后者暗。这也是监测海面是否有海风的的基础。

10.4.1.2　水深

清澈水体随水深的增加，其光谱特征在不断变化，在水深 20 m 处近红外波段的能量已经几乎不存在，仅保留了蓝、绿波段能量，这也是蓝绿波段常用来研究水深和水底特征的原因。需要说明的是，光对水体的穿透能力，除受到波长影响外，还受到水体浑浊度的影响。随着浑浊度的增加，反射率增大，透射率明显下降。

10.4.1.3　水体悬浮物

因为遥感传感器记录的是地表物体的电磁波辐射特性，所以只有在较大程度上直接或间接影响水体的电磁波辐射特征的物质，才有可能通过遥感技术加以探测。通常指水体叶绿素含量、石油和热污染等几种类型。

1)水体叶绿素含量

一般来说,随着叶绿素含量的不同,在 0.43 ~0.70 μm 光谱段会有选择地出现明显的差异。当叶绿素浓度增加时,可见光的蓝光部分的光谱反射率明显下降,但绿光部分的反射率则上升。

2)石油

利用未污染海水与水面上有油膜的海水的辐射反射率的差异进行比较。在可见光波段,油膜的反射率要比洁净海面的反射率大得多,因此利用可见光波段的传感器,就能摄制海面油膜影像。此外,油膜与未污染水面的辐射温度也不相同,如在常温下,石油的反射率 $E=0.27$,而海水的反射率 $E=0.96$,在热红外影像上,未污染区域呈白色,排油区则呈黑色条带,因此还可以利用热红外图像进行监测。

3)热污染

主要依据是水温的不同而引起的光谱特征的变化,多采用热红外遥感。我们知道,热红外遥感传感器通过探测热红外辐射强度,即亮度温度来计算水体真实温度。从热红外一章中,我们知道,水体的实际温度等于亮度温度除以比辐射率。而在实际观测中,水体的比辐射率接近于1(近似黑体),如图 10-15 所示,在波长 6 ~14 μm 波段尤为如此,因此所测得的亮度温度即为水体温度。

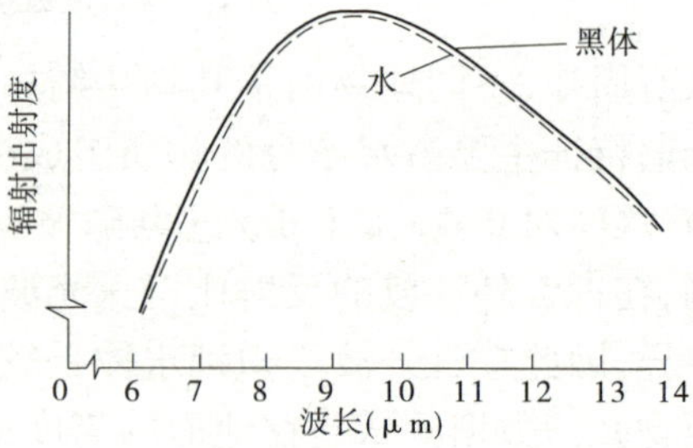

图 10-15　水体与黑体

10.4.2　常见水体提取方法

在众多遥感数据中,Landsat 数据以其瞬时覆盖面积大、空间分辨率较高、连续记录存档时间长的综合优势,成为国内外许多学者进行水利遥感研究的首选。基于 Landsat 遥感影像进行水体提取目前存在多种方法:如对图像进行分类提取水体的方法;利用单波段阈值提取水体的方法;利用 ETM+第 7 波段水体的灰度值与其他地物的较大差异进行图像分割提取的方法;利用密度分割的方法来提取水体;色度判别法和比率测算法虽然提高了对水体识别的效果,但是方法复杂,因此应用并不广泛。这里主要就多波段谱间关系法、水体指数法、类植被指数法及决策树法进行简单说明。

10.4.2.1　多波段谱间关系法

多波段谱间关系法属于多波段法的一种,主要是利用多波段的优势综合提取水体信息。在常规单波段阈值法分类的基础上再采用该方法建立的数学地理模型来提取水体,可以提高水体提取精度。例如,在山区常用阈值分类的方法提取水体,但分类的结果往往易将山区的阴影或一些部分混合的像元也误认为水体,这是因为在水体与阴影波谱数值之间,从总体上来说光谱差异很小。但它们在 ETM4、ETM5、ETM7 波段的波谱曲线走向上稍有不同:水体从 ETM1 ~ETM7 波段(不含第 6 波段)的波谱曲线呈逐渐下降的趋势;而阴影区在 ETM4 波段之后至 ETM5、ETM7 波段处比较平稳,有的还略有抬升。多波段谱间关系法提取水体信息的原理正是利用谱间差异特征进行的。

10.4.2.2 **水体指数法**

水体指数法是由不同波段做商(比值)运算生成的指数。其创建的基本原理就是在多光谱波段内,寻找出所要研究地类的最强反射波段和最弱反射波段,将强者作为分子,弱者作为分母,通过比值计算,以几何级数进一步扩大二者的差距,使要研究的地物在所生成的指数影像上得到最大的亮度增强,而其他的背景地物则受到普遍的抑制。目前,利用比值运算创建的指数林林总总,常见的水体指数有:

1)归一化差异水体指数 *NDWI*

受 *NDVI* 的启发,Mcfeeters 提出归一化差异水体指数。其计算公式如下:

$$NDWI = (G - NIR)/(G + NIR) \tag{10-3}$$

其中,G 代表绿光波段(如 ETM 影像的第 2 波段),NIR 代表近红外波段(如 ETM 影像的第 4 波段)。水体的反射从可见光到短波红外逐渐减弱,在近红外和短波红外吸收性最强,因此可以利用可见光与近红外波段的反差构成的 *NDWI* 突出水体信息。另外,由于植被在近红外波段的反射率一般最强,因此采用绿光波段与近红外波段的比值可以最大程度地抑制植被的信息,从而达到突出水体信息的目的。不过在实际应用中,用 *NDWI* 提取的水体信息中仍然夹杂着许多非水体信息,特别是在提取山区的水体方面不太理想。

2)改进的归一化差异水体指数 *MNDWI*

MNDWI(Modified *NDWI*)即改进归一化差异水体指数,其计算公式为

$$MNDWI = (G - MIR)/(G + MIR) \tag{10-4}$$

其中,MIR 代表短波红外波段(如 ETM 影像的第 5 波段),G 代表绿光波段(如 ETM 影像的第 2 波段)。

通过与 *NDWI* 相比较,可知 *MNDWI* 具有以下特点:*MNDWI* 影像的标准方差大于 *NDWI* 和其他单波段可见光影像,因此它含有比其他波段更丰富的光谱信息;污染导致水体均值的升高,但 ETM4 的均值显然要大于 ETM5,因此 *NDWI* 值要小于 *MNDWI* 值,即 *NDWI* 增强水体、抑制背景信息的能力要小于 *MNDWI*,从而在解译微细信息方面逊于 *MNDWI*。另外,*MNDWI* 可以消除地形差异的影响,从而解决了水体信息中有阴影夹杂的问题。

3)增强型水体指数 *EWI*

NDWI 和 *MNDWI* 应用广泛,但在半干旱地区提取效果并不好。此时如果利用 *MNDWI* 提取水系,很可能在抑制居民地、土壤等背景噪声的同时,把半干涸的河道也当作噪声抑制掉,造成水系的不完整。若采用 *NDWI* 提取水系,由于土壤、居民地等噪声在绿光波段和近红外波段的反射特征与水体几乎一致,很容易混淆。增强型水体指数 *EWI* 计算公式为

$$EWI = (G - NIR - MIR)/(G + NIR + MIR) \tag{10-5}$$

EWI 同时引入了近红外波段和短波红外波段,替换后的指数同时拥有二者的优势,即在很好地抑制居民地、土壤等噪声的同时,也可抑制植被噪声。

4)新型水体指数 *NWI*

前面讲述的 3 种水体均是利用 TM/ETM + 绿光波段(Band 2)与近红外和中红外波段(Band 4 和 Band 5)的波段组合,采用比值运算创建而成。其实,水体在其第 7 波段也具有强烈吸收的特点,新型水体指数就是利用该特点建立的,其公式如下:

$$NWI = \frac{\text{Band1} - (\text{Band4} + \text{Band5} + \text{Band7})}{\text{Band1} + (\text{Band4} + \text{Band5} + \text{Band7})} \times C \tag{10-6}$$

水体在蓝光波段(Band 1)的反射要高于绿光波段(Band 2),可以进一步扩大水体与其他地物的反差,且使得大部分水体的亮度值为正,并且在众多地物类型中,唯有水体在TM/ETM+影像的第ETM4、ETM5、ETM7波段同时具有强烈的吸收,而植被、干土壤和建筑物等非水体在这几个波段范围内的反射则高于水体。同时,由于阴影在第1波段反射较水体弱,而在第ETM4、ETM5、ETM7波段的反射均高于水体,*NWI*的构建正好加大了阴影与水体在*NWI*指数影像上的区分,从而解决了水体信息往往夹杂有阴影的难题。

10.4.2.3 类植被指数法

类植被指数法是指在研究区内,根据植被的波谱特征,为突出水体信息,将ETM+遥感影像中的Band 3/ Band 5、Band 2 /Band 4、Band 3/Band 7进行比值图像处理,并分别赋予*R*、*G*、*B*进行彩色合成的方法,具有突出水体、区分水生与陆生植被等方面的优势。这样采用低值比高值的比值法可以有效突出水生植被,并且可以识别有植被覆盖的水体,使得不同植被差异明显,最后可从类植被的图像中通过阈值方法将水体提取出来。

10.4.2.4 决策树法

如图10-16所示,决策树是遥感图像分类中的一种分层处理结构,其基本思想是通过一些判断条件对原始数据集逐步进行二分和细化。下面是用ETM+数据所做的简单决策树法,根据图10-16可简单地提取水体,但是并不精确,阴影中还含有少量水体,水体中也包含少量的阴影,实际应用中常结合其他信息,继续添加子结点,给出更多的条件来进行水体提取,提高精度。

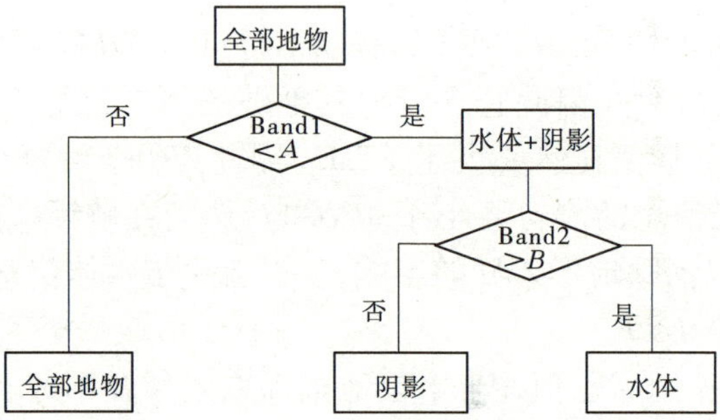

图10-16 决策树提取水体

10.4.3 主要的水体遥感数据源

水体遥感数据源的选择是根据不同时代技术条件、研究资料的可获得性以及研究区域的尺度和地表特征等决定的。从利用波段来看,主要为可见光与微波遥感数据。常用的可见光卫星传感器有NOAA-AVHRR、SPOT、MODIS、Landsat TM和ETM+等,一些主动微波传感器如ERS-1、ERS-2和JERS-1及Radarsat也是水体监测的重要数据源。

AVHRR具有覆盖面大和观测周期短等特点,常用于建立长时间序列数据,是长时间序列湖泊动态变化研究的重要数据源。多波段卫星影像数据是最常用的数据源,MSS、

TM、ETM 和 CBERS 等多波段信息源不仅分辨率极高，而且逐渐面向大众用户免费开放，从而加大了其应用面，称为最主要的数据源。微波遥感技术的发展促进了水体动态监测的发展。微波遥感不仅可显著区分水体与周围地物，而且具有全天候全天时的探测能力，它穿云透雾的本领在水体监测尤其是洪水期阴雨天气下的湖泊水域监测具有特殊优势。当然，在实际研究中，为了充分发挥各种遥感数据的优势，常常综合利用多种数据，这样既可以对比分析结果，提高解译精度，还可提高空间、时间分辨率。

10.4.4 水体遥感应用

水体遥感的任务是通过对遥感影像的分析，获得水体的分布、泥沙、有机质等状况和水深、水温等要素的信息，从而对一个地区的水资源和水环境等作出评价，为水利、交通、航运及资源环境等部门提供决策服务。下面以 2013 年松花江与嫩江交汇段洪水遥感监测为例，从数据源、监测目的、监测方法等方面进行简单说明。

(1)数据源：采用中国环境与灾害监测预报小卫星(简称 HJ－1 卫星，重访周期为 2 d)和 Landsat 8 卫星影像，以弥补 Landsat 8 卫星重访周期较长、在洪水发生期间可用的影像较少的缺陷。

(2)监测目的：利用遥感影像数据对研究区进行实时水情监测，构建洪水监测遥感影像集；利用两种影像不同时相的洪水淹没范围，掌握洪水发展的过程，对淹没区的灾情进行评估。

(3)监测方法：根据研究区的降水规律、晴空条件、卫星成像时间等，选择 2013 年 6 月 17 日开始洪水监测，2013 年 9 月 8 日结束洪水监测，并建立洪水遥感影像数据集，见表 10-3。

表 10-3　遥感影像数据集

影像日期(月-日)	卫星、传感器	云量	时期
6-17	Landsat 8 OLI	<5%	洪水发生前
7-14	HJ－1A/1B CCD	<5%	洪水发生时
7-26	HJ－1A/1B CCD	<5%	洪水发生时
8-13	HJ－1A/1B CCD	<5%	洪水发生时
8-15	HJ－1A/1B CCD	<5%	洪水发生时
8-20	Landsat 8 OLI	<10%	水势稳定时
9-8	HJ－1A/1B CCD	<5%	水势稳定时

首先进行数据预处理，对多时相影像进行几何校正，削减遥感影像的几何畸变所引起的误差。选取研究区矢量边界，对多时相影像进行裁剪，获得研究区内洪水发生前、发生时的影像(见图 10-17)。

然后利用上一节中讲到的水体提取方法划分出洪水淹没范围，将其与行政边界线相叠加，确定洪水发生的地理位置。最后结合洪水前土地覆盖类型数据，获取各行政单元的洪水淹没类型及面积，以便后期进行灾情评估。

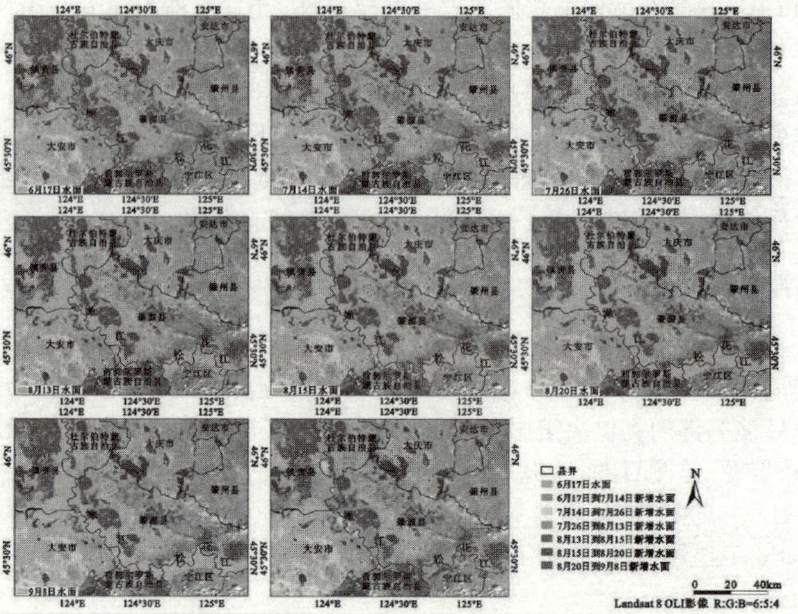

图 10-17 洪水进展过程

10.5 地质遥感

地质遥感是地质学分支学科，又称遥感地质，是综合应用现代遥感技术来研究地质规律，进行地质调查和资源勘察的一种方法。地质遥感的任务是通过遥感影像的解译确定一个地区的岩石性质和地质构造，分析构造运动的状况，为地质制图、矿产资源调查、工程地质和水文地质调查等服务。其中，岩性和地质构造的识别是遥感地质解译的基础，其他地质解译都是在这两者的基础上进行的。

10.5.1 地质遥感的原理

10.5.1.1 岩性的识别

识别遥感影像上的类型必须首先了解不同岩石的反射光谱差别，以及所引起的影像色调的差异。同时，由于岩石的形成，在内外营力的共同作用下，组合成了不同形状，这也是识别岩石类型的重要标志。此外，不同岩性上往往形成不同的植被、水系，这也可作为间接的解译标志。

1）*岩石的反射光谱特征*

岩石的反射光谱特征与岩石本身的矿物成分和颜色密切相关。以石英等浅色矿物为主组成的岩石具有较高的光谱反射率，在可见光遥感影像上表现为浅色调；铁镁质等深色矿物组成的岩石，总体反射率较低，在影像上表现为深色调。如酸性岩类的花岗岩，由于主要含石英、钾长石等浅色矿物，总体反射率较高；属于基性岩类的玄武岩和橄榄玄武岩由于含有大量的铁镁质暗色矿物，在岩浆岩中反射率最低。总之，岩浆岩中随着 SiO_2 含量的减少和暗色物质含量的增高，岩石的颜色由浅变深，光谱反射率也随之降低。

图 10-18与图 10-19 是石英与玄武岩的光谱反射率。

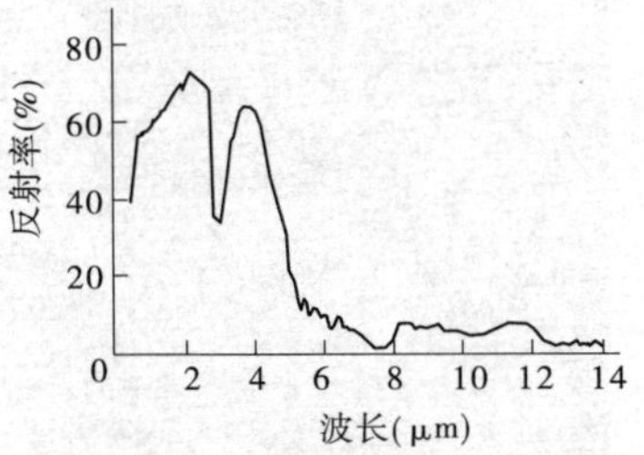

图 10-18 石英的光谱反射率

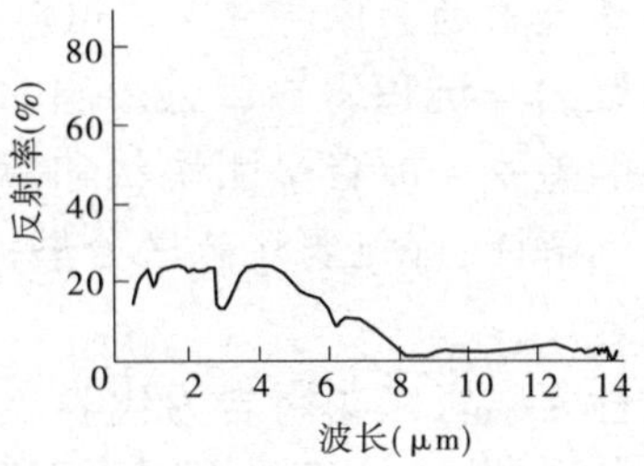

图 10-19 玄武岩的光谱反射率

岩石光谱反射率受组成岩石的矿物颗粒大小和表面糙度的影响。矿物颗粒较细,表面比较平滑的岩石,具有较高的反射率;反之,光谱反射率较低。

岩石表面湿度对反射率也有影响。一般来说,岩石表面较湿时,颜色变深,反射率降低。

岩石表面风化程度的影响,主要取决于风化物的成分、颗粒大小等因素。风化物颗粒细时,覆盖面的岩石表面较平滑,则反射率较高;如果风化物颗粒粗,则表面粗糙,会降低反射率。如红砂岩在干燥情况下,反射率总体高于潮湿时。由于风化物为 $CaMgO_3$,干燥时色调比较浅,反射率高于岩石的新鲜面。在通常情况下,完整的岩石表面比破碎的岩石表面反射率要高些。

在野外,岩石的自然露头往往有土壤和植被覆盖,这些覆盖物对光谱的影响取决于覆盖程度和特点。如果岩石全部被植物覆盖,遥感影像上显示的均为植被信息。如果部分覆盖,则在遥感影像上显示出综合光谱特征。了解这一综合特征,对于岩性的解译是很有用的。如图 10-20 所示,中间如"红叶"般的区域山体植被覆盖较好,流水侵蚀导致的沟谷特征如同"红叶"的叶脉一般。图像左下方粉红色是农作物耕作区。图像右下方白色区域是积雪覆盖。(注:本书中图片为黑白图片,但在实际航片中是彩色的,故"粉红色""白色"在实际航片中有显示。)

图 10-20 山西长治市附近植被覆盖图

2)沉积岩的影像特征及其识别

沉积岩本身没有特殊的反射光谱特征,因此单凭光谱特征及其表现,在遥感影像中是较难将它与岩浆岩、变质岩区分开来的,还必须结合其空间特征及出露条件,如所形成的地貌、水系特点等将其与其他岩类区分开来。

沉积岩最大的特点是具有成层性。胶结良好的沉积岩,出露充分时,可在较大范围内呈条带状延伸。在高分辨率的遥感影像上可以显示岩性的走向和倾向。坚硬的沉积岩,常形成与岩层走向一致的山脊,而松软的沉积岩则形成条带状谷地(见图 10-21)。沉积岩由于其抗蚀程度的差异和产状的不同,常形成不同的地貌特点。坚硬的沉积岩如石英砂岩等常形成正地形;较松软的泥岩和页岩常形成负地形;水平的、坚硬的沉积岩常形成方山地形、台地地形或长垣状地形;倾斜的、软硬相间的沉积岩常形成沿走向排列的单面山或猪背山，并与谷地相间排列。

3）岩浆岩的影像特征及其识别

岩浆岩与沉积岩在遥感影像上的形状结构有明显的差别。前者呈团块状和短的脉状。对岩浆岩的解译，首先要注意区分酸性岩、基性岩和中性岩。

图 10-21　新疆昌吉州呼图壁县沉积岩谷地

酸性岩浆岩以花岗岩为代表。花岗岩在影像上的色调较浅，易于与周围岩石区别开来，平面形态成圆形、椭圆形和多边形，所形成的地形主要有两类，一类是悬崖峭壁山地，另一类是馒头山状山体和浑圆状丘陵。前者水系受地质构造控制，后者水系多呈树枝状，沟谷源头常见钳沟头。

基性岩的色调最深，大多侵入岩体，容易风化剥蚀成负地形。喷出的基性玄武岩则比较坚硬，经切割侵蚀形成山地和台地。雷州半岛、海南岛等地有大片玄武岩覆盖，台地上水系不发育，遥感影像上，大片暗色色调背景上呈花斑状色块，周围边界清晰。

中性岩的色调介于两者之间，大片喷出岩如安山岩类在我国东部地区构成山脉的主体。岩体常被区域性裂缝分割成棱角清楚的山岭和 V 形河谷，水系密度中等。中性的侵入岩体常呈环状负地形。

新近喷发形成的火山岩比较容易识别，无论是火山碎屑岩或火山熔岩，都与新近火山活动相联系。火山熔岩从火山口流出，沿着低洼的谷地流动，在高分辨率的遥感影像上还可以看到熔岩流"绳状"或"蠕虫状"表面，在低分辨率影像上一般显示暗色调，并且火山口地形也可作为识别标志。火山碎屑岩与相应的沉积岩类似，分布在火山锥附近，火山锥在影像上容易被识别出来。

4）变质岩的识别

由岩浆岩变质而来的正变质岩和由沉积岩变质形成的负变质岩，都保持了原始岩类的特征，因而遥感影像也分别与原始母岩的特征相似。只是由于经受过变质，使得影像特征更复杂。

石英岩由砂岩变质而成，经过变质作用后，SiO_2矿物更为集中，色调变浅，强度增大，多形成轮廓清晰的岭脊和陡壁。大理岩与石灰岩相似，也可以形成喀斯特地貌。千枚岩和板岩的影像特征与细砂岩、页岩相似，易于风化，多成低谷、岗地或负地形，地面水系发育。

片岩、片麻岩等变质岩，其影像特征与岩浆中的侵入岩相似，在高分辨率遥感影像上有时可识别出深色矿物和浅色矿物几种不同色调带扭曲的情况。

变质岩的地质时代比较古老，经历了强烈的地壳运动，区域裂隙发育的水系，交汇、弯处也不大自然，成"之"字形，这一点可作为与岩浆岩区别的标志之一。

10.5.1.2　地质构造的识别

遥感对地质构造的识别有特殊的意义，大型区域性地质构造在地面调查中，测点不可能过密，因而不能窥其全貌。而遥感影像从几百米、几千米的空中或几百千米的空间获取的信息，利于从客观上把握区域构造总体特征。岩石出露条件好时，还可从高分辨率遥感影像上量测其产状要素，特别是人迹罕至的地区，更显重要。

从遥感影像上识别地质构造，主要有三方面的内容：识别构造类型，有条件时测量其产状要素，判断构造运动的性质。

1）水平岩层的识别

在低分辨率的遥感影像上不容易发现水平岩层的产状，这是由于水平岩层遭受侵蚀后，往往由较硬的岩层形成保护层，且形成陡坡，保护了下部较软的岩层。在高分辨率遥感影像上可发现水平岩层经切割形成的地貌，并可见硬岩的陡坡与软岩形成的缓坡呈同心圆状分布，硬岩的陡坡具有较深的阴影，而软岩的色调较浅。

2）倾斜岩层的识别

在低分辨率遥感影像上，可根据顺向坡有较长坡面、逆向坡坡长较短的特性识别岩层的倾向。当顺向坡的坡长和逆向坡的坡长相等时，可以确定岩层倾角在45°左右，倾向则不易确定。倾斜岩层经过沟谷的切割，在高分辨率遥感影像上常出现岩层三脚面，这时根据岩层出露的形态及其与地形的关系，可确定岩层的产状。

3）褶皱及其类型的识别

在遥感影像上，褶皱的发现及其类型的确定建立在对岩性和岩层产状要素的识别的基础上。在进行影像分析时，应注意不同分辨率遥感影像的综合应用，即先在较低分辨率的影像上进行总体识别，确定褶皱的存在，特别是一些规模较大的褶皱的确定，然后对其关键部位采用高分辨率影像进行详细的识别，确定褶皱的类型。

褶皱构造（见图10-22）由一系列的岩层构成，这些岩层构造的软硬程度有差别，硬岩成正地形，软岩成谷地，因此在遥感影像上会形成不同的色带。为发现褶皱构造，首先要确定这些不同色调的平行色带，选择其中在影像上显示最稳定、延续性最好者作为标志层。标志层的色带呈圈闭的圆形、椭圆形、橄榄形、长条形或马蹄形等，是确定褶皱的重要标志。在中低分辨率影像上能反映出大的褶皱，而在高分辨率遥感影像上，不仅能发现较小规模的褶皱，而且可以确定其岩体层的分布层序是否对称重复以及具体的产状要素，这是确定褶皱存在的重要证据，特别是在高分辨率遥感影像上观察标志层在转折端的形态，有助于识别褶皱的存在及褶皱的类型。

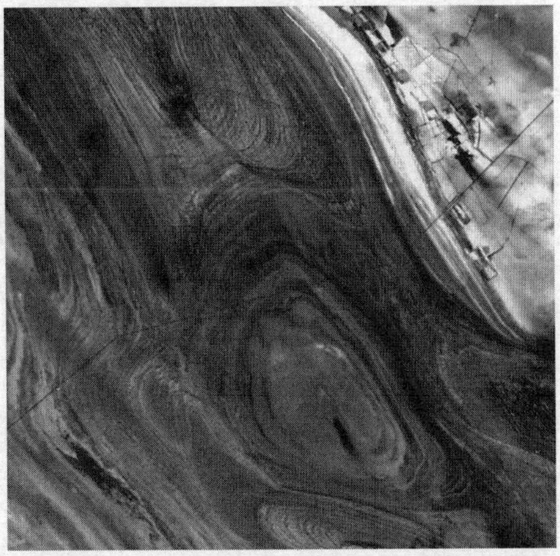

图10-22　甘肃酒泉市阿克塞县附近褶皱构造

4）断层及其类型的识别

通常，断层在没有疏松沉积物覆盖的情况下是一种线性构造，在遥感影像上表现为线性影像。它基本上有两种表现形式：一是线性的色调异常，即线性的色调与两侧的岩层色调都明显不同；二是两种不同色调的分界面呈线状延伸。当然，具备这两个影像特征的地物不一定都是断层，如山脊、较小的河流、道路、渠道、堤坝、岩层的走向、岩层的界面等。因此，除这两个基本影像特征外，还必须对断层两侧的岩性、水系和整体地质构造进行研究，才能确定是否是断层，特别是在高分辨率的遥感影像上，可以通过对断层的鉴别确定断层。如断层的缺失和重复，走向不连续使两套岩层走向错断、斜交等，这对于判断与岩层走向一致或角度相近的断层是重要标志。在具体确定是否存在断层时，必须把影像的基本特征与岩性及整个构造结合起来考虑。

5）活动断裂的确定

在断裂性质的研究中，尤其应注意活动断裂的确定，因为它与人们的生活及国家建设最为密切。

活动断裂具备以下几个方面的特征：山形、河谷的明显错位和变形；山形走向突然中断；山前现代或近代洪积扇错开；震中呈线性排列，活动频繁。需要指出的是，活动断裂往往具有继承性，它是在老断裂的基础上发展起来的，但同时又新生的断裂，应注意线性影像的清晰程度及相互的切割关系。在遥感影像上确定断裂的新老关系时，老断裂总是被新断裂切断。

10.5.2 构造运动分析

通过对遥感影像的解译，不仅能对岩性和地质构造作出判断，而且能对一个地区的近代和现代地壳运动特征作出分析，特别是新构造运动主要表现为升降运动，并会引起老断裂的复活和新断裂的产生时比较重要。同时，它能在地貌、水系等特征上表现出来。

上升运动，表现为地壳的抬升或掀升，前者为比较均匀的上升，后者为空间上的不均匀上升。在地貌上表现出山地的抬升及河流的切割，也就是说，山地切割深度与现代地壳上升的幅度成正比。在遥感影像上河流的切割深度是可以识别的，从而可以求出地壳相对上升的幅度。地壳的下沉区在地貌上表现为负地形，如许多盆地，相对于周围山地来说都是相对的下沉区。两者接触地带往往有断裂的存在。此外，从山地河谷出口处、冲积－洪积扇的分布也能反映出升降运动的状况。山地上升时，冲积－洪积扇的堆积旺盛，颗粒较粗，表面坡度大，而且扇体本身遭后期切割，在前端形成新的冲积－洪积扇。如图10-23所示，扇状洪积物特别明显，白色区域是盐碱地，“水母须”是水流形成的冲积沟。

在水系上，上升区表现为放射状水系，下降区则表现为汇聚状水系。不对称水系的存在反映了流域内的不对称升降运动。

10.5.3 地质遥感的应用

蚀变岩石是在热液作用的影响下，使矿物成分、化学成分、结构、构造等发生变化的岩石。由于它们经常见于热液矿床的周围，因此被称为蚀变围岩，它是一种重要的找矿标志。遥感地质中，近矿围岩蚀变形成的蚀变岩石与其周围的正常岩石在矿物种类、结构、颜色等方面都有差异，这些差异导致了岩石反射光谱特征的差异，并且在某些特定的光谱波段形成了特定蚀变岩石的光谱异常。光谱异常为遥感图像的异常信息提取提供了理论依据。遥感找矿工作借用这一先进的技术进行靶区圈定，可减少找矿的盲目性。下面以TM数据为例（见图10-24），从数据源、提取方法、提取结果等方面进行简单说明。

数据源：采用TM图像数据，2011年9月6日获取新疆克拉玛依地区的数据，行列号145，048。

处理流程:采用 ENVI 软件对 TM 影像进行处理,主要包括图像预处理、主成分分析(PCA 分析)、选择有效成分、异常切割、蚀变信息处理等步骤。原始数据经过一系列的图

图 10-23　甘肃酒泉敦煌市附近冲积-洪积扇

图 10-24　新疆克拉玛依地区 TM 影像

像预处理,包括几何校正、大气校正、掩膜去背景等;再选择波段进行主成分分析,根据上述原则进行成分的选择;将选择的成分用异常切割标准处理,突出蚀变信息,并与已知的矿点资料进行叠合分析,验证提取的蚀变结果,见图 10-25。

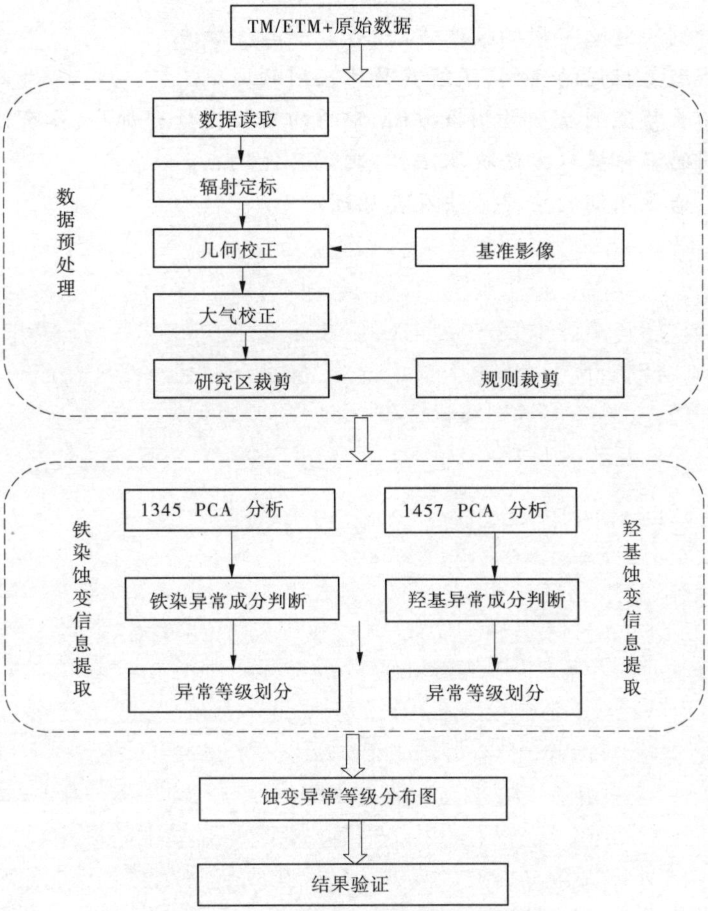

图 10-25　遥感矿物蚀变信息提取流程

铁染蚀变和羟基蚀变存在于绝大多数成矿岩体中，提取这两种蚀变信息基本可以确定研究区成矿岩石的分布情况。图 10-26 展示了羟基蚀变的分类图，铁染蚀变信息提取的方法与此类似。图 10-27 很好地将可能发生蚀变区域的位置反映在原来新疆克拉玛依地区 TM 影像上，为下一步实地考察给出了重要参考。

图 10-26　羟基蚀变的分类

图 10-27　蚀变区域在原图上的位置

思考题

1. 列举几种测绘遥感常用的技术方法，并分析其优缺点。
2. 查找城市遥感应用的实例，了解其具体应用领域。
3. 在农作物长势监测及产量预报方面，常用的植被指数有哪些，各有什么优缺点？
4. 使用不同的水体提取方法提取水体，比较其优缺点。
5. 简述遥感岩性识别的主要方法及其原理。

附录　主要卫星资源

附表　主要卫星资源

传感器	卫星	波段数	光谱范围	空间分辨率	用途
AATSR 先进的沿规扫描辐射仪	ERS－2（欧洲空间局）	8	1.6 μm,3.7 μm,11.0 μm,12.0 μm,0.65 μm,0.85 μm,1.27 μm,1.6 μm	1 000 m×1 000 m 500 m×500 m	海面温度、陆地应用
ACRIM 主动式空腔辐射检测仪	EOS（美国）	—	—	—	太阳辐射抵达地球部分
AIRS 大气红外探测仪	EOS（美国）	2 300,6	3 749～15 400 nm 400～1 700 nm	135 km×1km	大气温度、湿度
ALISSA 大气激光雷达探测仪	PRIRODA－1（俄罗斯）	—	—	1 000 m×150 m	云、气溶胶、大气特征
Altimeter 高度计	EOS（美国）	—	13.6 GHz,5.3 GHz	—	海洋表面特征
AMI 主动式微波仪器成像方式、波方式、风散射计方式	ERS－2（欧洲空间局）	—	5.3 GHz	30 m	气象、海洋、冰川、陆地过程
AMR 测高微波辐射计	EOS（美国）	—	18.2 GHz,23.8 GHz,34 GHz	—	海洋表面特征
AMSR 先进的微波扫描辐射仪	ADEOS Ⅱ（日本）	6	6.6 GHz,10.65 GHz,18.7 GHz,23.8 GHz,36.5 GHz,89 GHz	5～60 km	海洋水汽、降水、温度
AMSU－A 先进的微波探测仪	EOS（美国）	15	—	40 km 星下点	大气温度、湿度
ASCAT 先进的散射计	POEM/ENVISA－1（欧空局）	C 波段	5.255 GHz	50 km	海风向量
ASTER 高级空间热辐射热反射探测器	EOS（美国）	14	500～900 nm, 1 600～2 500 nm, 8 000～12 000 nm	15 m,30 m,90 m	陆地表面水和云

续附表

传感器	卫星	波段数	光谱范围	空间分辨率	用途
ATSR 纵向扫描辐射仪和微波探测仪	ERS－1（欧空局）	2(MWR) 4(IRR)	23.8 GHz,36.5 GHz 1 600 nm,3 700 nm, 11 000 nm,12 000 nm	1 000 m×1 000 m	云、海面温度
AVHRR 甚高分辨率辐射仪	NOAA－11（美国）	5	580～12 400 nm	1 100 m	海面温度、植被、气溶胶
AVNIR 先进的可见近红外辐射仪	ADEOS（日本）	5	420～890 nm	16 m（多光谱） 8 m（全色）	陆地沿海观测
Balkan－2 激光雷达	ALMAZ－1B（俄罗斯）	—	532 nm	90 m	—
CCD 电荷耦合器件相机	CBERS（中国/巴西）	5	450～890 nm	195 m	高分辨率制图
CERES 云和地球辐射能量系统	EOS（美国）	3	300～12 000 nm	21 km 星下点	地球辐射平衡
DCS 数据收集系统	GMS（日本）	2	—	—	数据收集
DORIS 卫星集成的多普勒轨道成像及无线电定位仪	EOS（美国）	—	401.25 MHz, 2 036.25 MHz	—	海洋表面特征、风等测量
Early Bird 早鸟传感器	Earth Watch（美国）	多光谱 3 全色 1	500～890 nm 450～800 nm	3 m,15 m	GIS、制图
EIS 地球成像系统	PoSAT－A（葡萄牙）	—	—	200～2 000 m	陆地表面观测
EOS－Color, EOS 海面颜色仪	EOS（美国）	8	402～885 nm	1 100～4 500 m	海洋颜色
EOSP 地区观测扫描偏振计	EOS（美国）	12	410～2 250 nm	10 000 m 星下点	太阳辐射、制图、气溶胶
EOS－SAR	EOS（美国）	3	L,C,X 波段	20～50 m	—
ETM＋增强型专题绘图仪	EOS（美国）	8	500～2 350 nm	15 m,30 m,60 m	获取地球表面信息

续附表

传感器	卫星	波段数	光谱范围	空间分辨率	用途
GGI、GPS 地学仪	EOS(美国)	—	—	—	全球大地测量
GIAS 地学激光高度计系统	EOS(美国)	—	—	150 ~ 5 000 m	地形、冰川、冰盖地形、云、气溶胶
GLI 全球成像仪	ADEOS Ⅱ(日本)	34	可见光,近、中、热红外	1 000 m	碳循环
GOME 全球臭氧监测设备	ERS - 2(欧空局)	4	240 ~ 790 nm	40 km × 40 km 40 km × 320 km	O_3 及其他大气气体观测
GOMOS 掩星法全球臭氧检测仪	POEM/ENVISAT - 1(欧空局)	4	250 ~ 952 nm	—	平流种类、气溶胶及垂直温度分布
GRADIO 重力梯度仪	ARISTOTELES(欧空局,美国)	—	0.005 ~ 0.25 GHz	100 km × 100 km	重力梯度测量
Greben 精密的雷达测高计	PRIRODA - 1(俄罗斯)	1	13.76 GHz	2.5 km × 9.75 km	海洋、波高
HiRDLS 高分辨率临界动态探测器	EOS(美国)	21	6 000 ~ 18 000 nm	10 km × 1 km	大气温度、水分及化学
HIRIS 高分辨率成像光谱仪	EOS(美国)	192	400 ~ 2 450 nm	30 m	生物圈
HiRS/21 高分辨率红外辐射探测器	NOAA - 11(美国)	20	690 ~ 14 950 nm	20.4 m	大气温度、湿度
HRV 高分辨率可见光传感器	SPOT(法国)	多光谱 3 全色 1	500 ~ 980 nm 510 ~ 730 nm	20 m 10 m	—
HRVIR 高分辨率可见光红外传感器	SPOT - 4(法国)	多光谱 3 全色 1	500 ~ 1 700 nm 510 ~ 730 nm	20 m 10 m	植被、叶绿素探测
ILAS 改进型临边大气光谱仪	ADEOS(日本)	3	753 ~ 12 770 nm	13 000 m	大气
IR - MSS 红外多光谱扫描仪	CBERS(中国/巴西)	4	500 ~ 12 500 nm	78 m,156 m	中等分辨率制图
ISTOK - 1 红外光谱辐射仪系统	PRIRODA - 1(俄罗斯)	64	400 ~ 1 600 nm	750 ~ 3 000 m	大气辐射

续附表

传感器	卫星	波段数	光谱范围	空间分辨率	用途
LAWS 激光大气风	EOS(美国)	—	—	—	风测量
L/C - BanSAR/C 波段 SAR	SIR - CLZ - SAR (美国)	C 波段 L 波段	5.3 GHz 1.28 GHz	25 m×25 m	—
LIS 闪电 成像传感器	EOS,TRMM (美国/日本)	—	777 m	5 km	闪电观测
LISS - Ⅲ线性成像 自扫描传感器Ⅲ型	IRS - 1C/1D (印度)	4	520 ~ 1 750 nm	23.5 m	陆地和水资源管理
LRR 激光 后向反射仪	ERS - 1 (欧空局)	—	350 ~ 800 nm	—	陆地特征
Magnetometer 磁力仪	ARITOTELES (美国)	—	—	100 km×100 km	磁力场测量
MERRIS 中等 高分辨率成像 光谱仪	POEM/ENVISAT - 1 (欧空局)	15	40 ~ 1 050 nm	250 ~ 1 000 m	海洋、大气、陆地观测
MHS 微波 湿度探测仪	EOS(美国)	5	89 GHz,166 GHz, 183.3 GHz	13.5 km 星下点	大气
MIMR 多频微波 成像辐射仪	EOS(美国)	6	6.8 ~ 90 GHz	5.6 km,14 km, 24 km,26 km, 45 km,70 km	雨、云、海温、风、陆地冰雪等
MLS 微波 临边探测仪	EOS(美国)	4	200 GHz,300 GHz, 600 GHz,2.5 THz	3 km×300 km	O_3 和气候变化
MODIS 中等 高分辨率成像 光谱辐射仪	EOS(美国)	36	400 ~ 14 500 nm	250 m,500 m, 1 000 m	地球物理过程、大气、海洋、陆地
MOPITT 对流层污染测量仪	EOS(美国)	—	2.3 μm,2.4 μm, 47 μm	22 km×22 km	CO 和甲烷
MOS(- A, - B, - C) 多光谱光 电扫描仪	IRS - P2 (印度)	4(A) 13(B) 2(C)	755 ~ 768 nm 400 ~ 1 000 nm 1 600 ~ 2 300 nm	5.8 km×1.3 km 1.5 km×1.5 km 1.5 km×1.5 km	地表、海洋全球气溶胶分布

续附表

传感器	卫星	波段数	光谱范围	空间分辨率	用途
MSS 多光谱扫描仪	Landsat - 4、5（美国）	4	500 ~ 1 100 nm	79 m	土地利用、农业、林业、水资源、制图等
MSU 微波探测扫描仪	NOAA - 11（美国）	4	50 GHz, 3.5 GHz, 3.74 GHz, 54.96 GHz, 57.95 GHz	105 km	对流层能量
MSU - E 光学多光谱扫描仪	AIMAZ - IB（俄罗斯）	3	500 ~ 900 nm	10 m	—
MUS - E 多光谱光电扫描仪	PRIRODA - 1（俄罗斯）	3	500 ~ 900 nm	20 m	—
MUS - M 多光谱低分辨率扫描仪	OKEAN - 0（乌克兰/俄罗斯）	4	500 ~ 1 100 nm	1 km × 1.7 km	云监测、海面温度
MSUS 多光谱中等分辨率扫描仪	OKEAN - 0（乌克兰/俄罗斯）	2	600 ~ 900 nm	370 m	云监测、海面温度
MUS - S 光学多光谱扫描仪	ALMAZ - IB（俄罗斯）	5	500 ~ 1 100 nm 400 ~ 12 600 nm	80 m 300 m	—
MSU - S 多光谱中等分辨率扫描仪	OKEAN - 1（乌克兰/俄罗斯）	4	500 ~ 1 100 nm	175 ~ 243 m, 500 m	云监测、海面温度
MWR 微波辐射仪	POEM/ENVISAT - 1（欧空局）	2	23.8 GHz, 36.5 GHz	—	地球反射、辐射测量
NSCAT、NASA 散射计	ADEOS（日本）	1	13.995 GHz	500 m	全球海风速度、方向测量
NSCATⅢ、NASA 散射计Ⅱ型	EOS（美国）	—	14 GHz	25 km	海洋、风向测量
OXTS 海洋色温扫描仪	ADEOS（日本）	12	402 ~ 12 500 nm	700 km	海洋水色、生产率、海 - 气交换
ODUS 臭氧动态紫外线扫描仪	EOS（美国）	10	306 ~ 410 nm	10 km × 10 km	全球臭氧总量监测
OPS 光学传感器	JERS - 1（日本）	8	520 ~ 2 400 nm	18.3 m × 24.2 m	地质、土地利用、沿海环境

续附表

传感器	卫星	波段数	光谱范围	空间分辨率	用途
OrbView－1 轨道观测一号	Oribtal Science （美国）	多光谱 4 全色 1	450～900 nm 450～900 nm	1 m，2 m，8 m	制图
OS 光学 光谱成像仪	ODIM （瑞典）	—	200～1 270 nm	—	天文、大气研究
OSSI 立体 成像光电传感器	ALMAZ－IB （俄罗斯）	—	500～800 nm	2.5～4 m	制图
Ozen－M 臭氧 和其他微量气体	PRIRODA－1 （俄罗斯）	4	257～1 155 nm	—	臭氧、微量气体和太阳辐射
PAM 全色相机	IRS－ⅠC/ⅠD （印度）	1	500～900 nm	<10 m	—
POAM－Ⅱ 极地臭氧和 气溶胶测量仪	SPOT－3 （法国）	9	350～1 065 nm	2～15 nm	大气臭氧、气溶胶及其他成分测量
POLDER 被动式 光学成像辐射仪	ADEOS（日本）	15	443～910 nm	7 000 m×6 000 m	太阳辐射
PR 降水雷达	TRMM （美国/日本）	2	13.796 GHz， 13.802 GHz	4 300 m	降水量
PRARE 精密测距 及测距速率设备	ERS－1 （欧空局）	—	—	—	海洋测量
Quik Bird 快鸟传感器	EarthWatch （美国）	多光谱 4 全色 1	450～900 nm	1.4 m	制图
RA－1 雷达高度计	ERS－1 （欧空局）	K 波段	13.8 GHz	—	海水测量
RA－2 雷达测高计	POEM/ ENVISAT－1 （欧空局）	2，K 波段 S 波段	13.575 GHz，32 GHz	—	地表至卫星高度

续附表

传感器	卫星	波段数	光谱范围	空间分辨率	用途
RBV 反束光导管摄像仪	Landsat－4、5（美国）	1	505～750 nm	40 m	土地利用、农林业、水资源、制图等
RIS 空间后向反光器	ADEOS（日本）	—	400～1 400 nm	—	O_3、CO_2 测定
RLSBO 侧视真实孔径雷达	OKEAN－0（乌克兰/俄罗斯）	X 波段	9.7 GHz	2.1～2.8 km，1.2～0.7 km	海水、冰等
RM－08 被动式微波扫描辐射仪	OKEAN－0（乌克兰/俄罗斯）	—	36.6 GHz	15 km×20 km	天气、水汽、海水、海温监测
SAFIRE 大气远红外发射光谱仪	EOS（美国）	—	—	—	大气化学及过程
SAGEⅢ平流层气和气体实验三型	EOS（美国）	9	290～1 550 nm	—	气溶胶、云、O_3 等，对流层温度、压力等
SAR 合成孔径雷达	JERS－1（日本）	L 波段	1.275 GHz	18 m	地质、土地利用、沿海环境
SAR 侧视雷达	RADARSAT（加拿大）	8 种方式	—	9～100 m	—
SAR－10 S 波段 SAR	ALMAZ－1B（俄罗斯）	—	9.6 m	5～40 m	土壤
SAR－70 P 波段 SAR	ALMAZ－1B（俄罗斯）	—	70 cm	—	土壤水分、地形
SCARAB 辐射收支扫描仪	POEM－ENVISAT－1（欧空局）	4	200～50 000 nm	60 km	全球辐射收支平衡
SeaWiFS 海洋宽视场传感器	SeaStar（美国 NASA）	8	402～885 nm	1 120 m	海洋生物、生态监测

续附表

传感器	卫星	波段数	光谱范围	空间分辨率	用途
SeaWinds 海风探测仪	EOS(美国)	—	13.402 GHz	50 km	海洋风向量测量
SEM 空间环境检测仪	GMS(日本)	3	—	—	太阳粒子
SLR-3、X 波段侧视真实孔径雷达	ALMAZ-1B（俄罗斯）	—	3.5 cm	—	地形、土壤
SMR 次毫米波辐射仪	ODIN(瑞典)	5	119 GHz,488 GHz,535 GHz,553 GHz,575 GHz	—	天文、大气研究
SOLTICE 太阳天体辐射度比较实验仪	EOS(美国)	—	5~440 nm	—	紫外辐射
Space Imaging 空间成像仪	Space Imaging（美国）	多光谱 4 全色 1	450~900 nm 450~900 nm	1 m,4 m	正射图像
SR 扫描辐射仪	FY-2(中国)	3	550~12 500 nm	1.43 km,5.73 km	气象
SROM 海洋监测光谱辐射仪	ALMAZ-IB（俄罗斯）	11	405~12 500 nm	600 m 星下点	海洋、叶绿素、生物生产率
SSALT 固态高度计	EOS（美国）	—	13.575 GHz,5.3 GHz	—	海洋表面特征
SSU 平流层探测单元	NOAA-Ⅱ（美国）	3	669.99 nm,669.63 nm,669.36 nm	147.3 km 星下点	高层大气温度
TES 对流层发射光谱仪	EOS(美国)	4	2 300~15 400 nm	—	全球大气成分

续附表

传感器	卫星	波段数	光谱范围	空间分辨率	用途
TM 专题绘图仪	Landsat（美国）	7	450～12 500 nm	30 m,120 m	获取地球表面信息
TMG 温室气体干涉监测仪	ADEOS(日本)	—	3 300～14 000 nm	10 km	温室气体制图
TMI、TRMM 微波成像仪	TRMM（美国、日本）	5	10.7 GHz,19.4 GHz,22 GHz,37 GHz,85～91 GHz	4.4～45 km	海洋上空的降雨率
TMR、Tope + 微波辐射计	EOS(美国)	—	18 GHz,21 GHz,37 GHz	7～100 km	大气垂直水汽分布
TOMS 臭氧总量成图光谱仪	ADEOS ADEOS Ⅱ（日本）	5	308.6 nm,312.5 nm,317.5 nm,322.3 nm,331.3 nm,360.0 nm	50 000 m	臭氧变化
TOMS 臭氧总量成图光谱仪	TOMS－EP（美国）	—	308.6～360.0 nm	62 km×62 km	—
Travers SAR 侧视雷达系统 SAR	PRIRODA－1（俄罗斯）	S,L 波段	3.28 GHz,1.28 GHz	100 m	陆地海洋
VEGETATI ON 植被探测仪	SPOT－4（法国）	—	—	100 m	地球植被
VIRS 可见光红外光扫描仪	TRMM（美国、日本）	5	0.63 nm,1.6 nm,3.75 nm,10.8 nm,12 nm	2 km	云辐射
VISSR 可见光红外光旋转式辐射扫描仪	GMS(日本)	2	500～750 nm 10 500～12 500 nm	1.25～2.5 km	地球制图、云覆盖

续附表

传感器	卫星	波段数	光谱范围	空间分辨率	用途
VISSR 可见光红外光自旋辐射仪	GETEOSATAT（欧空局）	3	500 ~ 12 500 nm	2.5 km × 2.5 km 5 km × 5 km	地球、大气探测
WFI 海洋宽视场成像仪	CBERS（中国/巴西）	2	630 ~ 890 nm	260 m	低分辨率制图
WFI 海洋宽视场成像仪	SSR1（巴西）	2	630 ~ 890 nm 770 ~ 870 nm	212 m	植被地表观测
WFI 海洋宽视场传感器（照相机）	IRS - 1C/1D（印度）	2	620 ~ 860 nm	188 m	植被指数制图
X - BandSARX 波段 SAR	SIR - C/X - SAR（美国）	—	9.6 GHz	—	—
ETM +（增强型专题制图仪）	Landsat - 7（美国）	多光谱 7 全色 1	450 ~ 12 500 nm 520 ~ 900 nm	30 m，60 m 15 m	土地利用、农林业、水资源、制图等
OLI（陆地成像仪）	Landsat - 8（美国）	多光谱 8 全色 1	430 ~ 2 290 nm 500 ~ 680 nm	30 m 15 m	海岸带观测、云检测
TIRS（热红外传感器）	Landsat - 8（美国）	2	10 600 ~ 12 510 nm	100 m	观测地带水分消耗
VGT 宽视域植被探测仪	SPOT - 5（法国）	多光谱 4 全色 1	490 ~ 1 780 nm 490 ~ 690 nm	10 m，20 m 2.5 m	制图和地球资源开发
AlI 高级陆地成像仪	EO - 1（美国）	多光谱 4 全色 1	433 ~ 890 nm 1 200 ~ 1 300 nm	30 m	—

续附表

传感器	卫星	波段数	光谱范围	空间分辨率	用途
LISS－4 相机（高分辨率线性成像自扫描仪）	IRS－P6（印度）	3	400～760 nm	5.8 m	—
AWiFS 先进宽视场传感器	IRS－P6（印度）	4	780～1 100 nm	56 m	—
海洋水色扫描仪	海洋一号 B（中国）	10	402～12 500 nm	—	海洋水色、水温环境要素探测
海洋水色扫描仪	海洋一号 B（中国）	4	433～695 nm	—	海洋水色、水温环境要素探测
微波散射计	海洋二号（中国）	—	13.58 GHz	—	全球海面风场观测
扫描微波辐射计	海洋二号（中国）	—	5.25 GHz	—	获取全球海面温度、风场、大气水蒸气含量、云中水含量、海冰和降雨量
校正微波辐射计	海洋二号（中国）	—	18.7 GHz、23.8 GHz、37 GHz	—	大气水汽校正服务
多光谱相机	天绘一号（中国）	4	430～900 nm	10 m	—
AVNIR－2 先进的可见近红外辐射仪－2	ALOS（日本）	4	420～890 nm	10 m	为区域环境监测提供土地覆盖图和土地利用分类图
P/MS 相机	高分一号（中国）	多光谱 4 全色 1	490～1 780 nm 490～690 nm	8 m 2 m	公安执法、灾害环保等

续附表

传感器	卫星	波段数	光谱范围	空间分辨率	用途
PRISM 全色 遥感立体测绘仪	ALOS(日本)	全色	520 ~ 770 nm	2.5 m	建立高精度数字高程模型
PALSAR 相控阵型 L 波段合成 孔径雷达	ALOS(日本)	L 波段	1.275 GHz	—	地质、土地利用、沿海环境
LISS - 3 相机	IRS - P6(印度)	3	400 ~ 760 nm	23.5 m	—
对地观测相机	Formosat - 2 (中国台湾)	多光谱 8 全色 2	450 ~ 900 nm 1 200 ~ 1 300 nm	24 m	资源环境监测
E2V 高性能 成像传感器	Pleiades(法国)	多光谱 4 全色 1	430 ~ 950 nm 480 ~ 830 nm	0.5 m、2 m	测绘
C 波段传感器	RADARSAT - 2 (加拿大)	—	5.405 GHz	3 m	资源环境监测
SAR 合成 孔径雷达	TerraSAT - X (德国)	—	9.65 GHz	1 ~ 16 m	测绘、森林和灾害等方面
高性能光学 数字照相机	阿里郎 3 号 (韩国)	多光谱 4 全色 1	—	0.7 m	—
全色 CCD 相机	EROS - A、B (以色列)	—	—	0.7 ~ 2.3 m	制图
全色融合相机	GeoEye - 1 (美国)	多光谱 4 全色 1	450 ~ 920 nm 450 ~ 800 nm	1.65 m 0.41 m	成图项目

续附表

传感器	卫星	波段数	光谱范围	空间分辨率	用途
多光谱遥感器	Worldview－2 (美国)	8	400～1 040 nm	1.8 m	环境监测
大容量全色相机	Worldview－1、2 (美国)	全色	—	0.5 m	地形图测绘
融合相机	THEOS(泰国)	多光谱4 全色1	450～920 nm 450～800 nm	2 m	环境监测
Hyperion 成像光谱仪	EO－1(美国)	2	400～2 500 nm	30 m	地物波谱测量和成像
超光谱成像仪	减灾卫星 A (中国)	2	450～900 nm	100 m	环境与灾害监测预报
红外探测成像仪	减灾卫星 B (中国)	4	450～1 500 nm	150 m	环境与灾害监测预报
X 波段合成 孔径雷达	COSMO－SkyMed (意大利)	—	—	1 m、3 m、15 m、 30 m、100 m	资源环境监测
HR 相机	资源一号 2C (中国)	全色	500～800 nm	2.36 m	环境监测与调查
前视、后视全色 TDI CCD 相机	资源三号 (中国)	全色	500～800 nm	3.5 m	地形测制、信息决策
正视全色 TDI CCD 相机	资源三号 (中国)	全色	500～800 nm	2.1 m	地形测制、信息决策

续附表

传感器	卫星	波段数	光谱范围	空间分辨率	用途
三线阵全色立体相机	天绘1、2号（中国）	全色	—	5 m	国土、农林业、地图测绘、环境监测
高分辨率多光谱相机	高分一号（中国）	多光谱	—	8 m	高精度、大范围的空间观测服务
Electro - Optical Camera（EOC）	KOMPSAT - 1（韩国）	全色	510 ~ 730 nm	6.6 m	—
Space Physics Sensor（SPS）	KOMPSAT - 1（韩国）	—	—	—	检测高能粒子及研究微电子对辐射环境的影响和测量电离层电子的浓度及温度
Ocean Scanning Multi - spectral Imager（OSMI）	KOMPSAT - 1（韩国）	—	400 ~ 900 nm	4 m	检测全球水色
高分辨率相机	RapidEye（德国）	多光谱 5	400 ~ 850 nm	6.5 m	监测植被、水体等

参考文献

[1] Reusing M, Schneider T, Ammer U. Modelling soil loss rates in the Ethiopian Highlands by integration of high resolution MOMS – 02/D2 – stereo – data in a GIS[J]. International Journal of Remote Sensing, 2000, 21(9): 1885-1896.

[2] Del Frate Fabio, Solimini Domenico. On neural network algorithms for retrieving forest biomass from SAR data[J]. IEEE Transactions on Geoscience and Remote Sensing, 2004, 42(1): 24-34.

[3] Doyle F. A Large Format Camera for Shuttle. PE&RS[J]. American Congress on Surveying and Mapping and American Society of Photogra Metry, 1979, 45(1): 73-78.

[4] Eduardo S L, Gastal, Manuel M. Oliveira. Domain transform for edge – aware image and video processing [J]. ACM Transactions on Graphics (TOG), 2011, 30 (4).

[5] McCabe M F, Wood E F, Wójcik R, et al. Hydrological consistency using multi – sensor remote sensing data for water and energy cycle studies[J]. Remote Sensing of Environment, 2007, 112(2): 430-444.

[6] Maasimo Marrazzo, Roberto Sabia, Maurizio Migliaccio. IEM Sea Surface Scattering and the Generalized – power Spectrum[J]. 2003, 1: 136-138.

[7] Pierce L E, et al. Knowledge – based classification of polarimetric SAR images[J]. IEEE Transactions on Geoscience and Remote Sensing, 1994, 32(5): 1081-1086.

[8] McFEETERS S K. The use of the Normalized Difference Water Index (NDWI) in the delineation of open Water Features[J]. International Journal of Remote Sensing, 1996, 17(7): 1425-1432.

[9] Thomas Hilker, Hall Forrest G, Coops Nicholas C, et al. Remote sensing of transpiration and heat fluxes using multi – angle observations[J]. Remote Sensing of Environment, 2013, 137: 31-42.

[10] Zeng J Y, Li Z, Chen Q, et al. Evaluation of remotely sensed and reanalysis soil moisture products over the Tibetan Plateau using in-situ observations[J]. Remote Sensing of Environment, 2015, 163(15): 91-110.

[11] 安立强，张景发，赵福军. 汶川地震次生灾害提取——面向对象影像分类技术的应用[J]. 自然灾害学报. 2011(02): 160-168.

[12] 白淑英，徐永明. 农业遥感[M]. 北京：科学出版社，2013.

[13] 卞小林. 多源微波遥感数据综合应用系统设计与实现[D]. 河北师范大学，2009.

[14] 曹荣龙，李存军，等. 基于水体指数的密云水库面积提取及变化监测[J]. 测绘科学. 2008(02): 158-160.

[15] 常庆瑞，蒋平安，周勇，等. 遥感技术导论[M]. 北京. 科学出版社，2004.

[16] 常艳，吴桂生. 浅谈遥感新技术及其发展动态[J]. 微计算机信息. 2006(01): 115-117.

[17] 陈国浒，单新建，WooilM. Moon，等. 基于 InSAR、GPS 形变场的长白山地区火山岩浆囊参数模拟研究[J]. 地球物理学报. 2008(04): 1085-1092.

[18] 陈健飞，林征，陈颖彪. 基于高光谱线性混合光谱分解识别人工地物[J]. 应用基础与工程科学学报. 2009(02): 206-218.

[19] 陈君颖，田庆久. 高分辨率遥感植被分类研究[J]. 遥感学报. 2007(02): 221-227.

[20] 陈述彭，谢传节. 城市遥感与城市信息系统[J]. 测绘科学，2000, 25(1): 1-8.

[21] 陈述彭，等. 遥感信息机理研究[M]. 北京：科学出版社，1998.

[22] 陈顺云. 提取现今构造活动信息的定量热红外遥感方法研究[D]. 北京：中国地震局地质研究所，

2006.
[23] 程志强,蒙继华. 作物单产估算模型研究进展与展望[J]. 中国生态农业学报,2015,23(4):402-415.
[24] 崔逊学. 多目标进化算法及其应用[M]. 北京:国防工业出版社,2006.
[25] 单新建,叶洪. 干涉测量合成孔径雷达技术原理及其在测量地震形变场中的应用[J]. 地震学报,1998,20(6):647 - 655.
[26] 邓书斌. ENVI 遥感图像处理方法[M]. 北京:科学出版社,2010.
[27] 邓书斌,陈秋锦,杜会建,等. ENVI 遥感图像处理方法[M]. 2 版. 北京:高等教育出版社,2014.
[28] 董晓龙,吴季,姜景山. 被动微波遥感技术的新发展——综合孔径微波辐射计和全极化参量微波辐射计[J]. 现代雷达. 2001(4):73-78.
[29] 杜云艳,周成虎. 水体的遥感信息自动提取方法[J]. 遥感学报,1998,2(04):264-269.
[30] 顿斯科夫. 雷达摄影测量[M]. 周广森,译. 北京:测绘出版社,1984.
[31] 范承啸,韩俊,熊志军,等. 无人机遥感技术现状与应用[J]. 测绘科学,2009,34(05):214-215.
[32] 范旻昊. 基于 MODIS 遥感数据的混合像元分解技术与方法研究[D]. 南京:南京信息工程大学,2007.
[33] 范运年,任波,周建中. ERDAS IMAGINE8. 4 中影像几何校正法初探——以清江流域为例[J]. 计算机仿真,2003,20(10):49-51.
[34] 冯小恒,赵立华,杨小山,等. 室外热环境低空红外遥感观测方法研究[A]//2010 年建筑环境科学与技术国际学术会议论文集[C]. 2010:541-545.
[35] 冈萨雷斯 (Gonzalez R C),等. 数字图像处理 MATLAB 版[M]. 北京:电子工业出版社,2004.
[36] 高峰,王介民,孙成权,等. 微波遥感土壤湿度研究进展[J]. 遥感技术与应用,2001,16(02):97-102.
[37] 葛咏,王劲峰. 基于机理的合成孔径雷达系统成像误差理论分析[J]. 地球信息科学,2000(01):28-31.
[38] 顾晓鹤,何馨,郭伟,等. 基于 MODIS 与 TM 时序插补的省域尺度玉米遥感估产[J]. 农业工程学报,2010,26(Sup. 2):53-58.
[39] 郭华东,等. 雷达对地观测理论与应用[M]. 北京:科学出版社,2000.
[40] 郭山,袁路,孙卫东. 基于特征端元提取的像元分解方法[J]. 高技术通讯,2008,18(10):1035-1040.
[41] 韩斌. 3S 技术在土地整理中的应用研究[J]. 北京农业,2013(18):87-91.
[42] 韩宇飞,宋小刚,单新建,等. D - InSAR 技术在长白山天池火山形变监测中的误差分析与应用[J]. 地球物理学报,2010,53(07):1571-1579.
[43] 郝斌,俞珊,吴昀桥. 中国智慧城市建设的产业关联分析——以上海市为例[J]. 经济学与经济管理:社会科学版,2013(6):29-37.
[44] 郝胜勇,邹同元,等. 国外遥感卫星应用产业发展现状及趋势[J]. 卫星应用,2013(1):44-49.
[45] 何光聪,胡月明,肖志峰. 基于 TM8 卫星热红外数据地表温度反演及其应用[J]. 广东农业科学,2015(06):146-153.
[46] 何立明,阎广建,王华,等. 从宽波段热红外图像反演组分温度的相关问题讨论——通道响应函数和比辐射率波段变化的影响[J]. 遥感学报,2005,9(03):234-241.
[47] 贺振,贺俊平. 基于 NOAA - NDVI 的河南省冬小麦遥感估产[J]. 干旱区资源与环境,2013,27(5):46-52.
[48] 侯建国,初禹. 合成孔径雷达差分干涉测量技术在城市地面沉降监测中的应用[J]. 测绘工程,

2014,23(08):40-44.
[49] 胡莹瑾,崔海明.基于RS和GIS的农作物估产方法研究进展[J].国土资源遥感,2014,26(4):1-7.
[50] 黄永辉.综合孔径成像微波辐射计反演算法及实验研究[D].北京:中国科学院空间科学与应用研究中心,2001.
[51] 季灵运,许建东,等.利用卫星遥感监测长白山天池火山活动性[D].北京:中国地震局地质研究所,2012.
[52] 贾永红.数字图像处理[M].武汉:武汉大学出版社,2003.
[53] 姜大志,孙阂,刘森.数码相机标定方法研究[J].南京航空航天大学学报,2001,33(1):55-59.
[54] 金伟,葛宏立,杜华强,等.无人机遥感发展与应用概况[J].遥感信息,2009(01):88-92.
[55] 雷添杰,李长春,何孝莹.人机航空遥感系统在灾害应急救援中的应用[J].自然灾害学报,2011,20(01):178-183.
[56] 李德仁,李明.无人机遥感系统的研究进展与应用前景[J].武汉大学学报:信息科学版,2014,39(05):505-540.
[57] 李德仁,周月琴,金为铣.摄影测量与遥感概论[M].北京:测绘出版社,2003.
[58] 李德仁.数字地球与"三S"[A]//中国地理信息系统协会1999年年会论文集[C].1999:1-6.
[59] 李巨芬,杨进生,杨英健.光机扫描图像变形机理及其几何校正方法[J].影像技术,2007(01):41-43.
[60] 李霓.长白山天池火山全新世爆炸喷发的岩浆脱气作用研究[D].北京:中国地震局地质研究所,2007.
[61] 李小文.定量遥感的发展与创新[J].河南大学学报,2005,35(4):77-81.
[62] 李小文,等.多角度与热红外对地遥感[M].北京:科学出版社,2001.
[63] 李晓东.几何校正在大区域地理影像数据处理中的应用[J].新疆师范大学学报:自然科学版,2006,25(03):183-185.
[64] 李颖,刘荣华,郑东东.基于多源数据和决策树估算夏玉米种植面积[J].中国农业气象,2014,35(3):344-348.
[65] 李宗谦,冯孔豫.从雷达后向散射系数反演土壤湿度与复介电常数[J].中国科学E辑:技术科学,1997,27(03):243-248.
[66] 连芸.太湖地区地质构造的遥感技术分析[D].合肥:合肥工业大学,2008.
[67] 梁保平,李易.城市遥感技术的应用与展望[J].科学创新导报,2013(5):29-30.
[68] 梁尧钦,曾辉.高光谱遥感在植被特征识别研究中的应用[J].世界林业研究,2009,22(01):41-47.
[69] 廖程浩,刘雪华.MODIS数据水体识别指数的识别效果比较分析[J].国土资源遥感,2008(04):22-26.
[70] 林文鹏,王长耀.大尺度作物遥感监测方法与应用[M].北京:科学出版社,2010.
[71] 刘国祥,丁晓利,陈永奇,等.极具潜力的空间对地观测新技术——合成孔径雷达干涉[J].地球科学进展,2000,15(06):734-739.
[72] 刘磊,周军,田勤虎,等.基于ERDAS IMAGINE进行ETM影像几何精校正研究——以新疆阿热勒托别地区为例[J].遥感技术与应用,2007,22(01):55-58.
[73] 刘丽,匡纲要.图像纹理特征提取方法综述[J].中国图象图形学报,2009,14(04):622-635.
[74] 刘先林,段福洲,宫辉力.航空摄影科技发展成就与未来[J].前沿科技,2007(3):10-14.
[75] 刘一良.微波遥感的发展与应用[J].沈阳工程学报,2008,4(2):171-173.
[76] 吕杰.基于Hyperion高光谱遥感数据的城市绿地信息提取方法的研究[D].北京:中国地质大学(北京),2009.

[77] 马广彬,章文毅,陈甫. 图像几何畸变精校正研究[J]. 计算机工程与应用,2007,43(09):45-48.
[78] 梅新安,彭望球,秦其明,等. 遥感导论[M]. 北京:高等教育出版社,2001.
[79] 穆尔(Moore R K),等. 微波遥感[M]. 黄培康,汪一飞,译. 北京:科学出版社,1987.
[80] 潘华宗. 3S 技术在地形图测绘中的应用[J]. 城市建设理论研究,2013(14):66-69.
[81] 潘伟,夏丽丽. 高光谱遥感分类方法研究[J]. 福建电脑,2007(01):34-35.
[82] 庞勇,李增元,陈尔学,等. 干涉雷达技术用于林分高估测[J]. 遥感学报,2003,7(01):8-15.
[83] 彭丽. 基于 MODIS 和气象数据的陕西省小麦和玉米产量估算模型研究[D]. 杭州:浙江大学,2014.
[84] 彭望球. 遥感概论[M]. 北京:高等教育出版社,2002.
[85] 浦瑞良,宫鹏. 高光谱遥感及其应用[M]. 北京:高等教育出版社,2000.
[86] 钱乐祥,等. 遥感数字影像处理与地理特征提取[M]. 北京:科学出版社,2004.
[87] 秦礼明,高山,朱明非,等. 合成孔径雷达技术在变形监测中的应用分析[J]. 北京测绘,2015(05):66-69.
[88] 秦元伟,赵庚星,姜曙千. 基于中高分辨率卫星遥感数据的县域冬小麦估产[J]. 农业工程学报,2009,25(7):118-123.
[89] 任建强,陈仲新,唐华俊. 基于 MODIS－NDVI 的区域冬小麦遥感估产——以山东省济宁市为例[J]. 应用生态学报,2006,17(12):2371-2375.
[90] 日本遥感研究会. 遥感精讲[M]. 刘勇卫,译. 北京:测绘出版社,2011.
[91] 荣媛,杨永民. 地表辐射温度取代地表温度的可行性分析——以"风云 2 号"C 星与 MODIS 数据为例[J]. 国土资源遥感,2011(04):14-19.
[92] 沙晋明,张安定,王金亮,等. 遥感原理与应用[M]. 北京:科学出版社,2012.
[93] 盛耀彬. 基于时序 SAR 影像的地下资源开采导致的地表形变监测方法与应用[D]. 武汉:中国矿业大学,2011.
[94] 施建成,杜阳,等. 微波遥感地表参数反演进展[J]. 中国科学:地球科学,2012(42):814-842.
[95] 舒宁. 微波遥感原理[M]. 武汉:武汉大学出版社,2013.
[96] 宋平,刘元波,刘燕春. 陆地水体参数的卫星遥感反演研究进展[J]. 地球科学进展,2011(07):731-737.
[97] 孙家炳,遥感原理与应用[M]. 2 版. 武汉:武汉大学出版社,2013.
[98] 孙君顶,马媛媛. 纹理特征研究综述[J]. 计算机系统应用,2010(06):245-250.
[99] 覃志豪,李文娟,徐斌,等. 陆地卫星 TM6 波段范围内地表比辐射率的估计[J]. 国土资源遥感,2004(03):28-36.
[100] 覃志豪. 用陆地卫星 TM6 数据演算地表温度的单窗算法[J]. 地理学报,2001(04):456-466.
[101] 唐伶俐,李传荣,戴昌达. 雷达卫星在 1998 年抗洪减灾中的作用[J]. 遥感技术与应用,1998,13(04):2-4.
[102] 陶勇剑. 微波介质材料介电常数测试方法研究[D]. 南昌:南昌大学,2005.
[103] 童庆禧,张兵,郑兰芬,等. 高光谱遥感[M]. 北京:高等教育出版社,2006.
[104] 万幼川. 我国遥感科学与技术发展现状[J]. 地理空间信息,2003,1(2):3-5.
[105] 万余庆,谭克龙. 高光谱遥感应用研究[M]. 北京:科学出版社,2006.
[106] 王冬辰,杜培军,苏红军,等. 近 20 年大同市土地利用/覆盖遥感变化分析[J]. 干旱区资源与环境,2015(07):68-75.
[107] 王桥,杨一鹏,黄家柱,等. 环境遥感[M]. 北京:科学出版社,2004.
[108] 王任享. 论不同航天摄影测量传感器的摄影测量性能[J]. 武汉大学学报:信息科学版,2001,26

(2):95-100.
[109] 王晓海,李浩.国外星载微波辐射计应用现状及未来发展趋势[J].中国航天,2005(04):16-20.
[110] 王学平.遥感图像几何校正原理及效果分析[J].计算机应用与软件,2008(9):102-106.
[111] 王雪晶,魏仲慧,孙文军,等.彩色遥感图像的几何校正[J].系统工程与电子技术,2002(12):126-128.
[112] 王雪梅,高峰,马明国.全球民用陆地成像卫星概览[J].遥感技术与应用,2006,21(6):43-45.
[113] 王圆圆,李京.基于决策树的高光谱数据特征选择及其对分类结果的影响分析[J].遥感学报,2007(01):69-76.
[114] 王之卓.摄影测量原理[M].武汉:武汉测绘科技大学出版社,1984.
[115] 王治中,张庆君,等.大数据时代航天遥感系统的挑战和机遇[J].工程研究,2014(6):224-258.
[116] 韦玉春,汤国安,杨昕,等.遥感数字图像处理教程[M].北京:科学出版社,2007.
[117] 魏雪云,李景文,徐华平.星载合成孔径雷达影像几何校正[J].系统工程与电子技术,2010(07):1422-1425.
[118] 温兴平.基于多分类器组合的高光谱遥感数据分类技术研究[D].武汉:中国地质大学,2008.
[119] 吴群,宋朝晖.微波技术[M].哈尔滨:哈尔滨工业大学出版社,2004.
[120] 吴信才,郭玲玲,李军.RDBMS和COM的海量遥感影像数据的管理和Web发布[J].中国图象图形学报,2002(04):384-387.
[121] 夏炎,张大顺,孙仲安.合成孔径雷达图像辐值校正和几何校正的探讨[J].国土资源遥感,1991(04):56-59.
[122] 谢扬斌,李永连.略论非战争军事行动中的军事地理保障[J].黑龙江科技信息,2010(20):54-55.
[123] 徐涵秋.利用改进的归一化差异水体指数(MNDWI)提取水体信息的研究[J].遥感学报,2005(05):589-595.
[124] 许涌,万国龙.海量图像数据快速显示技术[J].计算机工程与设计,2003(06):36-38.
[125] 玄光男,程润伟.遗传算法与工程优化[M].于歆杰,周根贵,译.北京:清华大学出版社,2004.
[126] 延森(Jensen J R).遥感数字影像处理导论[M].北京:机械工业出版社,2007.
[127] 杨高攀,郭师虹,任雷平.高分辨率卫星影像几何校正研究[J].电脑知识与技术,2010(09):2235-2237.
[128] 杨国鹏,余旭初,冯伍法,等.高光谱遥感技术的发展与应用现状[J].测绘通报,2008 (10): 1-4.
[129] 杨国鹏.基于核方法的高光谱影像分类与特征提取[D].郑州:解放军信息工程大学,2007.
[130] 杨树文,薛重生.航片二次几何校正的应用研究[J].遥感技术与应用,2002,17(3):154-157.
[131] 杨一鹏,王桥,肖青,等.基于TM数据的太湖叶绿素a浓度定量遥感反演方法研究[J].地理与地理信息科学,2006,22(2): 5-8.
[132] 杨哲海.高光谱影像分类若干关键技术的研究 [D].郑州:解放军信息工程大学,2006.
[133] 尹占娥.现代遥感导论[M].北京:科学出版社,2008.
[134] 余旭初,冯伍法,林丽霞.高光谱——遥感测绘的新机遇[J].测绘科学技术学报,2006,23(2):101-105.
[135] 俞宏,石汉青.利用分裂窗算法反演陆地表面温度的研究进展 [J].气象科学,2002,22(4):494-500.
[136] 湛邵斌.基于网格计算的陆地表面温度反演[D].长春:吉林大学,2007.
[137] 张桂欣,祝善友.基于RS和GIS技术的鄱阳湖水域季节变化监测研究[J].南水北调与水利科技,2007,5(5): 39-40.
[138] 张怀莉,王卫安.几种Web GIS技术解决方案综述[J].东北测绘,2000,23(3): 3-5.

[139] 张军,覃志豪,刘梅,等. 利用空间插值法估算云覆盖像元地表温度的可行性研究[J]. 地理与地理信息科学,2011,27(6):45-49.
[140] 张俊荣,王丽巍. 植被和土壤的微波介电常数[J]. 遥感技术与应用,1995,10(3):40-50.
[141] 张犁,李斌. 互联网时代的地理信息系统[J]. 测绘学报,1998,27(1):9-15.
[142] 张鹏强,余旭初,刘智,等. 多时相遥感图像相对辐射校正[J]. 遥感学报,2006,10(3):339-344.
[143] 张威,潘剑君,李勇,等. 基于冠层光谱特征的冬小麦产量估算研究[J]. 土壤通报,2015 (1):169-176.
[144] 张霞,汪骏发. 航空热红外多光谱数据的地物发射率谱信息提取模型及其应用研究[J]. 红外与毫米波学报,2000,19(5):361-365.
[145] 范永弘. 立体影像匹配和 DTM 自动生成技术的研究与实践[D]. 郑州:解放军信息工程大学,2000.
[146] 张永生,等. 高分辨率遥感卫星应用[M]. 北京:科学出版社,2004.
[147] 张云飞,张钦,杨建钦,等. 基于空间对象的公共 GIS 模型及其在海洋石油信息化建设中的应用[J]. 中国海上油气,2009,21(3):211-214.
[148] 张昭,孙谦,王振华. 超高分辨率商业成像卫星现状与发展趋势[J]. 数字通信世界,2009 (11):57-60.
[149] 章孝灿,黄智才,陈刚,等. 海量遥感图像快速显示技术[J]. 中国图象图形学报:A 辑,2002,7(10):1021-1026.
[150] 春江. 精准农业研究与实践[M]. 北京:科学出版社,2009.
[151] 赵华. 应用合成孔径雷达干涉技术监测矿区地表形变[J]. 四川测绘,2003,26(3):99-104.
[152] 赵丽芳,谭炳香,杨华,等. 高光谱遥感森林叶面积指数估测研究现状[J]. 世界林业研究,2007,20(2):50-54.
[153] 赵灵军,刘定生,李国庆,等. 卫星数据高性能精校正处理研究[J]. 国土资源遥感,2007(1):49-52.
[154] 赵英时,等. 遥感应用分析原理与方法[M]. 北京:科学出版社,2003.
[155] 赵永平,承继成. 地理信息数据描述中元数据标准化的研究[J]. 中国标准化,1997 (3):6-9.
[156] 周明,孙树栋. 遗传算法原理及应用[M]. 北京:国防工业出版社,1999.
[157] 朱肇光,孙护,崔炳光. 摄影测量学[M]. 北京:测绘出版社,2002.
[158] 庄家礼,陈良富. 地表组分温度反演[J]. 北京大学学报:自然科学版,2000,36(6):850-857.